メモリICの実践活用法

桒野雅彦 著

UV-EPROM/EEPROM/SRAM/DRAMの構造と使い方

CQ出版社

まえがき

約50年前，ごく初期のコンピュータのメモリには水銀遅延線やコンデンサ・ドラム，CRTメモリなどが使われ，その後もコア・メモリなどが使われてきました．これがIC技術の進歩とともに電子回路で記憶を行うメモリIC(半導体記憶素子)が全盛となり，現在に至っているわけです．

メモリがIC化され，さまざまな目的や用途に応じた開発が続けられた結果，現在のメモリICは，実に多様な進化/発展をとげています．パソコンの世界でもメイン・メモリに使われるダイナミックRAM，BIOSや各種のメモリ・カードに入っているフラッシュ・メモリなどにとどまらず，ちょっとしたオプション・カードで設定情報を格納するためにシリアルEEPROM，ボード間の通信用にFIFOやデュアル・ポート・メモリが利用されるなど，細かく見ていくと実にさまざまなメモリICが使われていることがわかります．

これらのメモリICについての資料は，メーカの個別のデータシートとしては出ているものの，それらはすでにそのデバイスの特性や取り扱いについて十分把握しているエンジニア向けに書かれており，初学者にはとっつきにくいものでしょう．また，デバイスのデータシートでは電気特性や外形といった具体的な部分が主体であって，そのデバイスの中身がどのようになっているかといったことや，どのような考えで作られているのかといったことにはほとんど触れられていないため，ある種類のデバイスが他のデバイスと比較したときにどのような特徴をもつのかといったこともなかなかわかりにくいのではないかと思います．

本書はこのような背景をふまえ，今日一般に広く流通しているメモリICを対象に，それらの基本的な構造や記憶の行い方といった一般的なことがらに加えて，実際にメーカから出ているデバイスを例に，データシートの読み方やデバイスの使い方について解説することにしました．ここで紹介できなかった種類のメモリICもいくつもありますが，それらもまったく新しいというものではなく，従来からあった技術をベースに新しい素材，新しい技術を取り入れて改良を図ったものであると言えるでしょう．それらのデバイスの動作や従来品と比べた特徴を読み解くための基礎知識としても，本書は役に立つのではないかと思います．

インターネットはその急速な普及とともに，さまざまなサービスや情報の提供の場となりました．ネットワークの強化と足並みを揃えるように扱われる情報，流される情報は爆発的に増加し，それらを利用して動く電子機器も次々に登場してきています．それらの電子機器の要となる動作は，なんと言っても情報の伝達・記録/蓄積・再生でしょう．そのもっとも重要な部分となる記録/蓄積・再生を司るのがメモリICです．すなわち，情報あるところにメモリICありきと言えるでしょう．

本書では紹介できませんでしたが，最近ではMRAM（磁気抵抗RAM）やFeRAM（強誘電体メモリ）なども製品化や普及の傾向が見られ，携帯分野でのメモリの動向もだいぶ騒がしくなってきています．

本書がマイコン応用製品技術者にならんとする方々の助けになることを願ってやみません．

2001年　盛夏　著者

目　次

<カバー・表紙デザイン>アイドマ・スタジオ（佐々木義洋）

第1章

UV-EPROMの構造と使い方

UV-EPROMのUVはUltra Violet，すなわち紫外線のこと，EPROMはErasable Programmable Read Only Memoryの略です．UV-EPROMはフラッシュ・メモリが登場する以前によく使われたものです．消去と再書き込みが行えるROMということですから，フラッシュ・メモリもEPROMの一種ということになりますが，単にEPROMといった場合はUV-EPROMのことを指すのが一般的です．

UV-EPROMはその名のとおり，消去を紫外線によって行います．デバイスの上部には紫外線を当てるための窓があけられ，透明な蓋がはめ込まれています．消去時にはこの窓から紫外線を当てて消去します．書き込みが終了したデバイスは，この窓の部分に遮光シールを貼って，太陽光や蛍光灯など紫外線を含む光に当たって消えることのないようにするという使い方が一般的です．カメラのストロボなどが当たってもデータが正しく読めなくなることがあります．

1.1 UV-EPROMの構造と特徴

● UV-EPROMのセル構造

UV-EPROMのセル構造は**図1-1**のようになっています．基本構造は次章で解説するフラッシュ・メモリと同様で，NチャネルMOSFETのゲート部分にフローティング・ゲートと呼ばれるものが作られているのが特徴です．

フローティング・ゲートは酸化膜によってゲートや基盤と絶縁されているので，ここに蓄えられた電荷は簡単に放出されることなく，記憶を保持し続けることができるという仕組みです．フラッシュ・メモリと同じように，フローティング・ゲートに電荷が蓄えられているときといないときでFETのゲート・スレッショルド電圧が変化することを利用し

〈図1-1〉
UV-EPROMのセル構造

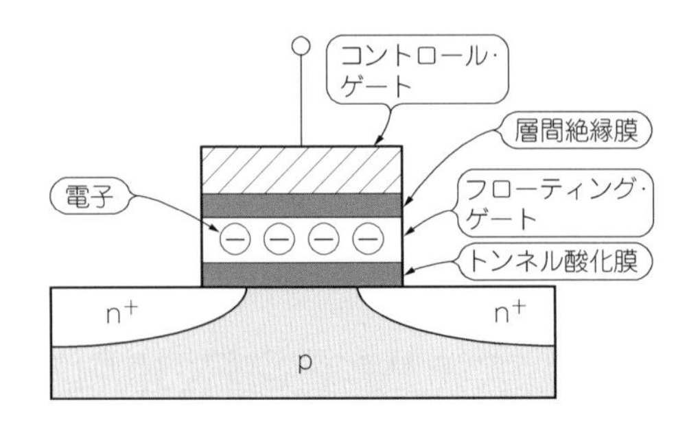

て“H”／“L”の判定を行います．この動作については第2章も参照してください．一般的にUV-EPROMでは消去状態(フローティング・ゲートに電荷が蓄えられていない状態)で“H”が読み出され，電荷を注入した状態で“L”が読み出されるようにしています．

● UV-EPROMの書き込みと消去

書き込み時はゲートに高い電圧V_{PP}をかけることで，**図1-2**のようにフローティング・ゲートに電子を注入します．注入後の電子はシリコン酸化膜のエネルギ障壁をくぐり抜けるだけのエネルギがないため，そのまま保持されます．

フローティング・ゲートに紫外線を当てると，フローティング・ゲート中の電子が紫外線の光量子のエネルギを受け取り，シリコン酸化膜のエネルギ障壁をくぐり抜けられるだけのエネルギをもったホット・エレクトロンとなります．ホット・エレクトロンは**図1-3**のようにシリコン酸化膜をくぐり抜けて基盤やゲートに流れ出し，消去状態に復帰することになります．消去状態にできるのは紫外線を当てる方法のみで，電気的に消去することはできません．つまり，UV-EPROMでは“1”から“0”の方向へのビット変化だけが可能で，逆方向はチップ全体を消去する以外に方法がないわけです．

光のエネルギは波長に反比例しますので，電子をホット・エレクトロン化し，酸化膜を通過させるだけのエネルギを与えるためには十分波長の短い光，つまり紫外線が必要となるわけです．ただし，消去時間は光量子の数に依存するため，ある程度以上波長が短くなっても消去時間は短縮されません．一般に，波長4000 Å(＝400 nm)程度から消去が行われはじめ，3000 Å程度でほぼ飽和し，それ以上波長が短くなっても消去時間には影響しなくなります．

UV-EPROMの場合，消去の標準的な条件は波長2537 Åで12,000 μW/cm^{2}の紫外線を15～20分程度というものが一般的です．

消去メカニズムからもわかるとおり，フローティング・ゲートの電荷消失は，熱エネル

〈図1-2〉
UV-EPROMの書き込み

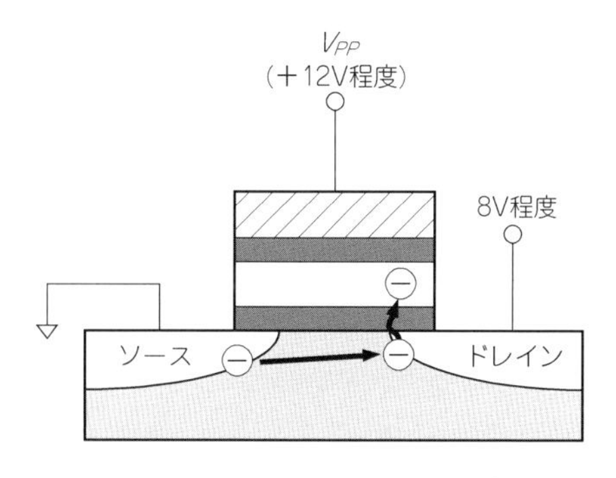

〈図1-3〉
UV-EPROMの消去

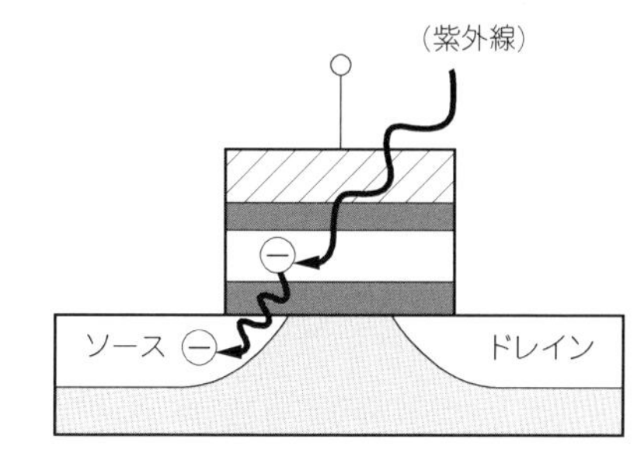

ギによってもある程度の確率で発生し，その確率はデバイスの絶対温度の上昇に対し指数関数的に増加します．

● ワンタイムPROM

UV-EPROMは紫外線消去のためパッケージの中央部にチップが見える窓があいていますが，この窓をなくして安価なプラスチック・パッケージに封入すると消去する(ビットを“0”から“1”に戻す)ことのできないPROMとなります．UV-EPROMを製品に使った場合には，紫外線によって消去されてしまうことを防ぐために窓の部分に遮光シールを張るというのが一般的ですが，製品によっては一度書き込んだあとは消去して再度使用することがない場合も少なくありません．このような用途では，はじめから窓をもたないワンタイムPROMのほうが有利というわけです．また，UV-EPROMタイプとワンタイムPROMタイプはパッケージが異なるだけで中身は同じですから，ROMライタの自動認識でも同じデバイスとして認識されます．このため，試作時はUV-EPROMで行っておき，製品化の時点でワンタイム版に切り替えるといったことがスムーズに行えるという利点があります．

なお，過去にはヒューズROMといって，メモリ・セルのフローティング・ゲートの部分がヒューズになっていて，書き込みはヒューズを飛ばすことで行うようなものもありましたが，現在このタイプを見ることはまずないと言ってよいでしょう．

1.2　UV-EPROMの入出力信号

UV-EPROMの例として，AMD社の1Mビット(128K×8ビット)UV-EPROM，Am27C010を取り上げてみることにしました．

● ピン配置と信号の意味

Am27C010のピン配置を**図1-4**に示します．これを内部ブロックに基づいてピンの機能によってグループ分けしたものが**図1-5**です．**図1-4**でNCと書かれているピンは**図1-5**に出てきません．NCは無接続(Non-Connection)の略で，パッケージのピンとしては存在しますが，内部ではどこにもつながっていないからです．次に，これらのピンの意味について説明しておきましょう．

▶ A_0〜A_{16}（アドレス）

アドレス・バスです．Am27C010は128K×8ビットという構成の1MビットUV-EPROMなので，アドレスは128Kぶん，17本あります．通常はA_0をLSB(最下位ビット)，A_{16}をMSB(最上位ビット)として使います．RAMの場合には，書き込んだときと同じものが読めればよいので，たとえばA_{15}とA_{16}を逆につないでもかまわないのですが，UV-EPROMの場合は書き込みにはROMライタを使うので，順序を入れ替えて使うことはほとんどないでしょう(ソフトウェア解析への対策を考えてか意図的にアドレス・ピンを入れ換えて使っている例もありましたが…)．

また，特別な用途になりますがA_9ピンに+12Vを印加することで，製造メーカ名やデバイスのIDコードを読み出すことができるようになっています．これは，ROMライタがソケットに取り付けられたROMの種別を自動判定するときに使用しています．通常のシステムでこの機能を使うことは希でしょう．

▶ DQ_0〜DQ_7（データ・バス）

データ・バスです．Am27C010は128K×8ビット構成なので，データ・バスも8ビット幅あります．アドレス・バスと同じように，希に解析をやりにくくするために意図的に入れ換えて使っているものもありますが，DQ_0をLSB，DQ_7をMSBとして使うことが一般的です．通常動作ではUV-EPROMはあくまでもROM，すなわちリード・オンリ・メモリですので，DQ_0〜DQ_7は出力専用で，プログラム時のみ入力用になります．

▶ $\overline{OE}$（アウトプット・イネーブル）

〈図1-4〉(12)
Am27C010のピン配置

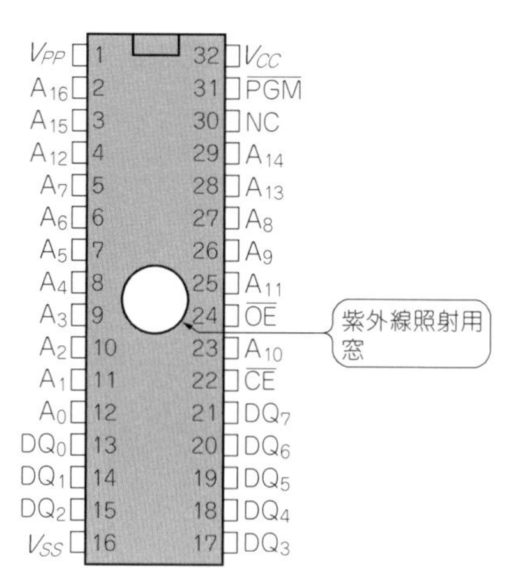

〈図1-5〉(12)
Am27C010の内部ブロック

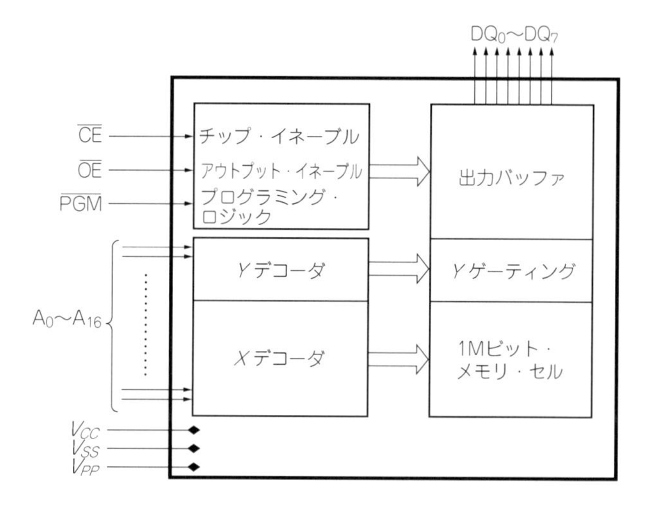

ROMのデータ出力バッファのイネーブル信号で，“L”アクティブな入力ピンです．$\overline{CS}$とともにアサートする(Lレベルにする)と，アドレス・バス(A_0～A_{16})で指定したアドレスに書き込まれたデータがデータ・バス(DQ_0～DQ_7)に現れます．なお，本書では“L”アクティブであることを示す場合，信号名の上にバーを付けることで示していますが，ものによっては後ろや前に/(スラッシュ)を付けたり，OE＃のように後ろに＃を付けるといった表記を行う場合もあります．

▶ **$\overline{CE}$**（チップ・イネーブル）

ものによっては$\overline{CS}$（チップ・セレクト）となっているものもあります．デバイスを選択状態にするための信号です．通常$\overline{\mathrm{OE}}$とともに用いられて，データを読み出すのに使用されます．

▶ $\overline{\mathrm{PGM}}$（プログラム・イネーブル）

プログラム（書き込み）時に使用します．V_{PP}端子にプログラム電圧（＋12 V）を印加した状態のときに有効な信号で，それ以外の通常動作時にはこのピンは意味をもちません．

▶ V_{CC}（電源入力）

UV-EPROMの動作用の電源です．通常，システムに入れて動作させるときはここに＋5 Vを与えます．プログラム動作時も，V_{CC}は与える必要があります．

▶ V_{PP}（プログラム電源入力）

プログラム時に使用されるプログラム電圧（＋12 V程度）の電源となるピンです．この電圧を使ってフローティング・ゲートに電荷を注入します．最近のフラッシュ・メモリなどでは内部に昇圧回路をもっていて，V_{CC}に供給された電源から消去/プログラム電圧を生成するものも多くなっていますが，UV-EPROMの場合にはオンボード書き込みを行う必要はないので，昇圧回路を内蔵せずプログラム時にROMライタが電源を供給するようにしています．

Am27C010の場合，通常のリード動作を行わせるときにはV_{PP}はDon't Careになっていますが，UV-EPROMによってはV_{PP}にV_{CC}と同じ電圧をかけておく必要があるものもあります．このあたりは使用するUV-EPROMのデータシートを見ておいたほうがよいでしょう．

▶ GND（グラウンド）

デバイスの基準電圧となるピンです．すべての入出力信号の電圧の規定はこのピンを基準にしています．

1.3　動作モード

Am27C010の動作は，$\overline{\mathrm{CE}}$，$\overline{\mathrm{OE}}$，$\overline{\mathrm{PGM}}$などの入力信号の状態で決定されます．動作モードとそれぞれのピンの状態の関係を**表1-1**に示します．通常，システムで使用するのはデータ・リード，出力ディセーブル，スタンバイの三つです．

表中，"H" となっているのはV_{IH}（＋2.0 V以上），"L" はV_{IL}（＋0.8 V以下）を示します．V_{IH}とV_{IL}にはそれぞれ上限/下限が決まっていて，Am27C010の場合にはV_{IH}はV_{CC}＋0.5 Vまで，V_{IL}は－0.5 V（GNDピンを基準）までとなっています．端子にこの範囲を越える電圧をかけるとデバイスを壊す可能性があります．これらの詳細については，後述の

〈表1-1〉[12] Am27C010の動作モード

動作モード	$\overline{CE}$	$\overline{OE}$	$\overline{PGM}$	A_0	$A_1 \sim A_8$	A_9	$A_{10} \sim A_{16}$	V_{PP}	$DQ_0 \sim DQ_7$
データ・リード	"L"	"L"	"X"	"X"	"X"	"X"	"X"	"X"	データ出力
出力ディセーブル	"L"	"H"	"X"	"X"	"X"	"X"	"X"	"X"	ハイ・インピーダンス
スタンバイ (TTL)	"H"	"X"	"X"	"X"	"X"	"X"	"X"	"X"	ハイ・インピーダンス
スタンバイ (CMOS)	$V_{CC} \pm 0.3$ V	"X"	"X"	"X"	"X"	"X"	"X"	"X"	ハイ・インピーダンス
プログラム	"L"	"H"	"L"	"X"	"X"	"X"	"X"	V_{PP}	データ入力
プログラム・ベリファイ	"L"	"L"	"H"	"X"	"X"	"X"	"X"	V_{PP}	データ出力
ブログラム・インヒビット	"H"	"X"	"X"	"X"	"X"	"X"	"X"	V_{PP}	ハイ・インピーダンス
オート・セレクト	"L"	"L"	"X"	"L"	"L"	V_H	"L"	"X"	Manufacture Code (Am27C010は01h)
	"L"	"L"	"X"	"H"	"L"	V_H	"L"	"X"	Device Code (Am27C010は0Eh)

＊： $V_{PP} = 12.75$ V ± 0.25 V，$V_H = 12.0$ V ± 0.5 V，"X"：ドント・ケア

DC規格で説明します．次に，それぞれの動作について説明します．

● データ・リード

ROMの内容を読み出す動作です．$\overline{CE}$をアサート(Lレベルにする)するとチップがイネーブル(選択)状態になり，$\overline{OE}$をアサートすることでROMの内容を外部に出力する出力バッファがイネーブルになります．17本のアドレス・バス($A_0 \sim A_{16}$)によって，128 Kバイトのうちどのバイトを読み出したいかを指定します．

この状態でデータが出るのを待っていると$DQ_0 \sim DQ_7$にデータが現れますので，外部回路なりCPUがこれを取り込んで動作するということになります．$\overline{PGM}$やV_{PP}端子は使われませんので，"H" / "L" いずれでもかまいません．リード動作の詳細については後で説明します．

● 出力ディセーブル

$\overline{CE}$がアサートされているのでチップ自体はイネーブル状態なのですが，$\overline{OE}$によって出力バッファがディセーブルとなっている状態です．アドレス・バスを安定させて$\overline{CE}$がアサートされていれば，ROMの内部でのメモリ・セルに対するアクセスは行われているので，出力ディセーブル・モードで内部動作を先行させておいてから，$\overline{OE}$をアサートし

てデータ・リード・モードにすると，見かけ上のアクセス時間が短縮できます．

リード制御信号よりも先にアドレスが確定するようなバスにROMを接続する場合には，アドレスの下位をROMに接続し，上位をデコードして$\overline{CE}$信号を作り，リード信号を$\overline{OE}$に入れるといった接続方法をとることが多いですが，この場合ROMの動作としては出力ディセーブル・モードからデータ・リード・モードへと移行しているということになります．

● スタンバイ（TTL/CMOS）

$\overline{CE}$がHレベルになっているとUV-EPROMは非選択状態となります．このとき，$\overline{CE}$の電圧によって消費電流が変わってきます．$\overline{CE}$が通常のHレベル（＋2.0 V以上）の場合はTTLスタンバイとなりますが，さらに$\overline{CE}$がV_{CC}±0.3 Vまで高くなるとCMOSスタンバイ状態となって，消費電流が一段と小さくなります．Am27C010の場合には，TTLスタンバイ電流は最大1.0 mAですが，CMOSスタンバイ時には100 μAと一桁小さな値になります．

CMOSデバイスで組むことが多くなってきてから，特に意識しなくてもCMOSスタンバイとなっていることが多かったのですが，最近では電源電圧を3.3 V以下に引き下げたデバイスが一般的になってきています．こうしたデバイスの出力とAm27C010などを接続すると，TTLスタンバイ状態で動作することになります．

● プログラム

書き込み動作です．ただ，単純にこの状態にすれば良いのではなく，電圧規定やタイミング規定が決められているため，プログラム動作はかなり面倒です．フラッシュ・メモリの場合にはタイミング制御はデバイス内部の回路が自動的に行うので，ホスト側はコマンドを与える程度でよいのですが，UV-EPROMの場合にはタイミング制御などをすべて外部回路で行わなくてはならないのです．

プログラム動作については，Am27C010のマニュアルには説明がなく，CMOS EPROMプログラミングの方法を説明したドキュメントが別途用意されています．サイトから資料をダウンロードするときにはよく見てください．

● プログラム・ベリファイ

プログラム時に正常に書き込まれたかどうかをチェックするための読み出しモードです．古いタイプのEPROMでは，長い単一パルスによる書き込みなどが行われていましたが，それでは時間がかかりすぎるため，今のEPROMは短いパルスを与えてプログラムし，データを読み出してデータが一致したら次のアドレスのデータを書くという手法をとっています．

プログラム中のこの読み出し操作をプログラム・ベリファイと言います．$\overline{\mathrm{PGM}}$をネゲート(Hレベル)して，$\overline{\mathrm{OE}}$をアサートするとプログラム・ベリファイ動作となります．

● **プログラム・インヒビット**

V_{PP}電圧を印加した状態でも，$\overline{\mathrm{CE}}$がHレベルになっていると，EPROMは非選択状態となります．この状態がプログラム・インヒビット・モードです．この状態にしておけば，たとえV_{PP}が印加され，$\overline{\mathrm{PGM}}$がアサートされても誤ってデータが書き込まれるおそれはありませんので，プログラム動作に移るまえ，抜けるときに使われます．

● **オート・セレクト**

直訳すると「自動選択」ですが，EPROMが自動選択されるのではなく，ROMライタがデバイスのメーカや種別を判断してROMの容量やプログラミングのアルゴリズムを自動選択するのに使用するものです．V_{PP}は印加せずに，A_9ピンに+12Vをかけた状態で，$\overline{\mathrm{CE}}$と$\overline{\mathrm{OE}}$をアサートすると，製造メーカ・コード(Manufacture Code)，デバイス・コード(Device Code)を読み出すことができます．どちらを読み出すかはA_0で選択します．

1.4 DC規定

電源電圧や入出力電圧などを規定するのがDC characteristics(直流特性)です．Am27C010のDC規定を**表1-2**に示します．この手の表でよく見かけるV_{OH}などの表記方法はほぼ決まっていて，先頭の1文字目がVなら電圧規定，Iならば電流規定，2文字目は

〈表1-2〉[12] Am27C010のDC規定

シンボル	意味	測定条件	min	max	単位
V_{OH}	"H" レベル出力電圧	I_{OH} = − 400 μA	2.4		V
V_{OL}	"L" レベル出力電圧	I_{OL} = 2.1 mA		0.45	V
V_{IH}	"H" レベル入力電圧		2.0	V_{CC} + 0.5	V
V_{IL}	"L" レベル入力電圧		− 0.5	+ 0.8	V
I_{LI}	入力負荷電流	V_{IN} = 0 V ～ V_{CC}		1.0	μA
I_{LO}	出力漏れ電流	V_{OUT} = 0 V ～ V_{CC}		5.0	μA
I_{CC1}	動作電流	$\overline{\mathrm{CE}}$ = V_{IL}, f = 10 MHz, I_{OUT} = 0 mA		30	mA
				60	
I_{CC2}	TTLスタンバイ電流	$\overline{\mathrm{CE}}$ = V_{IH}		1.0	mA
I_{CC3}	CMOSスタンバイ電流	$\overline{\mathrm{CE}}$ = V_{CC} ± 0.3 V		100	μA
I_{PP1}	V_{PP}供給電流（リード時）	$\overline{\mathrm{CE}}$ = $\overline{\mathrm{OE}}$ = V_{IL}, V_{PP} = V_{CC}		100	μA

Oなら出力，Iなら入力，Lならばリークです．3文字目がHならHレベル時，LならばLレベル時の規定となります．

● V_{OH}/V_{OL}

出力電圧の規定です．EPROMのデータ出力バッファの出力電圧は，Hレベルなら電源(V_{CC})電圧近くまで無条件に出力され，Lレベルならば0Vになるというのが理想ですが，現実には内部になにがしかの抵抗がありますので，出力に流れる電流が大きくなるほど，Hレベル出力は低下し，逆にLレベル出力は上昇します．

測定条件で示される電流は符号で電流の方向を示しています．負はEPROMから外部に流れ出す方向，正は外部からEPROMに流れ込む方向です．

● V_{IH}/V_{IL}

入力側の電圧規定です．入力が何V以上なら必ずHレベル，何V以下なら必ずLレベルと判定されるのかを規定しています．入力電圧がV_{IL}以上，V_{IH}以下の電圧であるときには，それぞれの素子のばらつきなどによってどちらと判定されるかわからないということになります．Am27C010のV_{IH}，V_{IL}は俗に「TTLレベル」と呼ばれる一般的な値で，V_{IH}が2.0V以上，V_{IL}は0.8V以下となっています．

● I_{LI}/I_{LO}

I_{LI}は入力のロード電流の規定です．一般的なディジタルICの基本動作は電圧の“H”/“L”を使った2進法ですから，信号の状態が安定していれば電流はゼロというのが理想なのですが，現実にはそういうわけにはいかず，なにがしかの電流が入力端子に流れます．この電流がI_{LI}です〔**図1-6(a)**〕．

一方，I_{LO}は出力のリーク電流です．出力端子がハイ・インピーダンスのときというのは，いわば出力のスイッチが切れたような状態ですから，出力をGNDにつないでもV_{CC}につないでもまったく電流は流れないというのが理想です．しかし，スイッチにあたる素子の抵抗が無限大ではないので，やはり現実にはなにがしかの電流が流れます．これを規

〈**図1-6**〉
I_{LI}とI_{LO}

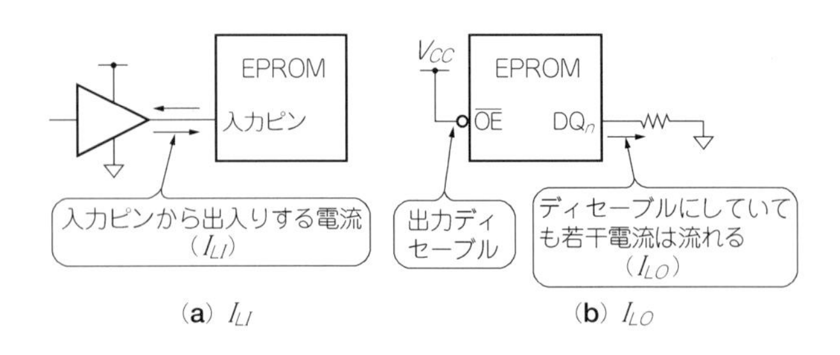

(**a**) I_{LI}　(**b**) I_{LO}

定したのがI_{LO}というわけです〔**図1-6(b)**〕.

Am27C010ではI_{LI}，I_{LO}はそれぞれ最大でも1 μA，5 μAと小さい値なので，よほど大量のデバイスを並列につなぐようなことでもなければ，問題になることはほとんどないでしょう.

● I_{CC1}

通常動作時の消費電流です．ディジタルIC，特にCMOS構造のものでは動作周波数によって消費電流が大きく変わってきますので，ここでも測定条件に動作周波数が示されています．なお，出力バッファに負荷がつながっている場合，V_{CC}端子→I/Oバッファ→負荷というルートで電流が流れるため，見かけ上の消費電流が大きくなってきます.

この影響を避けるため，I_{CC1}の測定条件では，$\overline{\mathrm{CE}}$は“L”にしてデバイスをイネーブル状態にしていますが，$\overline{\mathrm{OE}}$を“H”にして出力バッファをディセーブルした状態にしています．実際の使用条件では，このI_{CC1}の値に出力バッファから負荷に流れるぶんの電流が加算されますので，注意が必要です.

また，一般的に低消費電流へのニーズが高いことから，多くのメモリICでI_{CC1}の値に応じたランク分けを行っています．Am27C010も例外ではなく，最大消費電流が30 mAのものと60 mAのものの二種類がラインアップされています．これは別製品として作られているというよりも，同一製品を実測値によって，また生産計画によって振り向けを変えていると思っておいてよいでしょう.

● I_{CC2}，I_{CC3}

スタンバイ電流の規定です．$\overline{\mathrm{CE}}$の電圧がV_{IH}以上になるとEPROMはディセーブルになり，消費電流が小さくなるスタンバイ状態になるのですが，さらに$\overline{\mathrm{CE}}$の電圧が$V_{CC}\pm$0.3 V程度まで高くなるとさらに消費電流が小さく抑えられます.

Am27C010の場合，通常のスタンバイ状態(TTLスタンバイ)では1 mAですが，$\overline{\mathrm{CE}}$の電圧がより高い状態(CMOSスタンバイ状態)になると100 μAと，1/10にまで低下します.

● I_{PP1}

プログラム時にV_{PP}端子に流れる電流値です．V_{PP}は電圧は高いのですが，プログラム時にフローティング・ゲートに蓄えるぶんの電流が流れる程度なので，100 μAと比較的小さな値になっています.

1.5　UV-EPROMのリード動作

続いてUV-EPROMのリード動作を見ていきます．あくまでもROM(Read Only

Memory)としての動作なので，単純です．

アドレス・バス(A_0～A_{16})をアクセスしたいアドレスにして，$\overline{CE}=\overline{OE}$＝Lレベルにすると，DQにデータが出てきます．

● AC特性

このタイミングを規定したのがAC特性です．**図1-7**にAm27C010のリード動作の波形を示します．具体的なタイミングは**表1-3**のようになっています．スピード・グレードという欄がたくさんありますが，これは同じデバイスでもt_{ACC}時間による区分けが行われているというものです．デバイスにはスピード・グレードを示す“-45”や“-90”などの数値が，型名やロット番号などとともに印刷されています．

これもスピード・グレード別に異なる設計がなされているわけではなく，まったく同じように製造されたものが，試験の結果や出荷の計画に基づいてランク分けされていると考

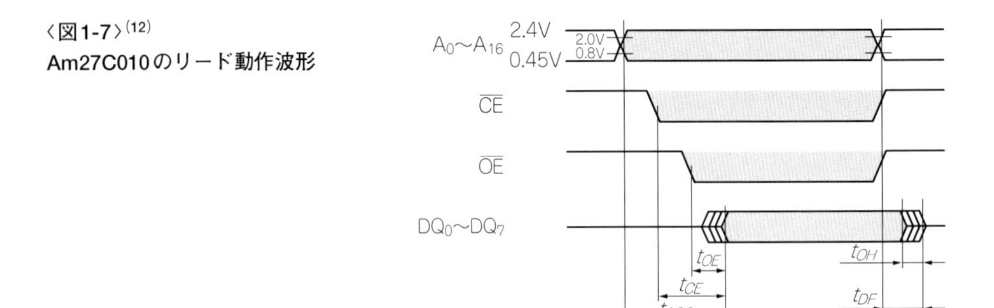

〈図1-7〉[12]
Am27C010のリード動作波形

〈表1-3〉[12] Am27C010のACタイミング

シンボル JEDEC式表記	シンボル 一般表記	内　容	テスト条件	min/max	-45	-55	-70	-90	-120	-150	-200	-255	単位
t_{AVQV}	t_{ACC}	アドレス確定からデータ出力まで	$\overline{CE}$, $\overline{OE}$ ＝ V_{IL}	max	45	55	70	90	120	150	200	250	ns
t_{ELQV}	t_{CE}	$\overline{CE}$アサートからデータ出力まで	$\overline{OE}=V_{IL}$	max	45	55	70	90	120	150	200	250	ns
t_{GLQV}	t_{OE}	$\overline{OE}$アサートからデータ出力まで	$\overline{CE}=V_{IL}$	max	25	35	35	40	50	65	75	75	ns
t_{EHQZ}/ t_{GHQZ}	t_{DF}	$\overline{CE}$/$\overline{OE}$のネゲートから，データ出力ハイ・インピーダンスまで		max	25	25	25	25	35	35	40	40	ns
t_{AXQX}	t_{OH}	アドレス変化・$\overline{CE}$, $\overline{OE}$ネゲートからのデータ・ホールド時間		min	0	0	0	0	0	0	0	0	ns

えておいたほうがよいでしょう．たとえば“-90”のデバイスではt_{ACC}が最大でも90 nsということなのですが，これは“-70”に入らないもの…つまり，t_{ACC}の実測値が70 nsより大きく90 ns以下というものではなく，場合によっては“-45”や“-70”などにランクされるものが入ることもあるというわけです．

次に，図に示したタイミングについて少し補足しておきましょう．

▶ t_{ACC}：アドレス・アクセス・タイム

$\overline{CE}$ = $\overline{OE}$ = “L”のままにした状態で，アドレス・バスの状態を変化させると，一定時間後にそのアドレスのデータがDQ端子に現れます．アドレスが確定してから，データが確実に制定されるまでの時間がt_{ACC}です．t_{ACC}までの期間，DQ端子に現れるデータは保証されていません．

▶ t_{CE}：$\overline{CE}$アクセス・タイム

アドレスを確定し，$\overline{OE}$も“L”にしたままの状態で$\overline{CE}$をアサートする（“L”にする）と，一定時間後指定したアドレスのデータが出てきます．$\overline{CE}$アサートからデータ確定が保証されるまでの時間がt_{CE}です．Am27C010ではt_{ACC}とt_{CE}はどれも同じ時間になっています．

▶ t_{OE}

アドレスを確定し，$\overline{CE}$を“L”にしたままの状態で，$\overline{OE}$をアサートして，データが確定するまでの時間です．メモリ内部を見てみると，アドレスが確定し，$\overline{CE}$がアサートされていると，メモリ・セルへのアクセスはすでに完了し，EPROMの出力バッファの手前までデータが出てきています．

ここで$\overline{OE}$をアサートすれば，バッファを抜けてデータが出てくるわけです．このため，t_{OE}は，t_{ACC}やt_{CE}よりもずっと速くなっています．

*　　　　　*

t_{ACC}，t_{CE}，t_{OE}は，どれか単独で決まるものではなくて，すべてのなかでもっとも遅いものに合わせられます．たとえば，Am27C010-90を使ったシステムでアドレスが確定して，5 ns後に$\overline{CE}$がアサート，さらに5 ns後に$\overline{OE}$がアサートされたとします．表から，$t_{ACC} = t_{CE} = 90$ ns，$t_{OE} = 40$ nsです．

アドレスが確定した時刻を起点とすると，

t_{ACC}によるアクセス：90 ns

t_{CE}によるアクセス：5 ns + 90 ns = 95 ns

t_{OE}によるアクセス：5 ns + 5 ns + 40 ns = 50 ns

ですので，もっとも遅いt_{CE}に依存し，アドレス制定から95 ns後にデータが確定するということになります．

▶ t_{DF}

$\overline{CE}$や$\overline{OE}$がネゲートされると，DQピンはハイ・インピーダンス状態になりますが，これも瞬時というわけにはいかず，いくらかの時間が必要です．この時間がt_{DF}です．t_{DF}以内に他のデバイスがデータ・バスをドライブした場合，EPROMの出力と衝突することになりますので，ハードウェアを設計する際には注意が必要です．

▶ t_{OH}

EPROMに与えられているアドレスが変化したり，$\overline{CE}$や$\overline{OE}$がネゲートされても，瞬時にデータが消えるわけではなく，実際にはごくわずかな時間，出力がそのままの状態を維持しています．この最小時間を規定したのがt_{OH}です．

Am27C010の場合にはこの時間はすべてゼロですので，アドレスが変化したり，$\overline{OE}$や$\overline{CE}$がネゲートされた後のデータは保証しないということになっています．

1.6　UV-EPROMのプログラム方法

UV-EPROMの内部にはフラッシュ・メモリのようなプログラム用の回路がありませんので，電圧生成やタイミング制御などをすべて外部回路で実現しなくてはならず，簡単とは言えません．現実にはこのような回路をボード上に作ることはあまり行われず，EPROMライタなどで書き込みを行う場合がほとんどだと思いますが，一応書き込み方法についても説明しておくことにします．

● UV-EPROMの書き込み方式の変遷

UV-EPROMのプログラムは，フローティング・ゲートに電荷を注入する関係で，リード動作に比べてきわめて長い時間がかかります．このため，書き込み方式の改良が続けられてきました．

ごく初期の頃，64 KビットEPROMの頃までよく使われたのが50 msの定パルス方式でした．これは1アドレス(1バイト)を書き込むのに，50 msのライト・パルスを与えるというものです．64 K(8 K × 8)ビットの場合でも8 K × 50 msですから，410秒となり，単純計算で5分以上かかる計算ですので，これ以上の容量では実用的でありません．

この後，1 msほどの短いライト・パルスを与えながら書き込めたかどうかを確認して，書き込めた時点で次のアドレスに移る高速書き込み方式の登場によって，書き込み時間は一気に1/10程度まで短縮されます．1 Mビット品の頃までにはパルスが0.2 ms程度まで短縮し，さらに高速ページ方式などが登場して，ライト・パルス幅も50 μsと，最初の50 msパルスの1/1000まで短くなって現在に至っています．

これにより，昔の64 KビットEPROMよりも現在の4 MビットEPROMのほうが書き込み時間がはるかに短くなっています．

EPROMの書き込み方式や書き込み時間の大まかな目安を**表1-4**に示します．

● Am27C010のプログラム方法

今回とりあげたAm27C010はAMD社のUV-EPROMです．AMDのUV-EPROMの高速書き込み方式は，「Flashriteアルゴリズム」と呼ばれています．この方式では，V_{PP}端子に12.75 V，V_{CC}端子に6.75 Vの電圧を印加し，100 μsのパルス状の書き込み信号を与えながら書き込むというものです．

図1-8に，書き込みアルゴリズムを示します．図に示したフローチャートでは，AMDの正式資料そのままなのですが，25回の判定がベリファイのまえにあります．これはどちらかといえば，プログラム・ベリファイのあとにくるのではないかと思いますが，ここではAMDの資料を正式なものとして掲載しました．

また，具体的な動作波形は**図1-9**，それぞれのタイミング規定は**表1-5**のようになっています．電源電圧がプログラミング用になるため，V_{CC}，V_{PP}の電圧セットアップ時間が出てくる以外，波形自体は通常のSRAMなどのリード/ライトなどと変わりません．ただし，表の単位を見てわかるとおり，アドレス・セットアップなどに必要な時間がμsオーダーであったりするなど，セットアップ/ホールド時間には注意が必要です．

① プログラム電圧印加

EPROMにプログラム電圧を与えます．V_{PP}に12.75 Vを与えるだけでなく，V_{CC}も通常動作時の電圧よりかなり高い6.25 Vを与えなくてはならないことに注意してください．一般的には書き込み装置でレギュレータを搭載することになると思いますが，書き込み中の負荷変動に対する応答性にも配慮が必要です．

〈表1-4〉
UV-EPROMの書き込み方式の変遷

容量(目安)	代表的な書き込み方式	書き込み時間の目安
～64 K	50 ms定パルス方式	64 K/7分
64 K～512 K	1 ms高速書き込み方式	512 K/4分
256 K～1 M	0.2 ms高速書き込み方式	1 M/1分
1 M～4 M	0.2 ms高速ページ方式	1 M/30秒
4 M～	50 μs高速ページ方式	4 M/30秒

〈図1-8〉(18) Am27C010のプログラミング手順

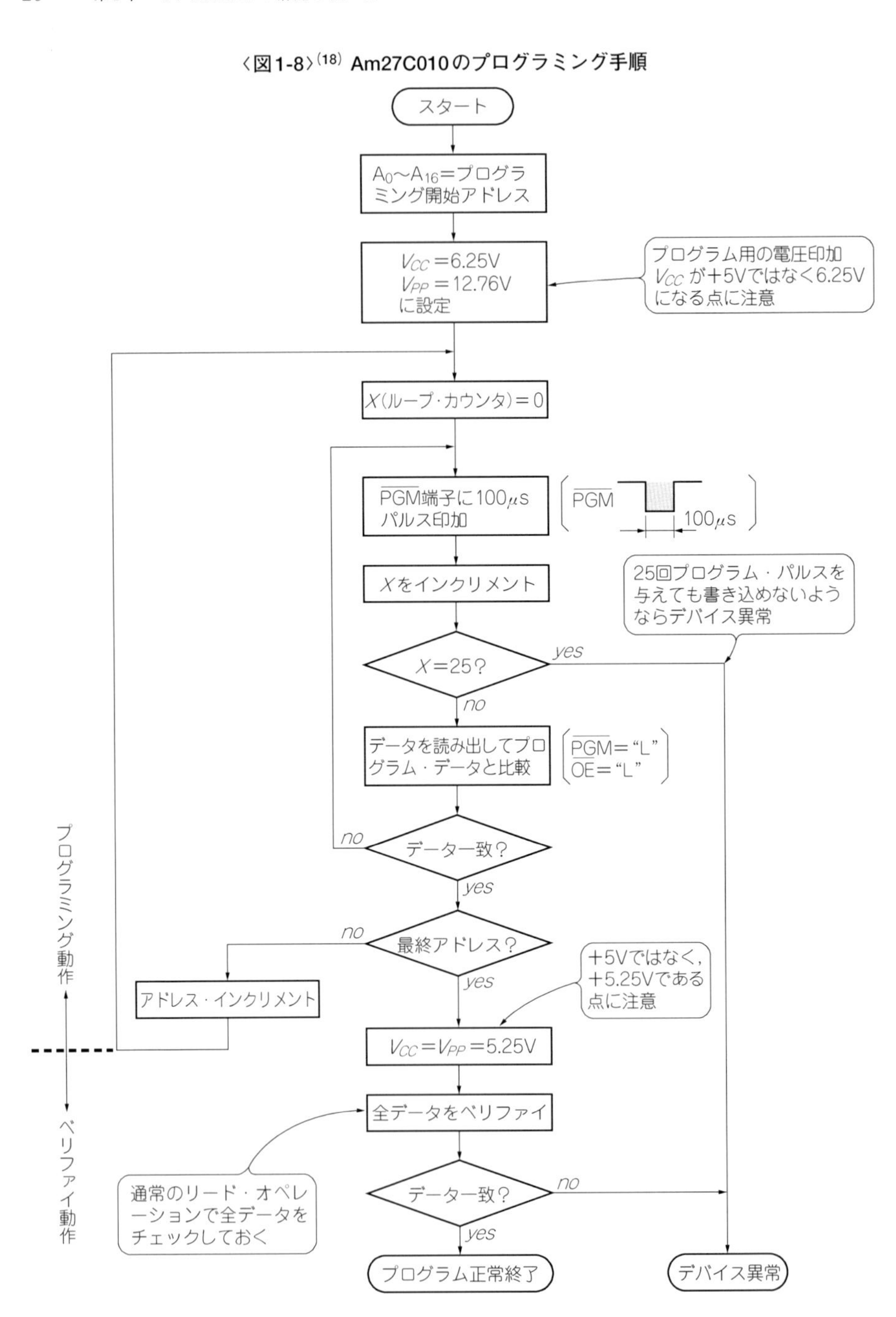

〈図1-9〉(18)
プログラミング波形

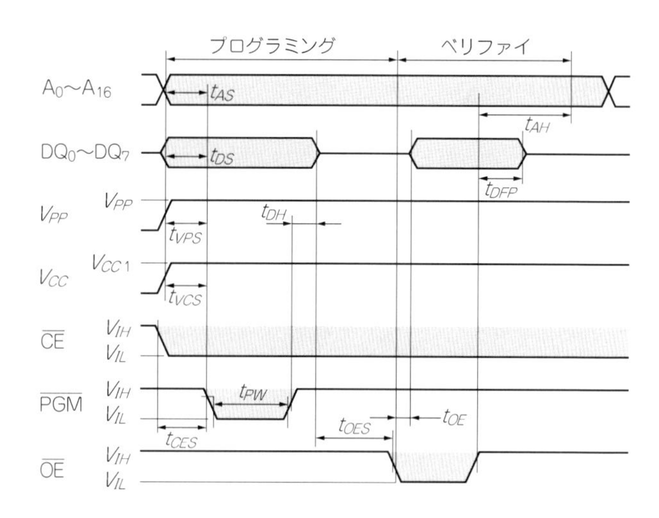

〈表1-5〉(18)
UV-EPROMの書き込みタイミング

シンボル		内　容	タイミング		
JEDEC表記	一般表記		min	max	単位
t_{AVEL}	t_{AS}	アドレス・セットアップ・タイム	2		μs
t_{DZGL}	t_{OES}	$\overline{\mathrm{OE}}$セットアップ・タイム	2		μs
t_{DVEL}	t_{DS}	データ・セットアップ・タイム	2		μs
t_{GHAX}	t_{AH}	アドレス・ホールド・タイム	0		μs
t_{EHDX}	t_{DH}	データ・ホールド・タイム	2		μs
t_{GHQZ}	t_{DFP}	アウトプット・イネーブルから出力ハイ・インピーダンス状態まで	0	130	ns
t_{VPS}	t_{VPS}	V_{PP}セットアップ・タイム	2		μs
t_{ELEH}	t_{PW}	$\overline{\mathrm{PGM}}$プログラム・パルス幅	95	105	μs
t_{VCS}	t_{VCS}	V_{CC}セットアップ・タイム	2		μs
t_{ELPL}	t_{CES}	$\overline{\mathrm{CE}}$セットアップ・タイム	2		μs
t_{GLQV}	t_{OE}	$\overline{\mathrm{OE}}$からのデータ制定時間		150	ns

② 書き込み開始アドレス/データ・セット

書き込みを行うアドレスと書き込みデータをそれぞれアドレス・バス/データ・バスにセットします.UV-EPROMの場合,書き込みは任意アドレスに対して行うことができます.

アドレス，データの信号線レベルは通常のTTLレベルです.

③ 書き込みパルス印加

$\overline{\mathrm{PGM}}$端子を100 μsだけLレベルにします．これによって，“0”を書き込んだEPROM内のメモリ・セルのフローティング・ゲートに電荷が注入されます.

④ プログラム・ベリファイ

$\overline{\text{PGM}}$端子に書き込みパルスが与えられると，フローティング・ゲートになにがしかの

UV-EPROMイレーザの製作

UV-EPROMの消去は紫外線によって行います．イレーザは市販品もありますが，市販されている紫外線ランプ(殺菌灯)を使って簡単に作ることもできます．工作としてはごく簡単ですので，一つ作ってみることにしました．

● EPROMイレーザの回路

図1-Aが私が試作したEPROMイレーザの回路です．わかりやすいように，回路図というよりも実体配線図に近い形で書いてみました．紫外線ランプも蛍光灯と同じように大きさがいろいろあり，ワット数が異なります．個人で使う程度のイレーザに使うならごく小さいもので充分でしょう．私は4 Wのものを使いました．安定器，グロー・ランプは紫外線ランプにあったものを選びます．

ケースはアルミ・ケースなど，手近にあるものでかまいませんが，消去中に紫外線が直接目に入らないように構造には気をつけてください．

回路を見てわかるとおり，紫外線ランプの扱いは通常の蛍光灯と同じです．最近ではインバータなどを使って，スイッチを入れてから点灯するまでの時間を短縮したものが多く見られますが，EPROMイレーザではそのような機能は必要ないので，ごくシンプルな安定器とグロー・ランプを使ったものにしました．

もう少し本格的にするなら，消去時間を長くしすぎないようにスイッチの部分にタイマなども追加するべきでしょうが，アマチュア的にはキッチン・タイマなどで一定時間たったらスイッチを手動で切れば十分なので，簡単にすませました．

〈**図1-A**〉
UV-EPROMイレーザの回路

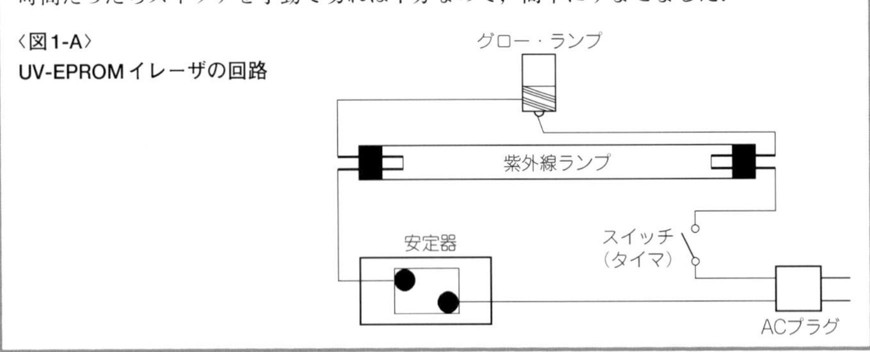

電荷が注入されますが，メモリ・セルが確実に“0”状態になるだけの十分な電荷が蓄積されたかどうかはわかりません．このため，プログラム・ベリファイを行います．プログラム・ベリファイは他の端子の状態や電圧はそのままで，$\overline{\mathrm{OE}}$をアサートすることで行います．

もし，このとき読み出されたデータが一致していたら，書き込み完了となります．もし次のアドレスへの書き込みが必要なら，②のステップに戻ります．

また，もし一致しなければ先ほどのパルスではまだ完全に電荷注入が完全には終わらなかったということですから，③に戻ります．ただし，この同じアドレスへのパルスの印加は25回まででです．25回パルスを与えても書き込みがうまくいかない場合には，そのデバイスは異常であるということで，エラー終了させます．

⑤ リード・ベリファイ

書き込みたい領域すべてのデータを正常に書き終えたら，通常動作状態でのリードを行って，正常にデータが読み出せるかの確認を行います．このとき，V_{CC}，V_{PP}は5.25 V（通常動作の上限電圧）に設定します．

書き込んだデータがすべて正しく読み出されれば，完了です．もしデータが一致しないときには，デバイス異常としてエラー終了させます．

第2章

フラッシュ・メモリの構造と使い方

フラッシュ・メモリ(flash memory)は，大容量(低価格)，オンボードで書き換えが可能，不揮発性，低消費電力といった特徴を兼ね備えたメモリ・デバイスで，従来のUV-EPROM(紫外線消去型EPROM)の置き換えなどとしてのほか，シリコン・ディスクや機器の設定情報データの格納などに広く使われています．

2.1 フラッシュ・メモリの概要

フラッシュ・メモリの基本的なメモリ・セル構造は**図2-1**のようになっています．一見したところはNチャネルのMOSFETそのものですが，通常のFETと違ってゲート(コントロール・ゲート)とドレイン/ソースとの間にフローティング・ゲートが存在しているところが特徴です．フラッシュ・メモリはこのフローティング・ゲートを使ってデータを記憶しているのです．

フローティング・ゲートは電荷を蓄積できるようになっており，ゲートや基板とは酸化膜によって絶縁されているため，いったん蓄えられた電荷は長期間(10年程度以上)に渡

〈図2-1〉
フラッシュ・メモリのセル構造

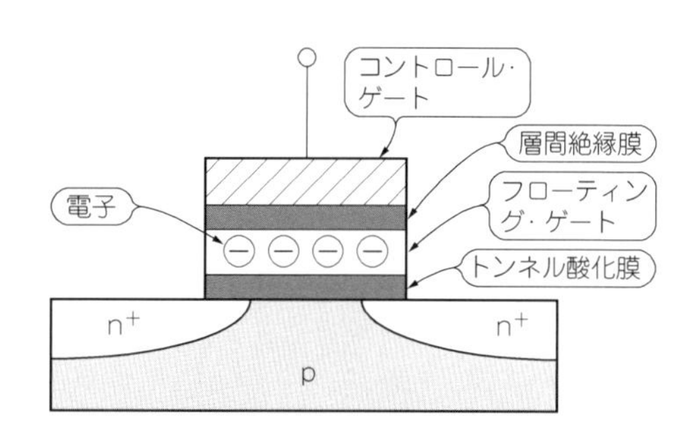

〈図2-2〉
フラッシュ・メモリの書き込み動作

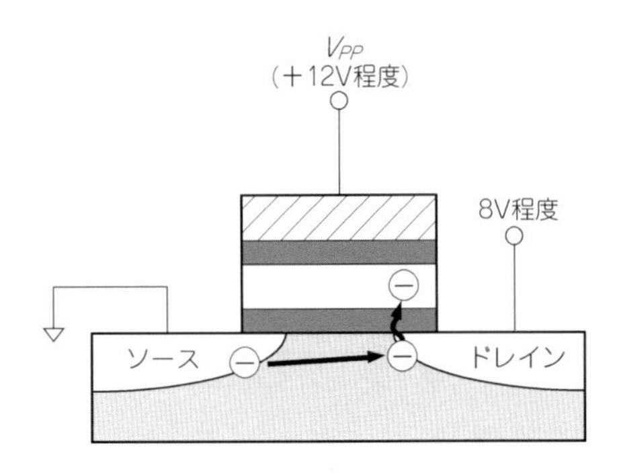

って保持しつづけることができます．もちろん，酸化膜に欠陥があったり，何らかの理由で破壊されたりすれば記憶は失われます．また，熱エネルギによる電荷の消失は必ずある確率で発生するので，データ保持時間は温度の影響を受けることになります．

● フラッシュ・メモリの消去/書き込みの原理

書き込みや消去は，基板とコントロール・ゲートの間での電荷の注入/放出によって行います．

たとえば，一般的なNOR型フラッシュ・メモリの場合，書き込み時はコントロール・ゲートの電圧を引き上げ，フローティング・ゲートに電荷を注入します(**図2-2**)．また，イレーズ(消去)時には，ソース電極に＋12V程度の高い電圧を印加することでフローティング・ゲート中の電荷を引き抜く方法(スマート・ボルテージ法)と，コントロール・ゲートに負電圧(－10V程度)を印加することでフローティング・ゲート中の電荷を押し出す方法(ネガティブ・ゲート・イレーズ法)などがあります．それぞれの電圧印加方法を**図2-3**に示します．

図2-4はフラッシュ・メモリ・セルの電圧-電流特性を図示したものです．ここに示したように，フローティング・ゲートの電荷は，コントロール・ゲートに印加した電圧にオフセットをかけるような効果をもちます．つまり，フローティング・ゲートに電荷が蓄積されていると，スレッショルド電圧(V_{th})が高くなり，電荷がないときに比べて高い電圧をコントロール・ゲートにかけないとドレイン-ソース間がONにならなくなるというわけです．これによって，フローティング・ゲートに電荷が蓄積されているか否か，つまり“1”か“0”かを判定できるというしくみです．

書き込みによって，V_{th}を高くするか低くするかは，フラッシュ・メモリの種類によって異なります．一般的な従来のEPROMの代替えなどとして使われているNOR型や，シ

〈図2-3〉
フラッシュ・メモリのイレーズ動作

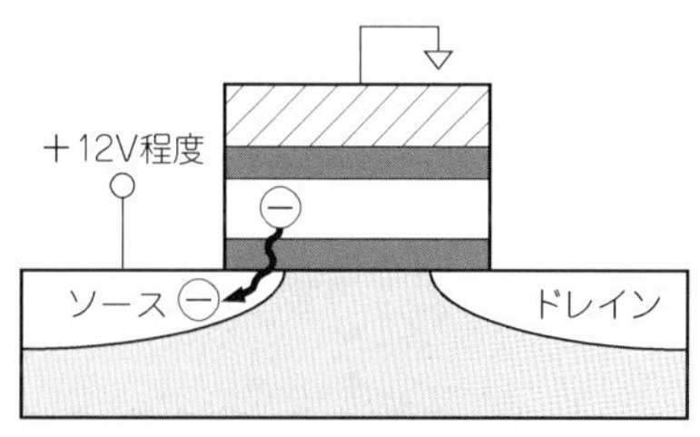

(a) スマート・ボルテージ法

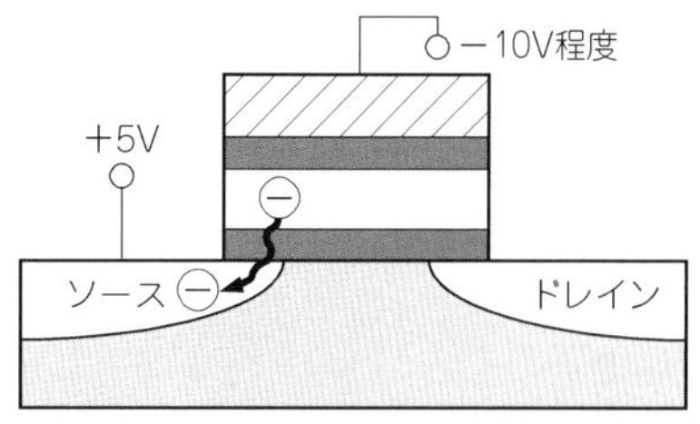

(b) ネガティブ・ゲート・イレーズ法

〈図2-4〉
フラッシュ・メモリ・セルの電圧-電流特性変化

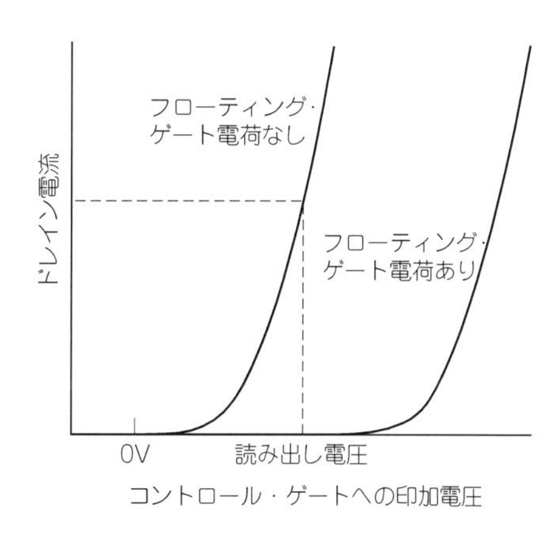

リコン・ディスクなどに使われているNOR型では書き込み時に高V_{th}にしますが，AND型やDINOR型では書き込みによって低V_{th}になります．

2.2　フラッシュ・メモリの分類と特徴

フラッシュ・メモリは，セルの接続方式によって，**表2-1**に示すように，NAND型，NOR型，DINOR(Divided bit-line NOR)型，AND型などに分類されます．NAND型のメモリ・セル接続は**図2-5**，NOR型は**図2-6**，DINOR型は**図2-7**，そしてAND型のメモ

リ・セルの構造は**図2-8**のようになっています．市販のフラッシュ・メモリの基本となっ

〈表2-1〉フラッシュ・メモリのセル方式

種　別	セルの接続方法	論　理	書き込み方法	消去方法	データ・アクセス
NAND型	直列	書き込みで高 V_{th}	トンネル注入	トンネル放出	シーケンシャル・アクセス
NOR型	並列	書き込みで高 V_{th}	ホット・エレクトロン注入	トンネル放出	ランダム・アクセス
DINOR型	並列（データ線を階層化）	書き込みで低 V_{th}	トンネル注入	トンネル放出	ランダム・アクセス
AND型	並列（データ/ソース線を階層化	書き込みで低 V_{th}	トンネル注入	トンネル放出	シーケンシャル・アクセス

〈図2-5〉
NAND型フラッシュ・メモリのセル構造

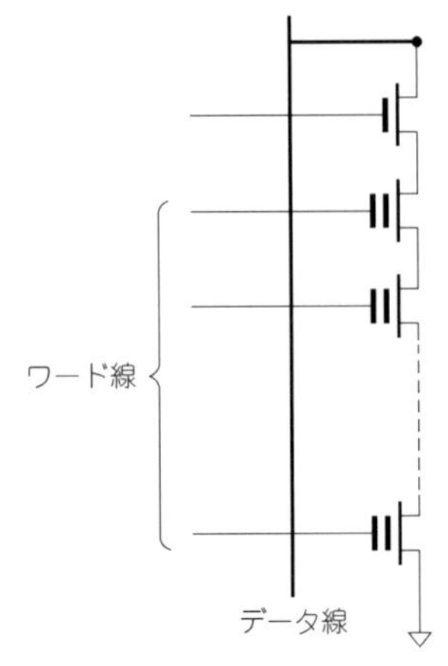

〈図2-6〉
NOR型フラッシュ・メモリのセル構造

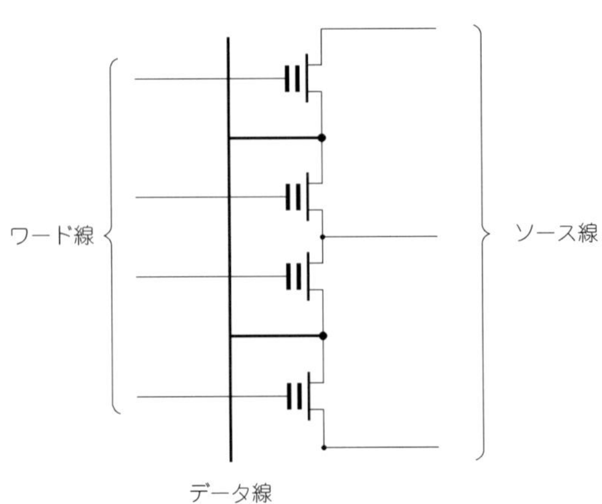

たのはNOR型とNAND型の二つです．これらのうちNAND型だけがセルを直列接続したもので，ほかはすべてセルを並列接続しています．

NOR型は読み出し速度が100 ns程度と高速で，ランダム・アクセスするのに向いていますが，セル・サイズがNAND型よりも大きく，高集積化が難しいというのが難点でした．書き込み時にはCHE(Channel Hot Electron)方式といって，ゲート-ドレイン間に高電圧を掛けて，チャネルを通過する電子のエネルギを高めてフローティング・ゲートに注入するという方法をとっていました．そのため消費電流が大きく，書き込み時は外部から＋12 V程度の電源を別途与えなければならないなど，低電圧動作には向いていません

〈図2-7〉
DINOR型フラッシュ・メモリのセル構造

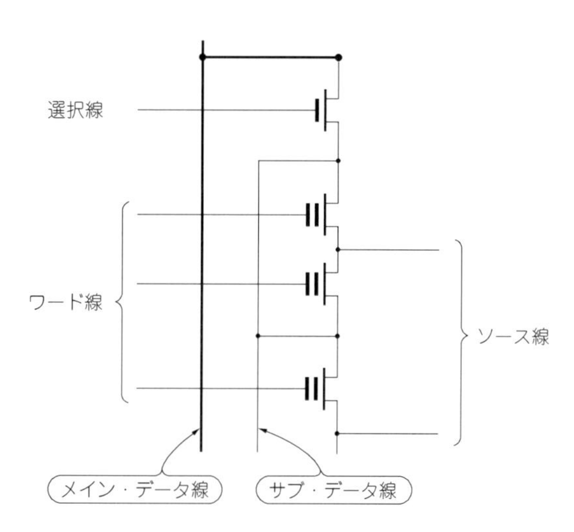

〈図2-8〉
AND型フラッシュ・メモリのセル構造

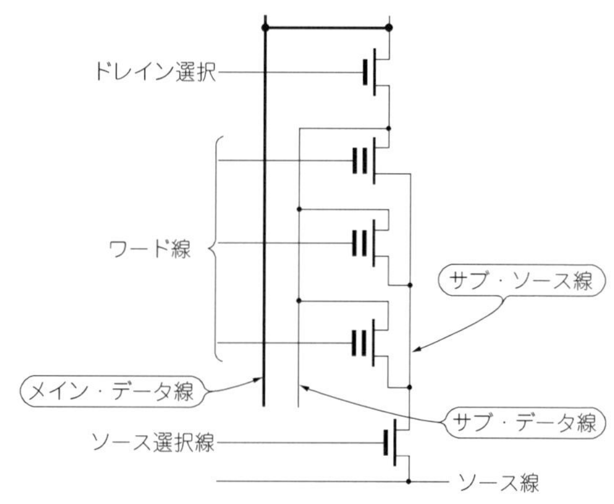

でした．

これに対して東芝が開発したNAND型は，NOR型と逆で高集積化が可能で，書き込みもトンネル方式と呼ばれる，酸化膜で起こるトンネル現象を利用した方式なので，NOR型に比べて消費電流も小さいという特徴があります．しかし一方で，セルが直列接続されているためにシーケンシャル・アクセスには向くものの，ランダム・アクセスが遅いという欠点があります．

このNAND型とNOR型の両者の特長をあわせもたせようと三菱と日立によって開発されたのがDINOR（Divided bit-line NOR）型，およびAND型と呼ばれるものです．

DINOR型はデータ線（ビット線）をメイン・データ線とサブ・データ線に分離する階層構造にして，それぞれのメモリ・セルをサブ・データ線に接続することで，NAND型のような高集積度とNOR型と同等以上の高速なランダム・アクセスを両立させたものです．書き込みもトンネル方式を採用していることから書き込み電流が小さくて済み，書き換え用の高電圧を得るための昇圧回路をチップ内部に設けることができるため，低電圧の単一電源動作が可能です．

AND型はセルのソース線側も分離したサブ・ソース線を設けたもので，シーケンシャル・アクセスに向いたものです．ハード・ディスクの1セクタと同じ512バイト程度の小ブロック単位での書き込み/読み出しを可能にできるほか，DINOR型と同様の低消費電力という特長もあわせもっており，シリコン・ディスクなどへの応用に向いています．セルの接続方法はNOR型と同じで，書き込み論理が反転（NOR型は書き込みでV_{th}が高くなるがAND型は低くする方向）なのでAND型と名付けられました．

現在ではNOR型も改良され，書き込みもトンネル効果を使って低消費電力化を図ったり，セルの物理的な構造の改良などによって，低電圧な単一電源タイプのフラッシュ・メモリも製品化されているようです．ファイル用としてはAND型とNAND型の両方が流通しており，大容量のフラッシュATAカードなどに利用されています．

次に，代表的なフラッシュ・メモリの例としてNAND型とNOR型のデバイスの動作について見ていくことにしましょう．

2.3　NAND型フラッシュ・メモリ

NAND型の例としてTC58V64（東芝）を取り上げて，動作を見ていきます．

● TC58V64のピン配置

TC58V64AFTのピン配置は**図2-9**のようになっています．アドレス・ピンが見あたりませんが，これはデータ入出力ピン(I/O_1～I/O_8)を使って，時分割で与えるようになっているためです．NAND型フラッシュ・メモリは基本的にある程度まとまったブロック単位でのシーケンシャル・アクセスしか行いませんので，ランダム・アクセスを前提としたアドレス・ピンは不要であるというわけです．

次に各信号ピンについて簡単に説明しておきましょう．

▶ I/O_1～I/O_8

アドレスやコマンド，データの入出力などを行います．ALEやCLE信号などと併用して，時分割で与えます．

▶ $\overline{CE}$ (Chip Enable)

デバイスの選択信号です．Lレベルにするとデバイスが選択状態になり，Hレベルになると非選択状態(ローパワー状態)になります．

▶ $\overline{WE}$ (Write Enable)

I/O端子を入力状態(ホストからデバイスにデータなどを与える状態)にします．

▶ $\overline{RE}$ (Read Enable)

I/Oピンからデータ出力を行わせるための信号ピンです．$\overline{RE}$は内部のアドレス・カウンタを進めるクロックとしても働きます．

〈図2-9〉
TC58V64AFTのピン配置

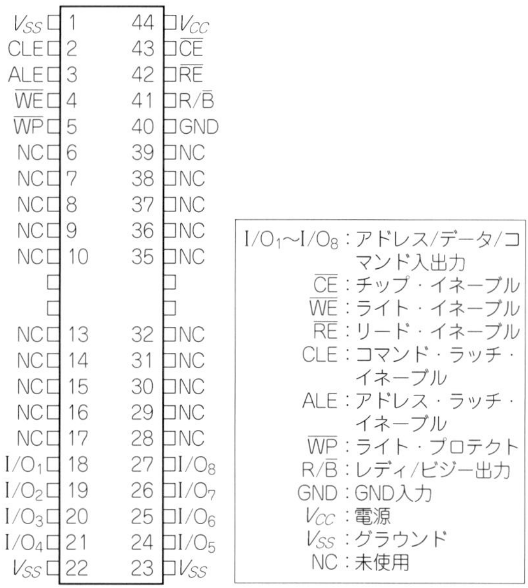

信号	ピン	ピン	信号
V_{SS}	1	44	V_{CC}
CLE	2	43	$\overline{CE}$
ALE	3	42	$\overline{RE}$
$\overline{WE}$	4	41	$R/\overline{B}$
$\overline{WP}$	5	40	GND
NC	6	39	NC
NC	7	38	NC
NC	8	37	NC
NC	9	36	NC
NC	10	35	NC
NC	13	32	NC
NC	14	31	NC
NC	15	30	NC
NC	16	29	NC
NC	17	28	NC
I/O_1	18	27	I/O_8
I/O_2	19	26	I/O_7
I/O_3	20	25	I/O_6
I/O_4	21	24	I/O_5
V_{SS}	22	23	V_{SS}

I/O_1～I/O_8：アドレス/データ/コマンド入出力
$\overline{CE}$：チップ・イネーブル
$\overline{WE}$：ライト・イネーブル
$\overline{RE}$：リード・イネーブル
CLE：コマンド・ラッチ・イネーブル
ALE：アドレス・ラッチ・イネーブル
$\overline{WP}$：ライト・プロテクト
$R/\overline{B}$：レディ/ビジー出力
GND：GND入力
V_{CC}：電源
V_{SS}：グラウンド
NC：未使用

$\overline{\mathrm{RE}}$がアサートされて(Lレベルになる)，アクセス時間(t_{REA})が経過するとI/Oピン上のデータが確定し，$\overline{\mathrm{RE}}$の立ち上がりで内部のアドレス・カウンタが1だけ進みます．これによって，単なるリード・オペレーションで連続したアドレスのメモリ内容を読み出すことが可能となるわけです．

▶ CLE（Command Latch Enable）

I/Oピンに与えた動作コマンド・コードをデバイス内部のコマンド・レジスタに書き込むための制御ピンです．$\overline{\mathrm{WE}}$信号の立ち上がり/立ち下がり時にアサートされている(Hレベルになっている)とコマンドとしてラッチされます．

▶ ALE（Address Latch Enable）

ホストがI/Oピンに与えたデータがアドレスなのか，データなのかを識別するための信号です．ALEがアサート(Hレベル)になっているとアドレスとして，ネゲート(Lレベル)されていると入力データとして扱われます．

▶ $\overline{\mathrm{WP}}$（Write Protect）

書き込み/消去動作を強制的に禁止します．$\overline{\mathrm{WP}}$がアサート(Lレベル)になっていると，チップ内部の昇圧回路がリセットされ，メモリ・セル書き込みのための高電圧生成が行われないので，コマンドを送っても書き換えが行えなくなるというしくみです．

電源投入時や遮断時など，動作が不安定になりやすいときにこのピンをアサートしつづけておくと安全です．

▶ R/$\overline{\mathrm{B}}$（Ready/$\overline{\mathrm{Busy}}$）

デバイスの内部動作状態を外部に知らせるための信号です．オープン・ドレイン出力で，内部動作中はアサート(Lレベルになる)され，内部動作が完了するとネゲート(Hレベルになる)されます．

これらの制御信号の組み合わせと動作状態の関係は，**表2-2**に示すようになります．

● NAND型フラッシュ・メモリの内部構成

TC58V64の内部構成を**図2-10**に示します．容量が増えるとブロック数が増えますが，内部の基本的な構成は変わりません．

NAND型フラッシュ・メモリの特徴的な部分を示すと以下のようになるでしょう．

(1) データをシーケンシャルにアクセスする

(2) メモリ内部がブロックという単位に分割され，各ブロックがさらにページという単位に分割されている

(3) 消去はブロック単位で行う

(4) プログラム(書き込み)はページ単位で行う

(5) ページ・サイズが半端(TC58V64の場合は528バイト)である

(6) エラーのあるブロック(bad block)を含む製品もある

NAND型フラッシュ・メモリがターゲットとしている用途は，シリコン・ディスクのようなファイル・デバイスです．書き込みのページ・サイズが528というのは，512バイト(一般的なハードディスクのセクタ・サイズと同一)に16バイトの冗長データ・バイトを付けたというもので，ここにエラー訂正用のコードを付けておくことで，書き込み/消去の繰り返しによってフラッシュ・メモリ・セルが異常になった場合でも，データの復旧ができるようにしているわけです．

また，消去の単位は，1ブロックが16ページ(データ・サイズにして512バイト×16＝8K)というのはホスト側のファイル管理単位に一致していればよいという考えであるといえるでしょう．

〈表2-2〉TC58V64の動作

動作モード	制御信号線(X：ドント・ケア)					
	CLE	ALE	$\overline{CE}$	$\overline{WE}$	$\overline{RE}$	$\overline{WP}$
コマンド入力	H	L	L	↑	L	X
データ入力	L	L	L	↑	H	X
アドレス入力	L	H	L	↑	H	X
シリアル・データ出力	L	L	L	H	↓	X
プログラム期間中 (Busy)	X	X	X	X	X	H
消去期間中 (Busy)	X	X	X	X	X	H
プログラム/消去禁止	X	X	X	X	X	L

〈図2-10〉
TC58V64の内部構成

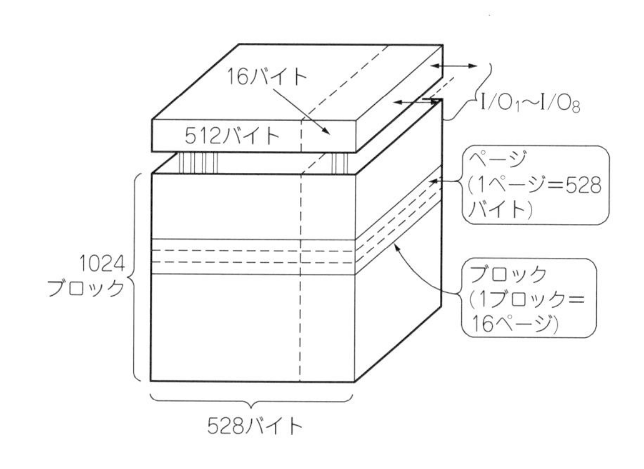

(6)は通常のメモリ・デバイスのつもりで接するといささか驚かされる点でしょう．製品納入時点で，すべてのデータがFFhになっていないブロックはバッド・ブロックとして，消去などを行わず，ホストのファイル管理ソフトウェアで使用しないようにしなくてはなりません．バッド・ブロック数はTC58V64の場合，10個までは許容範囲とされています．M58V64の場合は1024ブロックありますので，1014ブロックまでしか使えない場合があるわけです．

● 動作コマンド

TC58V64の動作コマンド(コマンド入力で与えるコード)を**表2-3**に示します．オート・ブロック消去だけが2バイト・コマンドで，そのほかは1バイト・コマンドです．

次にこれらのコマンドとアクセス動作について説明します．

▶ データ・リード動作

TC58V64のリード動作を**図2-11**に示します．データ・リード動作は，コマンドにつづいて読み出し開始アドレスを3バイトで指定することで開始されます．アドレスやコマンドは$\overline{\mathrm{WE}}$の立ち上がりでラッチされます．

リード時のアドレスの指定方法は**表2-4**に示すとおりです．最初に与えるデータはカラム・アドレスと呼ばれ，後半の2回で与えるデータをページ・アドレスと呼んでいます．

〈表2-3〉
TC58V64の動作コマンド

コマンド	コマンド・データ		備　考
	第一サイクル	第二サイクル	
シリアル・データ入力	80h		
リード・モード (1)	00h		
リード・モード (2)	01h		
リード・モード (3)	50h		
リセット	FFh		Busyアサート中に発行可
オート・プログラム	10h		
オート・ブロック消去	60h	D0h	
ステータス・リード	70h		Busyアサート中に発行可
IDリード	90h		

TC58V64の場合には，メモリは1024ブロックあり，それぞれのブロックが16個のページに分割されているので，A_{22}～A_{13}がブロック番号(ブロック・アドレス)，A_{12}～A_9がブロック内のページ番号(ブロック内NANDアドレス)になります．

面白いのはA_8の指定がないこと，そして1ページが528バイトと512よりも大きいのにA_9はページ・アドレスとなってしまうところでしょう．

これは，1ページ(528バイト)が256＋256＋16という構成(仮にパートと呼ぶ)に分かれているためと考えると理解しやすいでしょう．1ページ内の，どのパートから読みはじめるかということによって，コマンド自体が分離されているのです．リード・コマンドが3

〈図2-11〉
TC58V64のリード動作

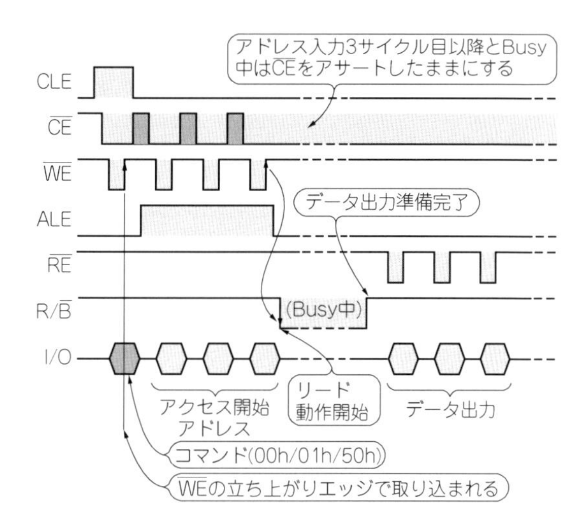

〈表2-4〉
アドレス指定の方法

アドレス・サイクル	I/Oピン							
	I/O_8	I/O_7	I/O_6	I/O_5	I/O_4	I/O_3	I/O_2	I/O_1
第一サイクル	A_7	A_6	A_5	A_4	A_3	A_2	A_1	A_0
第二サイクル	A_{16}	A_{15}	A_{14}	A_{13}	A_{12}	A_{11}	A_{10}	A_9
第三サイクル	“0”	“0”	A_{22}	A_{21}	A_{20}	A_{19}	A_{18}	A_{17}

※リード・コマンドが00hならA_8＝“0”，01hならA_8＝“1”となるので，A_8を指定するビットはない

A_{22}～A_{13}：ブロック・アドレス ┐
A_{12}～A_9　：ブロック内NANDアドレス ┘ ページ・アドレス
A_7～A_0　：カラム・アドレス

種類(00h，01h，50h)あるのはこのためです．そして，この各パートの中のどこから読みはじめるのかをカラム・アドレスとして渡すというわけです．当然，最後の16バイトぶんのところではカラム・アドレスは0〜15までの値しかとれないということになります．

また，コマンド・コード00h，01hの場合には，読み出し開始アドレスから順次1ページの最後まで送出され，最終アドレスまでいくと次のページの先頭のデータが出力されま

〈図2-12〉
シーケンシャル・リード（1）

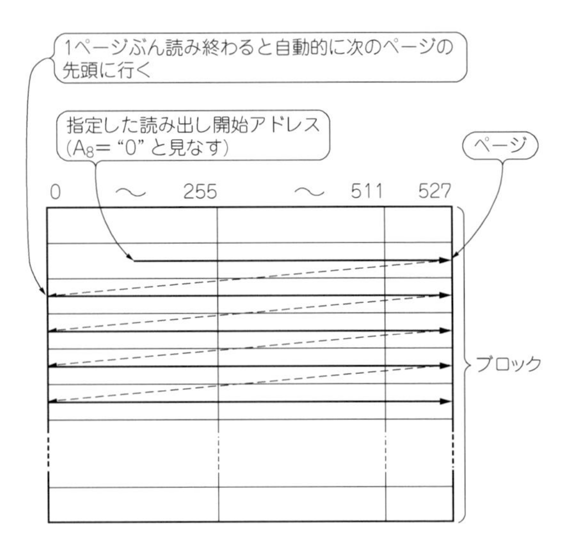

〈図2-13〉
シーケンシャル・リード（2）

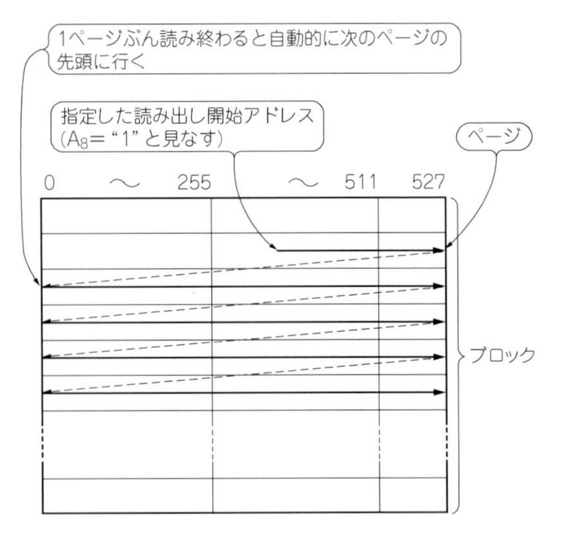

すが，コマンド・コード50h(リード・コマンド(3))のときだけは，ページの最後までいくと，次のページの512バイト目(第3パート)の先頭から出力され，ページの先頭には戻りません．

これらの動作を模式的に示したのが**図2-12**，**図2-13**，**図2-14**です．

また，**図2-15**に示すように，リード時にアドレスを指定してから最初のデータを読み出すまでの間や，ページの終わりに達したあと，次のページの最初(シーケンシャル・リード(3)の場合には第3パートの先頭)に戻るまでには時間がかかります．この間Busy信号がアサートされて，ホストからのアクセスを待たせるようになっています．内部の1ページぶんのデータ(528バイト)がページ・バッファに転送されるまでの時間と思えばよいでしょう．

〈図2-14〉
シーケンシャル・リード（3）

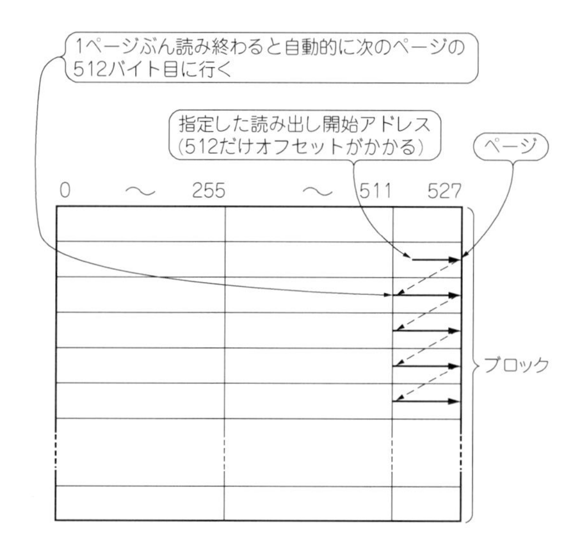

〈図2-15〉
リード中のBusy状態

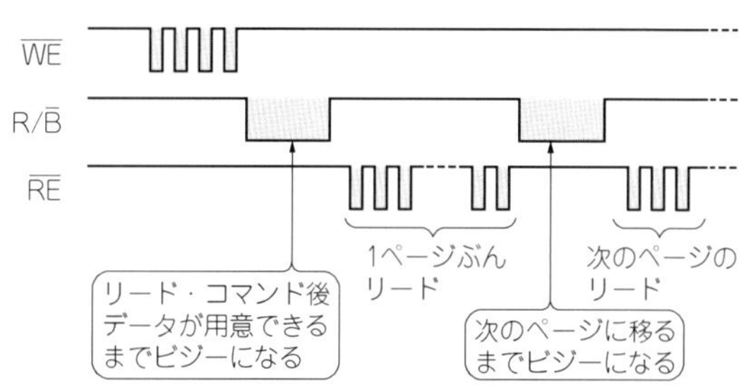

▶ ステータス・リード

ステータス・リードの動作を**図2-16**に示します．コマンド70hにつづいてリード動作を行うと，メモリのステータスが読み出されます．メモリのステータス・データは**図2-17**のようになっています．

▶ オート・ページ・プログラム動作

オート・ページ・プログラム動作は，以下のような手続きで行われます．

① データ入力コマンド(80h)発行

② アドレス/データ入力

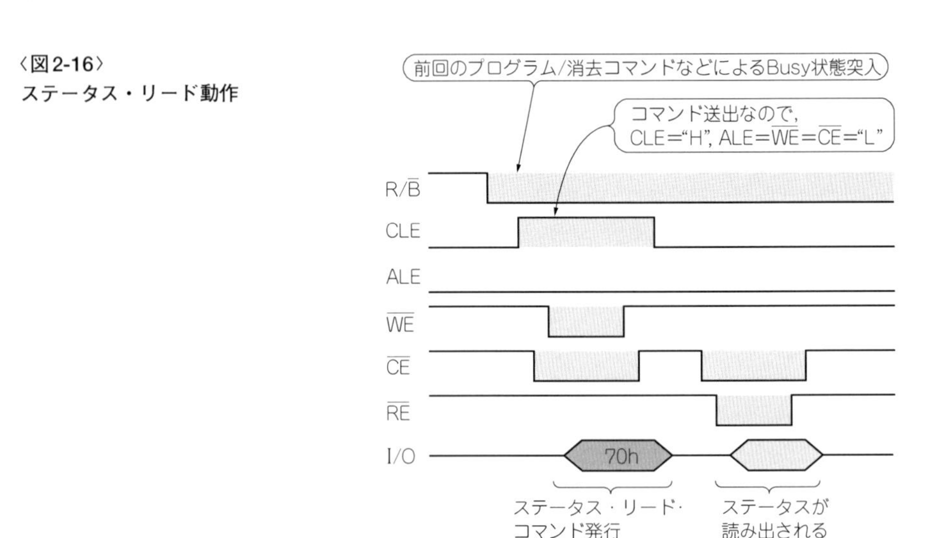

〈図2-16〉
ステータス・リード動作

〈図2-17〉TC58V64のステータス

I/O_8	I/O_7	I/O_6	I/O_5	I/O_4	I/O_3	I/O_2	I/O_1
ライト･プロテクト	Ready/Busy	未使用	未使用	未使用	未使用	未使用	Pass/Fail

I/O_6～I/O_2：常に"0"

I/O_7："0"：Busy　"1"：Ready

I/O_1："0"：Pass　"1"：Fail

I/O_8："0"：プロテクト状態　"1"：プロテクト解除状態

③ オート・プログラム・コマンド(10h)発行

これを図示したのが**図2-18**です．デバイス内部動作では，②で与えたデータは直接メモリに書き込まれるのではなく，いったんページ・バッファに格納され，③で書き込みコマンドが送られてきてはじめて②で与えたページ・アドレスのところに転送されるという動作になります．

このとき，チップ内部で書き込み検証を行います．正常ならば，そのままR/$\overline{\text{B}}$をReady状態(Hレベルにする)にして正常終了します．また，何らかの異常によって書き込み検証が正常に行われなかった場合，内部で自動的にリトライが行われます．リトライが規定回数に達すると，R/$\overline{\text{B}}$をReady状態にするとともに異常終了させます．

▶ オート・ブロック消去

オート・ブロック消去は，指定したブロックの内容を一括してFFhにします．先に触れたとおり，書き込みはページ(528バイト)単位で行えますが，消去はブロック単位でしか行えません．ブロック消去で与えるアドレスはブロック・アドレスですので，2バイト分です．

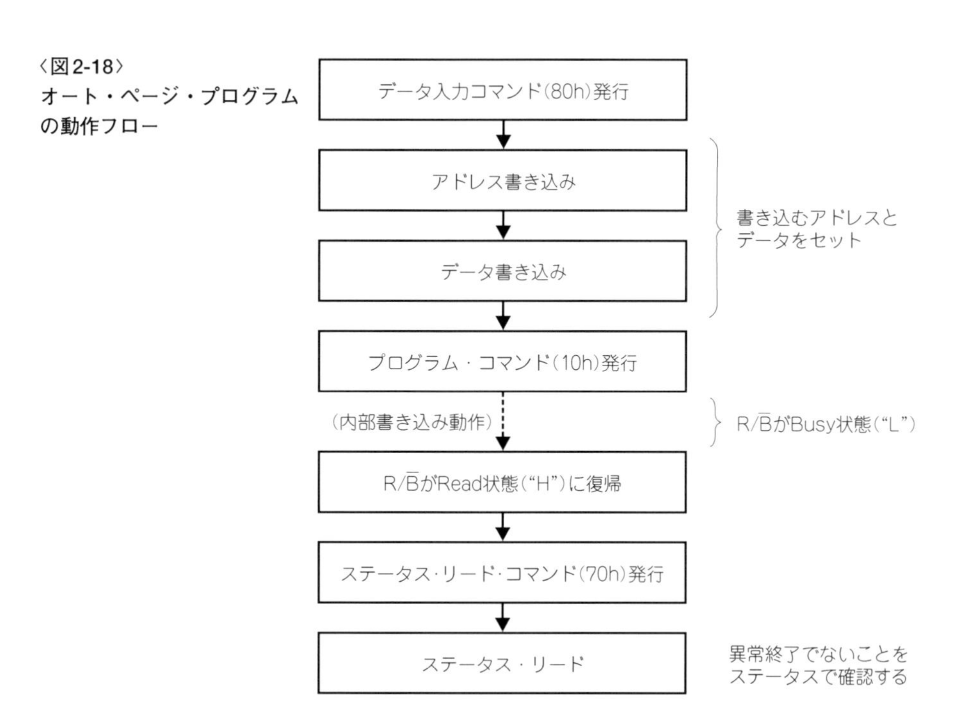

〈図2-18〉オート・ページ・プログラムの動作フロー

〈図2-19〉
オート・ブロック消去の動作フロー

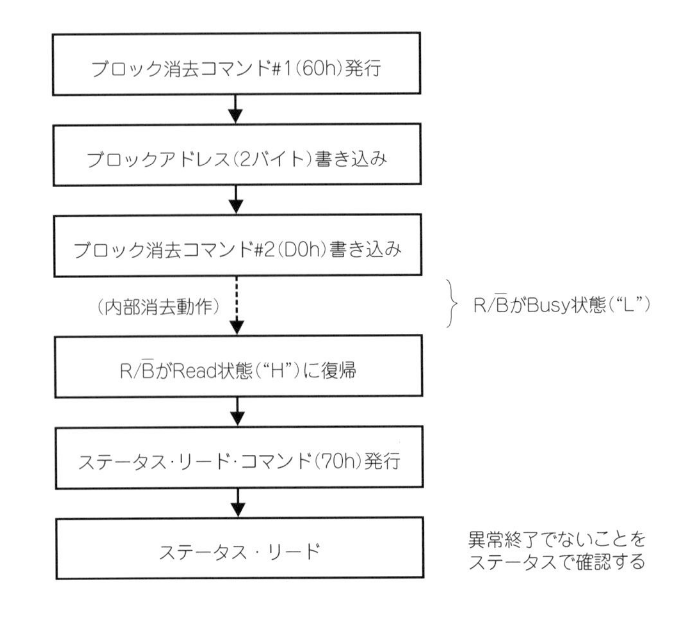

オート・ブロック消去の動作フローは**図2-19**のようになっています．オート・ページ・プログラム動作と同様に，内部での自動リトライも行われ，規定回数リトライしてもだめな場合には，R/$\overline{B}$をReady状態にするとともに異常終了します．

▶ リセット動作

リセット動作は，コマンド・コードFFhの書き込みによって行われます．このコマンドが発行されると，内部のプログラム/消去用の昇圧回路がOFFになり，プログラム/消去電圧が0Vまで放電されます．放電が完了するまでの間，R/$\overline{B}$信号はBusy状態(Lレベル)のままとなっています．

また，リセット・コマンドにより，アドレス・レジスタの各ビットはすべて“0”，データ・レジスタのビットはすべて“1”になります．

▶ IDリード動作

ホストから，バスに接続されているデバイスのメーカ名/型式を自動認識できるようにするためのIDコードをもっています．IDリード・コマンドは，このコードを読み出すためのものです．

図2-20にIDリード動作のフローを，**図2-21**にIDリード・コマンドの発行動作を示します．

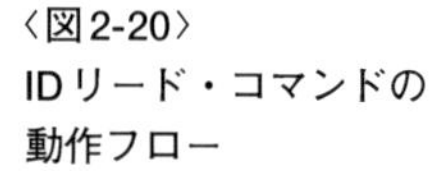

〈図2-20〉
IDリード・コマンドの動作フロー

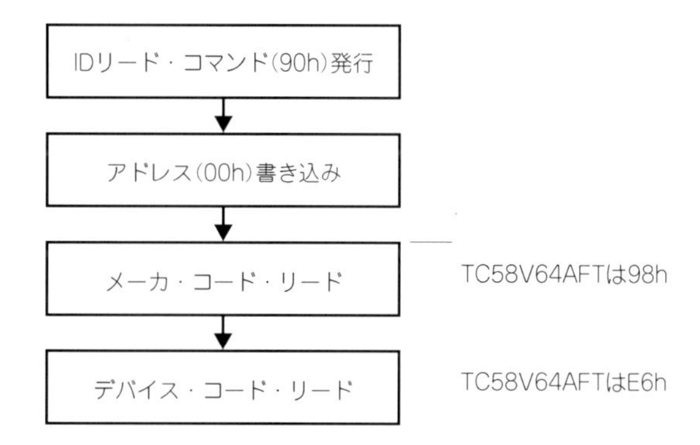

〈図2-21〉
IDリード・コマンドの動作

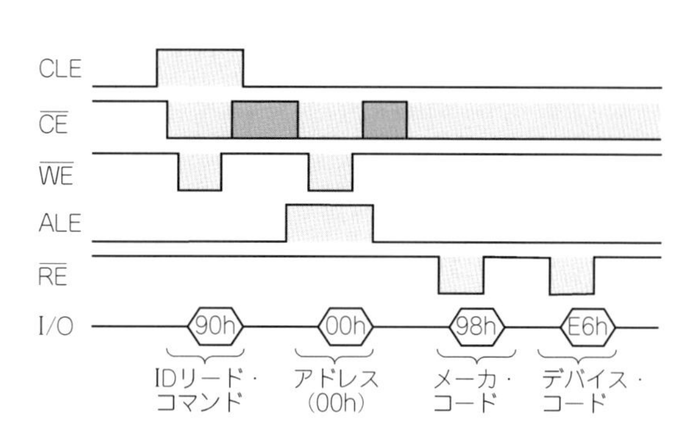

IDを読み出すには，IDリード・コマンド(90h)を発行したあと，アドレスとして00hを書き込みます．90hはコマンドですので，CLEをアサート(H)にしますが，つづく00hはアドレス値ですので，CLEをネゲート(L)して，ALEをアサート(H)します．

この手続きが終わると，次の2回のリードでメーカ・コード(TC58V64の場合は98h)と，デバイス・コード(同E6h)が読み出されます．

2.4 NOR型フラッシュ・メモリ

NOR型のフラッシュ・メモリの例として，Am29F010(AMD)を取り上げてみます．NOR型のフラッシュ・メモリは，NAND型のような特殊な扱いは不要です．ごく一般的なSRAMやEPROMなどと同じように，アドレス，データ，コントロール信号によってコントロールされます．

まず，Am29F010Aのデータシートを参考に，ピンの意味やリード/ライトの方法を調べていくことにしましょう．後ろにAが付いているのは，機能的に互換を維持しながら作った改良版ということで，プロセスをより微細なものにするなどして，消費電流を減らしたという場合が多いようです．ユーザからの扱いについては，まったく同じものと考えておいてよいでしょう．

● **ピン配置**

デバイスを使ううえでは，ピン配置とそれぞれのピンの意味を知らなくてはなりませんので，まずピン配置を調べます．Am29F010Aのデータシートをダウンロードしたところ，DIPパッケージについての記載がありません．しかし，実際にAm29F010のDIPタイプは存在しているので，このピン配置は決まっているはずです．そこで同じシリーズの上位品であるAm29F040Bのピン配置と比較してみます．Am29F010AのPLCCタイプのピン配置を**図2-22**に，Am29F040BのPLCCタイプとDIPタイプのピン配置を**図2-23**に示します(Am29F010A/040Bとも，このほかにTTSOPタイプのパッケージもある)．

ここで両者に共通なPLCCパッケージのピン配置を比較すると，Am29F010ではNC(Not-Connected；無接続)になっていた6番ピンと9番ピンにアドレスの上位2ビット(A_{17}とA_{18})を配置しただけであることがわかります．

したがって，Am29F010AのDIPパッケージのピン配置も，Am29F040BのDIPパッケージの30番ピン，1番ピンがNCになっているだけと考えられます．

このあたりはパッケージの中身を考えてもわかることです．パッケージの外観はいろいろとありますが，中に収められているチップの本体(ダイ)そのものはまったく同じです．ダイの周囲には信号を引き出すためのパッドがあって，そこから細いワイヤ(ボンディン

〈図2-22〉[4]
Am29F010のピン配置(PLCCパッケージ)

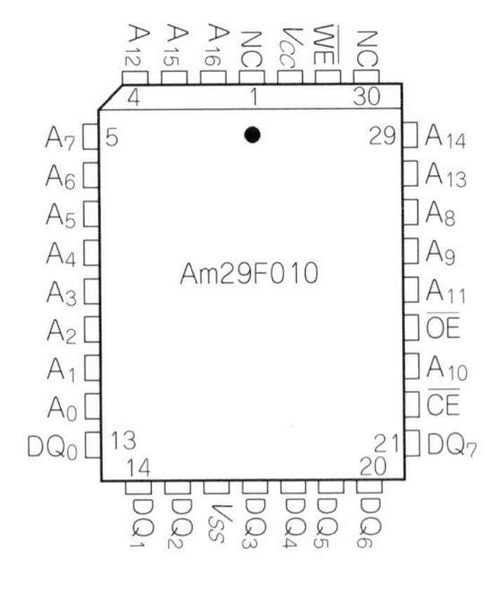

グ・ワイヤ)でパッケージの足と接続されています．わざわざ好きこのんでワイヤがクロスするように配置する人はいませんので，信号が並んでいく順序自体はパッケージが変わっても同じようになります．

当然，ボンディング・ワイヤ自体はなるべく短くなるようにしたほうがコスト面でも，また特性の面でも有利ですから，パッケージの中のダイの向きもパッケージにあわせて変更しているわけです．チップの中でダイがどのような向きに収まって，どのようにボンディング・ワイヤが走っているのかを想像するのも面白いでしょう．

● 信号の種別

Am29F010のピンをグループ分けしたのが**図2-24**です．Am29F040も，アドレスが18本に増えてNCがなくなるだけでまったく同じです．フラッシュ・メモリの動作と，アドレス，データ，$\overline{\mathrm{CE}}$，$\overline{\mathrm{OE}}$，$\overline{\mathrm{WE}}$の組み合わせは**表2-5**のようになっています．

▶ V_{CC}/V_{SS}

電源ピンです．Am29F010，Am29F040とも＋5V単一電源動作のフラッシュROMですから，V_{CC}には＋5Vを与えます．V_{SS}は基準電位ですから0Vとなります．

▶ $A_0 \sim A_{16}$（アドレス）

$A_0 \sim A_{16}$がアドレス・ピンです．Am29F010は容量が1Mビットのフラッシュ・メモリですが，$DQ_0 \sim DQ_7$の8ビットを単位としてデータ入出力を行うので，アドレスは1Mビット÷8ビット＝128Kぶんとなり，17本あります．

〈図2-23〉
Am29F040のピン配置

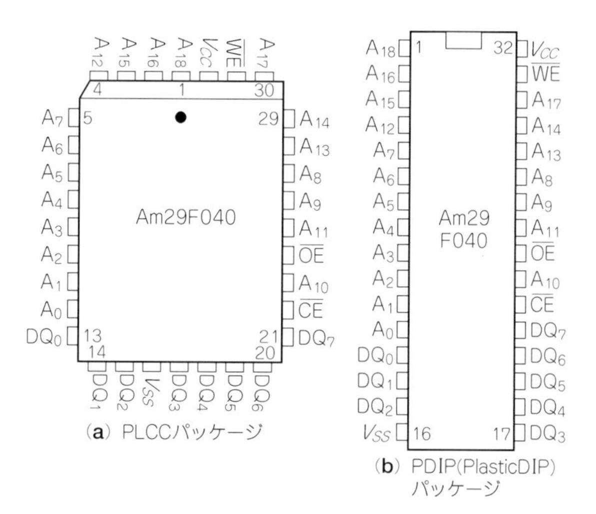

(a) PLCCパッケージ

(b) PDIP(PlasticDIP)パッケージ

▶ DQ_0～DQ_7（データ）

外部のデータのやりとりを行うピンです．Am29F010の場合には常に8ビット単位での入出力になっているので，データは常に8ビット単位で読み出しや書き込みを行うことになります．

▶ $\overline{CE}$（チップ・イネーブル）

デバイスの選択信号です．このピンがLレベルのときにだけ，次に説明する$\overline{OE}$や$\overline{WE}$信号が有効になります．CPUなどに接続するときにはCPUの上位アドレスをデコードして，このピンに入力します．

複数のデバイスがあったときには，通常$\overline{CE}$以外のピンはすべて並列に接続して，$\overline{CE}$ピンでどのデバイスをアクセスするかを決めます．

▶ $\overline{OE}$（アウトプット・イネーブル）

先に説明した$\overline{CE}$ピンがLレベルのときだけ有効です．フラッシュROMからデータを読み出すときに$\overline{CE}$とともに$\overline{OE}$をLレベルにすると，一定時間後にデータがDQ_0～DQ_7ピンに現れます．有効なデータが揃ったということを示すような信号はないので，周辺回路では，データシートの値を信用して，データが確定したと思われるタイミングを見計らってDQ_0～DQ_7に現れているデータを読み出すということになります．

〈図2-24〉Am29F010のピン・グループ

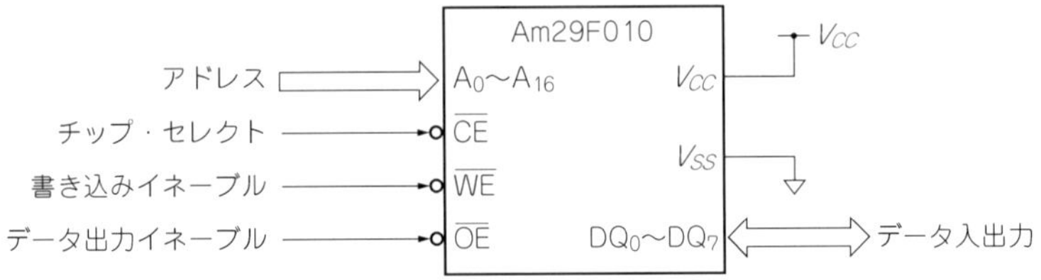

Am29F010
アドレス → A_0～A_{16}
チップ・セレクト → $\overline{CE}$
書き込みイネーブル → $\overline{WE}$
データ出力イネーブル → $\overline{OE}$
V_{CC} — V_{CC}
V_{SS}
DQ_0～DQ_7 ⇔ データ入出力

〈表2-5〉[4] Am29F010Aの動作モード

動　作	A_0～A_{16}	$\overline{CE}$	$\overline{OE}$	$\overline{WE}$	DQ_0～DQ_7
リード	アドレス入力	“L”	“L”	“H”	データ出力
ライト	アドレス入力	“L”	“H”	“L”	データ入力
スタンバイ	X	V_{CC} ± 0.5 V	X	X	ハイ・インピーダンス
出力ディセーブル	X	“L”	“H”	“H”	ハイ・インピーダンス
ハードウェア・リセット	X	X	X	X	ハイ・インピーダンス

▶ $\overline{\mathrm{WE}}$（ライト・イネーブル）

先に説明した$\overline{\mathrm{CE}}$ピンがLレベルのときだけ有効です．フラッシュ・メモリにコマンドや書き込みデータなどを与えるときに，この信号を$\overline{\mathrm{CE}}$ピンとともにLレベルにします．

データが実際にチップ内部に取り込まれるのは$\overline{\mathrm{CE}}$，または$\overline{\mathrm{WE}}$信号の立ち上がり(LレベルからHレベルになるとき)です．

● **プロセッサとの接続例**

フラッシュ・メモリとCPUの接続を模式的に表すと**図2-25**のようになります．この図では信号名や信号の意味はISAバスに合わせています．CPUのアドレスの上位をアドレス・デコーダでデコードして，フラッシュ・メモリ領域であれば$\overline{\mathrm{CE}}$信号をアサートするようにします．アドレスの下位はフラッシュ・メモリに与えます．

さらに$\overline{\mathrm{OE}}$が$\overline{\mathrm{SMEMR}}$信号，$\overline{\mathrm{WE}}$が$\overline{\mathrm{WMEMW}}$信号に，$DQ_0$～$DQ_7$はCPUのデータ・バスに接続されるという形になります．

この図ではタイミング関係については特に配慮していませんので，CPUのバス動作タイミングによっては，タイミングに細工が必要だったり，ウェイトをかけてバス・サイクルを延長するなどの工夫が必要な場合もあります．ISAバスの場合には，最近のフラッシュ・メモリの動作などに比べて充分遅いので，この図にバッファを追加する程度の回路で動かすことができます．

CPUのデータ・バスが8ビットより多い(16ビットや32ビット幅など)場合にはフラッシュ・メモリを複数並べるといったことが必要になってきます．ただ，通常のCPUではデータ・バスは16ビットや32ビットあったとしても，命令としては8ビット単位での入出力が行えるように設計しているものが一般的です．このような命令に対応できるよう，通常CPUの外部データ・バスも8ビット単位にグループ分けされていて，リード/ライト

〈図2-25〉8ビットCPUとフラッシュ・メモリの接続の考えかた

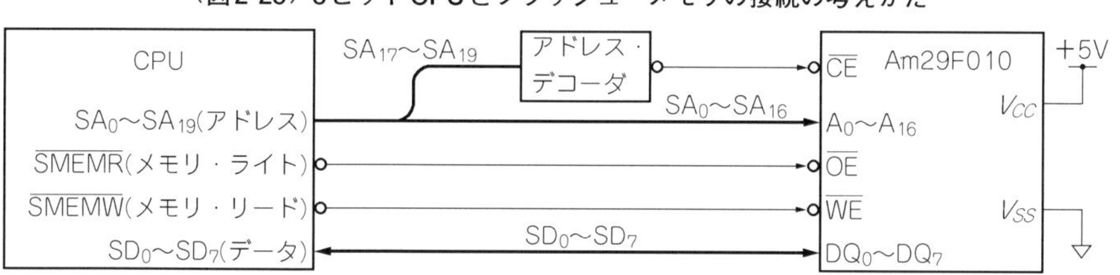

時にどのグループがアクセス対象となっているかを示すような信号が設けられています．

一例として**図2-26**に，16ビットCPUにAm29F010を2個接続した回路を示します．こちらも信号の種類や名称はISAバスに準拠させています(実際にISAで16ビット・アクセスさせるには$\overline{\mathrm{MEMCS16}}$をアサートする必要があるが，ここでは省略している)．前の図と比べてわかるのは，$\overline{\mathrm{SBHE}}$という信号が増えていることです．これがデータ・バスの上位8ビットを使うか否かを示すものです．下位8ビットへのアクセスはA_0で判定します．**表2-6**は，ISAバスにおけるアクセス動作とA_0，$\overline{\mathrm{SBHE}}$信号の動作をまとめたものです．信号名などが若干異なることもありますが，どのプロセッサもほぼ同じような方法をとっ

〈図2-26〉16ビットCPUとフラッシュ・メモリの接続の考えかた

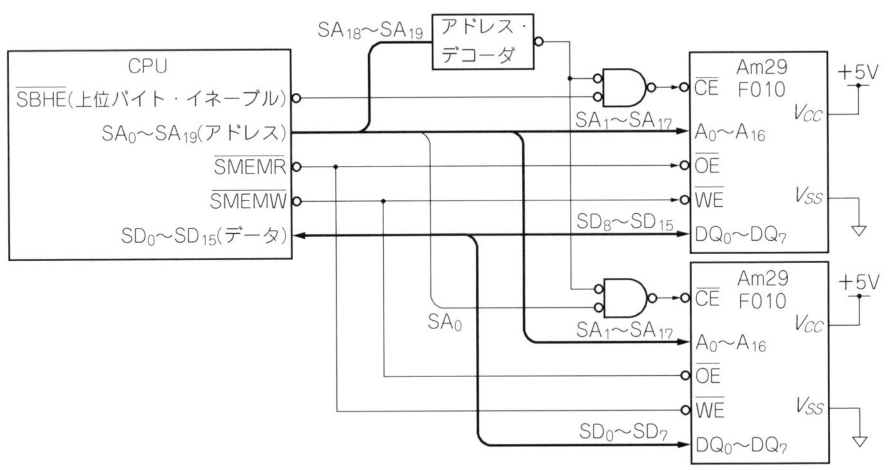

〈表2-6〉16ビット・バスにおけるアクセス動作例

バス動作	信号の状態		データ有効／無効	
	A_0	$\overline{\mathrm{SBHE}}$	SD_0～SD_7	SD_8～SD_{15}
偶数番地のバイト(8ビット)アクセス	"L"	"H"	有効	無効
奇数番地のバイト(8ビット)アクセス	"H"	"L"	無効	有効
偶数番地のワード(16ビット)アクセス	"L"	"L"	有効	有効

注：奇数番地からのワード・アクセス時は，奇数番地と偶数番地のバイト・アクセス(2回のアクセス)に分割して実行される．

ています．

この表からもわかるとおり，A_0が下位バイトの選択信号と等価になるので，アドレスは一つシフトして，A_1～A_{17}がフラッシュ・メモリに与えられるようになります．そして，アドレスが一致してA_0がLレベルのときは下位8ビットのフラッシュ・メモリの$\overline{CE}$が，$\overline{SBHE}$がLレベルのときは上位8ビットのフラッシュ・メモリの$\overline{CE}$がアサートされるようになっています．

例は16ビットでしたが，32ビット以上のCPUの場合には，A_0やA_1がなくなり，代わりにバイト単位でのイネーブル信号($\overline{BE0}$，$\overline{BE1}$，$\overline{BE2}$，$\overline{BE3}$などという名称を付けることが多い)が用意されるようになります．

● リード・サイクルの概要

フラッシュ・メモリのリード・サイクル・タイミングを見ていきます．基本的なアクセス方法の考えかたは**図2-27**のようになります．

アクセスしたいアドレスをA_0～A_{16}に与えて，$\overline{CE}$，$\overline{OE}$をアサート(Lレベル)するとフラッシュ・メモリからデータが出はじめます(リードなので$\overline{WE}$はHレベルのまま)．

データがどの時点で確実に確定するかは，アドレス，$\overline{CE}$，$\overline{OE}$のそれぞれが確定した時点からのディレイ時間(アクセス・タイム)で規定されていて，もっとも遅くなるタイミングでデータが確定するということになります．

たとえば，Am29F010A-55の場合にはアドレスや$\overline{CE}$からのアクセス時間が55 ns，$\overline{OE}$からは30 nsとなっています．もしアドレスが確定したのと同時に$\overline{CE}$，$\overline{OE}$が同時にアサートされた場合には55 ns後には有効なデータが出ていることになりますし，アドレスが

〈図2-27〉
フラッシュ・メモリのリード動作

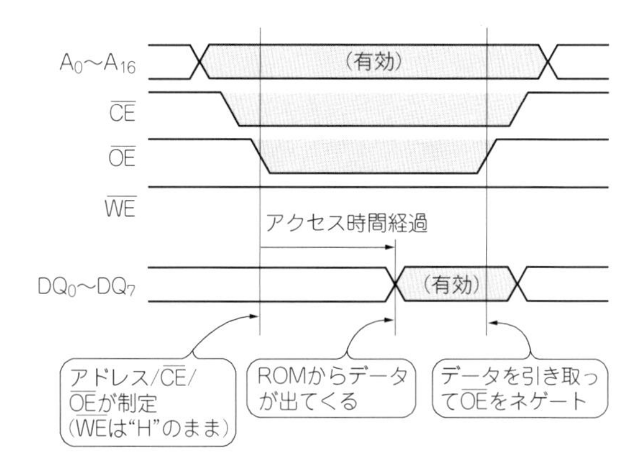

確定し$\overline{\mathrm{CE}}$がアサートされたままずっと安定している状態にあるときに$\overline{\mathrm{OE}}$をアサートすれば30 ns後にデータが確定しているということになります．

● ライト・サイクルの概要

ライト・サイクルの基本的な考えかたは**図2-28**のようになります．今度はライト方向なので，$\overline{\mathrm{OE}}$はHレベルのままですし，データ(DQ_0～DQ_7)はホスト側から与えることになります．

ライト時のアドレスは$\overline{\mathrm{WE}}$と$\overline{\mathrm{CE}}$の両方がLレベルになったとき，そしてデータは$\overline{\mathrm{WE}}$と$\overline{\mathrm{CE}}$の両方がLレベルになったあと，いずれか一方が立ち上がった段階(LレベルからHレベルへの変化)でフラッシュ・メモリ内部に取り込まれます．$\overline{\mathrm{WE}}$によって行う書き込みを$\overline{\mathrm{WE}}$コントロールド・ライト，$\overline{\mathrm{CE}}$によって行うのを$\overline{\mathrm{CE}}$コントロールド・ライトと呼びます．一般的には$\overline{\mathrm{WE}}$コントロールド・ライトのほうを使うことが多いと思いますので，図も$\overline{\mathrm{WE}}$コントロールド・ライトの図にしています．

ライト時に特に気を付けなくてはならないのは，アドレスやデータなどの各信号のセットアップ時間です．リード時は，アドレス，$\overline{\mathrm{CE}}$，$\overline{\mathrm{OE}}$を確定させて待っていれば目的のアドレスからデータが出てくるだけなので，確定する順序にはあまり気を使う必要はないのですが，ライトの場合には，アドレスやデータ，制御信号のタイミングに配慮しないと，間違ったアドレスに書き込んでしまったり，データが正しく受け取られなかったりといったことになってしまいます．

〈**図2-28**〉
フラッシュ・メモリへのライト動作

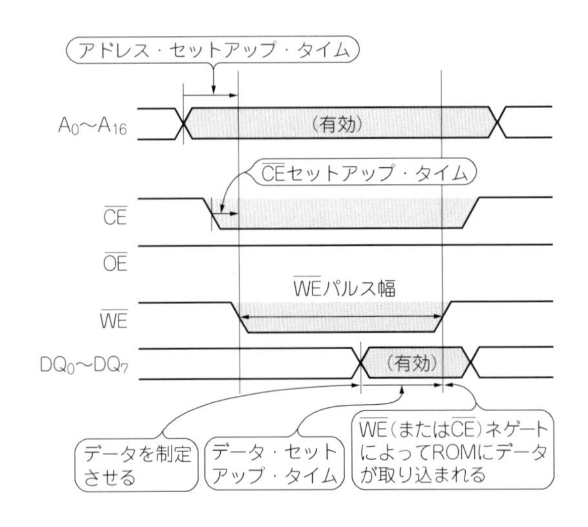

特に注意が必要なのはセットアップ・タイムです．図に示したように，$\overline{\text{WE}}$の立ち下がりよりもまえに$\overline{\text{CE}}$やアドレスを確定させておかなくてはなりませんし，$\overline{\text{WE}}$の立ち上がり時より一定時間以上まえにデータを確定させておく必要があるのです．

細々とした値についてはあとで説明しますが，たとえばAm29F010-55の場合にはアドレス/$\overline{\text{CE}}$のセットアップ時間(それぞれt_{AS}，t_{CS})はいずれも最小0となっています．最小でゼロということは少しわかりにくいかもしれませんが，要するにマイナスになってはいけないという意味と解釈すればよいでしょう．$\overline{\text{CE}}$のセットアップがマイナス，つまり$\overline{\text{CE}}$のほうがあとからLレベルになるような場合は，$\overline{\text{CE}}$コントロールド・ライトということになってしまいますから，$\overline{\text{WE}}$コントロールド・ライトでは最小値をゼロとするのはごくあたりまえのことといえるでしょう．

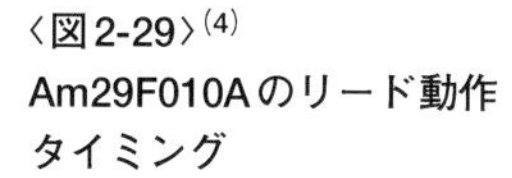

〈図2-29〉(4)
Am29F010Aのリード動作タイミング

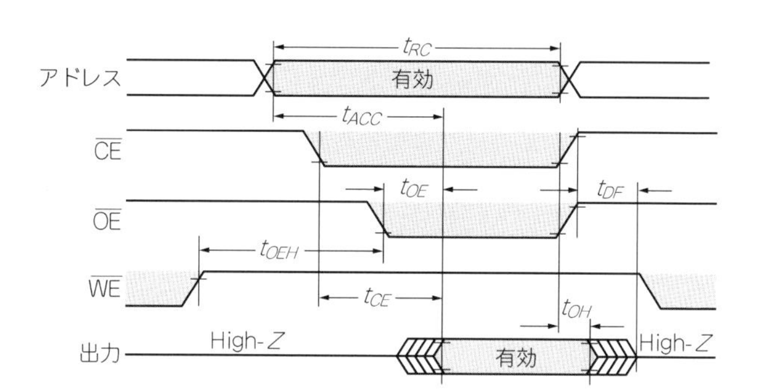

〈表2-7〉(4) タイミング規定

記号		パラメータ	条件		スピード・オプション					単位
JEDEC	Std				-45	-55	-70	-90	-120	
t_{AVAV}	t_{RC}	Read Cycle Time		min	45	55	70	90	120	ns
t_{AVQV}	t_{ACC}	Address to Output Delay	$\overline{\text{CE}} = V_{IL}$ $\overline{\text{OE}} = V_{IL}$	max	45	55	70	90	120	ns
t_{ELQV}	t_{CE}	Chip Enable to Output Delay	$\overline{\text{OE}} = V_{IL}$	max	45	55	70	90	120	ns
t_{GLQV}	t_{OE}	Output Enable to Output Delay		max	25	30	30	35	50	ns
t_{EHQZ}	t_{DF}	Chip Enable to Output High Z		max	10	15	20	20	30	ns
t_{GHQZ}	t_{DF}	Output Enable to Output High Z		max	10	15	20	20	30	ns
	t_{OEH}	Output Enable Hold Time	Read	min	0					ns
			Toggle and Data Polling	min	10					ns
t_{AXQX}	t_{OH}	Output Hold Time From Addresses $\overline{\text{CE}}$ or $\overline{\text{OE}}$ Whichever Occurs First		min	0					ns

データのほうは$\overline{\mathrm{WE}}$の立ち上がりまえに確定させます．Am29F010-55ならば最小20 nsとなっています(t_{DS})．つまり，$\overline{\mathrm{WE}}$の立ち上がりよりも20 ns以上まえにデータを確定させていなくてはならないということになります．

● リード・サイクル・タイミング

それではデータシートを元に具体的なリード・サイクルのタイミングを見ていきます．**図2-29**がAm29F010Aのリード動作タイミング図，**表2-7**がタイミング規定です．先ほどの概略で示したものと比べてわかるのは，タイミング規定の図で基点となる電圧が2ヶ所にあるようになっていることと，概略図よりも多くのタイミング規定があることでしょう．

2ヶ所の基点は，下のほうよりも下ならばLレベル，上よりも上にあればHレベルということを意味します．この両者の中間はデバイスの特性その他によって，Hレベルと認識されたりLレベルと認識されたりする領域です．具体的な電圧はあとで説明する「DC規定」のほうで出てきます．

通常，波形の立ち下がりで下のほうにある基点は，Lレベルが確定した時点からということを意味し，上のほうにある基点はHレベルにあるとはいえなくなった時点(デバイスによってはLレベルと認識される場合もあるようになった時点)という意味になります．通常はタイミング上厳しくなる側から規定することになります．

それでは先ほどの図から増えている，t_{RC}，t_{OEH}，t_{OH}，t_{DF}の四つについて説明しておきましょう．

▶ t_{RC}（リード・サイクル・タイム）

アドレスを確定(ステーブル)させておく期間ですが，データシートを見てわかるとおり，この時間がt_{ACC}(アドレスからデータ出力までの時間)と同一なので，通常の使い方をするぶんには問題となることはないと思われます．

▶ t_{OEH}（アウトプット・イネーブル・ホールド時間）

直前がライト動作だった場合に，$\overline{\mathrm{WE}}$をHレベルにしてから$\overline{\mathrm{OE}}$をLレベルにするまでの時間規定です．データシート上では最小0 nsとなっているので，$\overline{\mathrm{WE}}$と$\overline{\mathrm{OE}}$を同時にLレベルにしなければよいと解釈できます．

▶ t_{OH}（アウトプット・ホールド・タイム）

$\overline{\mathrm{OE}}$信号がHレベルに戻ったあとも，厳密に測定すればDQ出力が出つづけています．この，$\overline{\mathrm{OE}}$がLレベルでなくなってから，DQが正しいデータを出さなくなるまでの時間がt_{OH}です．Am29F010Aではこの時間は最小0ということですから，$\overline{\mathrm{OE}}$がHレベルになったらデータを信用してはならないということです．

メモリのアクセス時間が長かった頃，これを利用して，データを読むのよりも先に$\overline{\mathrm{OE}}$をHレベルに戻しておいて，タイミングを稼ぐという設計をしている事例を見たことがありますが，このようなやりかたはやめておいたほうが賢明でしょう．

▶ t_{DF}（$\overline{\mathrm{CE}}$/$\overline{\mathrm{OE}}$から出力ハイ・インピーダンスまで）

$\overline{\mathrm{CE}}$，あるいは$\overline{\mathrm{OE}}$がHレベルになってから，フラッシュ・メモリのDQ出力が完全にハイ・インピーダンスになるまでの時間です．この時点まではフラッシュ・メモリが何らかのデータを出しつづけている可能性がありますので，このときに他のドライバやバッファがイネーブルにされるとデータが衝突する可能性があるということになります．バッファの方向制御などで，$\overline{\mathrm{OE}}$とバッファの方向制御を同時にやるような回路の場合，バッファの切り替わり時間が早すぎないか確認が必要でしょう．

● **ライト・サイクル・タイミング**

詳しくは後述しますが，フラッシュ・メモリの場合は$\overline{\mathrm{WE}}$を使ったアクセス動作はRAMのような指定アドレスへの直接書き込み動作ではなく，フラッシュ・メモリへのコマンドとなります．NAND型フラッシュ・メモリと同様に，一連のコマンド・シーケンスを踏むことで，プログラム（データ書き込み）やチップ・イレーズ（消去）を行うようになっているのです．

このため，タイミング図もプログラムやイレーズ動作のための時間を含めた形で記載されています．**図2-30**がプログラム動作，**図2-31**がイレーズ動作になります．

なお，この図では，たとえばプログラムのほうは555hにA0hを書き込んで，次にPA（プログラム・アドレス）とPD（プログラム・データ）を与えればよいような書きかたです

〈図2-30〉[4]
プログラム動作

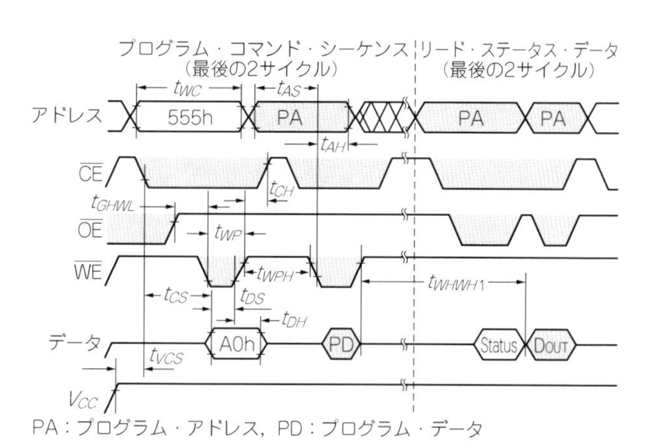

〈図2-31〉[4]
イレーズ動作

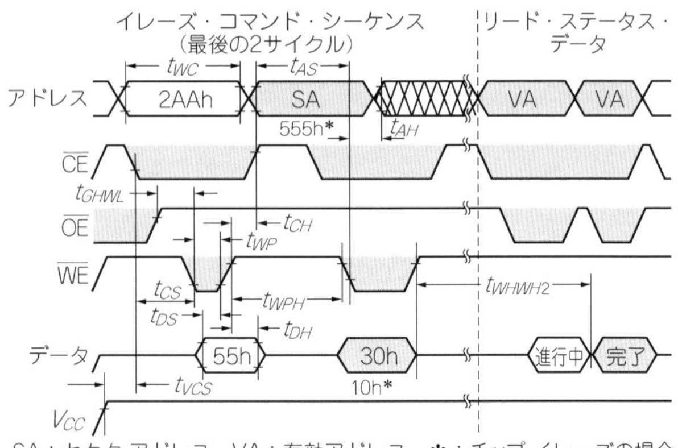

が，実際にはこの555hへのアクセスのまえに何回かの書き込み動作が行われて，それによってフラッシュ・メモリはプログラム動作であると認識するようになっています．このシーケンスについてはあとで説明します．これら全部を書くと図が大きくなりすぎるので，省略して最後のほうだけ書いたというわけです．これはイレーズのほうも同様です．

また，プログラムやイレーズの内部動作はかなり時間がかかるため，CPUが完了したかどうかをチェックできるよう，フラッシュ・メモリからはステータスなどが出るようになっています．図ではこのチェック動作が右半分に描かれています．

いずれの動作タイミングも，ライト動作としてはほぼ同一です．ここではプログラム・オペレーションについて見ていったあとで，簡単にイレーズ・タイミングについても触れることにします．

▶ プログラム動作

まず，**図2-30**のプログラム動作のほうから見ていきましょう．タイミング規定の線が多くて複雑なように見えるかもしれませんが，順を追って見ていけばそれほど難しいものではありません．基本的なタイミングの考えかたは先ほど概要のところで触れたとおりです．

(1) t_{VCS} (V_{CC} セットアップ・タイム)

フラッシュROMは内部でホストからのコマンド解釈などを行うシーケンサをもっているので，電源が規定の電圧に達したからとすぐにアクセスを行うことはできません．電源が規定電圧に達したあと，最初のコマンド発行までに取らなくてはならない時間がt_{VCS}です．Am29F010Aではこの時間は50 μsとなっています．

通常CPUの外部記憶などとして利用した場合にはパワーONリセット回路があり，電源投入後CPUのリセットが解除され，CPUが最初のアクセスをはじめるまでの時間はかなり長くとるのが普通ですから，問題となることは少ないのですが，フラッシュROMライタのような場合には，電源ピンに半導体スイッチなどを用意しておいて，ソケット挿抜時には電源をOFFにし，アクセスをはじめるときに電源をONにするという操作を行います．このため，電源制御ポートで電源をONしてからV_{CC}が規定電圧に達するまでの時間＋50 μs以上たってからフラッシュROMにアクセスしなくてはならないという点に注意が必要となります．

(2) t_{CS}（$\overline{\mathrm{CE}}$セットアップ・タイム）

$\overline{\mathrm{WE}}$コントロールド・ライトの場合，$\overline{\mathrm{CE}}$を$\overline{\mathrm{WE}}$に先行してアサートしておく必要があります．この時間がt_{CS}です．タイミング規定は最小0 nsですから，マイナス，すなわち$\overline{\mathrm{CE}}$が$\overline{\mathrm{WE}}$よりもあとにアサートされてはならないということを意味しています．$\overline{\mathrm{CE}}$があとからアサートされると$\overline{\mathrm{CE}}$コントロールド・ライトになりますので，これは当然でしょう．

(3) t_{WC}（ライト・サイクル・タイム）

ライト動作におけるアドレスが確定している期間です．Am29F010A-55の場合には55 ns以上保持している必要があるということになっています．

(4) t_{GHWL}（リード・リカバ・タイム）

ライト・サイクルの直前がリード・サイクルだった場合に，$\overline{\mathrm{OE}}$を$\overline{\mathrm{WE}}$よりもどれだけまえにネゲートしておかなくてはならないかの規定です．

(5) t_{WP}（ライト“L”パルス幅）

$\overline{\mathrm{WE}}$がアサートされている期間を規定します．Am29F010A-55の場合には最小30 nsとされています．

(6) t_{DS}（データ・セットアップ・タイム）

フラッシュ・メモリへのライトではデータは$\overline{\mathrm{WE}}$の立ち上がりで取り込まれるわけですが，正しいデータをラッチさせるにはデータ(DQ_0～DQ_7)を$\overline{\mathrm{WE}}$の立ち上がりより先に確定させておく必要があります．この時間がt_{DS}です．Am29F010-55の場合は20 nsとなっているので，20 ns以上まえにデータを確定させておく必要があるということになります．

(7) t_{DH}（データ・ホールド・タイム）

$\overline{\mathrm{WE}}$の立ち上がり後，データを確定させたまま保持していなければならない時間です．以前はデバイス内部の都合で，この時間がある程度必要になってくるようなデバイスもあったのですが最近ではゼロ，つまり$\overline{WE}$の立ち上がりまでデータが保持されていればよいとなっているものが多いようです．Am29F010Aでも，t_{DH}は0 nsとなっています．

(8) t_{AS}（アドレス・セットアップ・タイム）

ライト時のアドレスがフラッシュ・メモリに取り込まれるのは$\overline{WE}$の立ち下がり時点なので，この時点までにアドレスを確定させておかなくてはなりません．$\overline{WE}$の立ち下がりよりもどれだけまえに確定させておくかを示すのがt_{AS}です．

Am29F010Aではt_{AS}はゼロとなっているので，遅くとも$\overline{WE}$の立ち下がり時点でアドレスが確定していればよいということになります．

(9) t_{AH}（アドレス・ホールド・タイム）

ライト時のアドレスは$\overline{WE}$の立ち下がり時に取り込まれるのですが，これもt_{DH}と同様に，保持しつづけなくてはならない時間が規定されています．Am29F010A-55では45 ns必要とされています．

(10) t_{WPH}（ライト“H”パルス幅）

$\overline{WE}$がネゲートされたあと，次に$\overline{WE}$をアサートするまでの時間です．Am29F010Aでは最小でも20 ns必要とされているので，連続アクセスする場合にはこれ以上のインターバルをとるようにしなくてはなりません．

(11) t_{WHWH1}（バイト・プログラミング・オペレーション時間）

プログラム動作時には，最後のライト動作で，書き込みアドレスとデータを指定するのですが，フラッシュ・メモリではライト完了と同時にフラッシュ・メモリ・セルへの書き込みが完了しているわけではありません．チップの内部ブロック図を見るとわかりますが，フラッシュ・メモリ内部にはステート・コントローラや書き込み電圧生成回路があり，プログラム・コマンドは，このステート・マシンにキックをかけて，セルへの書き込み動作を開始するための指示にすぎません．この，書き込み回路が動作して，実際のメモリ・セルへの書き込み動作が完了するまでの時間がt_{WHWH1}です．Am29F010Aではt_{WHWH1}は7 μsとなっていますが，あくまでもこれはtyp(typical)値なので，多少変動することがあります．本当に完了したか否かの判定は時間管理ではなく，データ・リードによるステータス・チェックで行わなくてはなりません．

t_{WHWH1}の期間中CPU側からフラッシュ・メモリに対してデータ・リードを行うと，DQには内部の動作ステータスが現れます．当然のことながら，完了すれば通常のリード・サイクルとなり，データが読み出されます．図ではこの最後の切り替わりのタイミングを示しています．

具体的なステータスの内容などについてはあとで説明します．

▶ イレーズ動作

(1) t_{WHWH2}

イレーズ動作も，プログラム同様にホストからの一連のコマンド・シーケンスが発行され，デバイス側がイレーズ・コマンドを認識した時点から内部動作がスタートします．

ライト方向のタイミングはプログラム動作とまったく同じですが，イレーズのほうはプログラムよりも遥かに長い時間がかかります．

この時間がt_{WHWH2}で，Am29F010Aでは1秒となっています．この値もtyp値なので，実際にはプログラム動作と同様にステータスをポーリングして，チェックすることになります．

● フラッシュ・メモリ・コマンド

フラッシュ・メモリへのコマンドは，アドレスとデータの特定パターンの組み合わせによる数度の書き込みシーケンスによって行います．こうしたシーケンスを踏むことで，プログラム・ミスや電源投入時の一時的な不安定な動作などによって偶然にイレーズや書き込みが行われてしまうことを防いでいるわけです．

Am29F010Aのコマンド定義を**表2-8**に示します．たとえば，Programコマンド(フラ

〈表2-8〉(4) Am29F010Aのコマンド定義

コマンド・シーケンス		サイクル	バス・サイクル											
			1回目		2回目		3回目		4回目		5回目		6回目	
			Addr	Data	Addr	Data	Addr	Data	Addr	Data	Addr	Data	Addr	Data
Read		1	RA	RD										
Reset		1	XXXX	F0										
Reset		3	555	AA	2AA	55	555	F0						
Autoselect	Manufacturer ID	4	555	AA	2AA	55	555	90	X00	01				
	Device ID	4	555	AA	2AA	55	555	90	X01	20				
	Sector Protect Verify	4	555	AA	2AA	55	555	90	(SA) X02	00 01				
Program		4	555	AA	2AA	55	555	A0	PA	PD				
Chip Erase		6	555	AA	2AA	55	555	80	555	AA	2AA	55	555	10
Sector Erase		6	555	AA	2AA	55	555	80	555	AA	2AA	55	SA	30
Erase Suspend		1	XXX	B0										
Erase Resume		1	XXX	30										

RA：リード・アドレス，PA：プログラム・アドレス，SA：セクタ・アドレス，RD：リード・データ，PD：プログラム・データ

ッシュ・メモリの特定番地へのデータ書き込み)の場合には,

① 555h番地にAAhをライト
② 2AAh番地に55hをライト
③ 555h番地にA0hをライト
④ 書き込みたいアドレス(PA)に書き込みたいデータ(PD)をライト

という4回のライト・シーケンスで書き込みが行われることになります．最後のライトが終わったあとは，ステータスをリードして内部動作が完了したかどうかを判定することになります．

それでは次にそれぞれのコマンドについて簡単に説明しておきましょう．

▶ Read

この表ではリードも一応コマンド扱いにしているため，一緒になっていますが，ごく当たり前の通常のリード動作です．与えたアドレスからデータを読み出すというだけの動作です．

▶ Reset

フラッシュ・メモリへのコマンドは，複数回に渡るコマンド・シーケンスを発行してい

555h/2AAhは5555h/2AAAhの間違い？

表2-8はAMDのデータシートそのものなのですが，ほかのメーカの1Mビット・フラッシュROMのデータシートを見ていくと，アドレスの“555”となっているところは“5555”に，“2AA”となっているところは“2AAA”と4桁になっているものがいくつも見られます．実際にAm29F010Aの前のバージョンであるAm29F010を使用したところ，555/2AAでは書き込みやイレーズなどは一切行うことができず，それぞれ“5555”と“2AAA”にしたところ正常に動作することが確認できました．

実は，JEDECで取り決められた標準ではアドレスは3桁(正確には10ビット)のほうが正しいのです．ただ，フラッシュ・メモリの先駆者ともいえるAMDの旧タイプ(0.85 μmルール品)では4桁(14ビット)を見るようになっていたことから，他社製品でもAMDとの互換性維持のために4桁にしている製品もあるというわけです．3桁品の場合にはA_{11}以上のビットは単に無視されるだけなので，4桁ぶんのアドレスを与えても特に問題はありません．

くのですが，これを途中で中断したい場合に使われるのがリセット・コマンドです．このコマンドが発行されると，フラッシュ・メモリは現在進行中のコマンド・シーケンスを中断して，通常のリード・オペレーション・モードに復帰し，新たなコマンドを受け付け可能な状態になります．

ただし，ライトやイレーズ・マンドが受け付けられて内部動作が開始されてしまったあとは，このコマンドは無効で，内部動作が完了するのを待つしかありません．

以前のフラッシュ・メモリでは，ほかのコマンドと同様に3回のライト・シーケンスで行われていましたが，Am29F010では任意のアドレスにF0hを書き込むだけでリセット・コマンドとして動作するようになっています．

▶ Autoselect/Sector Protect Verify

ROMライタやユニバーサル・プログラマなどでみられるような，デバイスの自動認識を行うためのコマンドやセクタ単位でのプロテクション状態の確認などを行うものです．

Autoselectコマンドは先に説明したNAND型フラッシュ・メモリのIDリード・コマンドと機能的には同じようなものですが，Autoselectコマンドやセクタ・プロテクト・ベリファイ・コマンド実行時は，12 V程度(DC規定上は10.5 V～12.5 V)の電圧をA_9ピンにかけなくてはならないので，通常のシステムに実装した状態で使用できるようになっていることはまれでしょう．こららはあくまでもROMライタ専用と思っておいたほうがよいと思います．

Am29F010のような単一電源動作が可能なフラッシュ・メモリの場合，コマンドを与えることで，任意のセクタを消去したりということができてしまうのですが，何らかの理由で絶対に通常のイレーズやプログラム・コマンドなどでは消去されたくないような部分があるときもあります．このような目的でAm29F010に実装されているのが，セクタ・プロテクト機能です．プロテクトされたセクタは，通常のイレーズやプログラム・コマンドを受け付けなくなります．このプロテクションの設定/解除は別途AMDのドキュメントとして用意されています．

また，表ではセクタ・プロテクトもAutoselectに分類されていますが，これはAMDのドキュメントに合わせたものです．また，これらのコマンドでの4サイクル目(最終サイクル）はライトではなく，リード方向になります．さらに，この4サイクル目ではアドレスの下位2ビットがコマンドの識別となります．また，4サイクル目のA_6は常にLレベルにしなくてはなりません．

▶ Manufacture ID/Device ID

3回のライト・シーケンスのあとで，アドレスの下位2ビットが“00”の番地をリードすると，マニュファクチャID(製造者コード)として01hが，また下位2ビットが“01”の番地をリードすると，デバイスIDとして20hが読み出されます．これはAm29F010AのIDコードです．

▶ Sector Protect Verify

3回のライトシーケンスのあとで，4回目のシーケンスのアドレスの下位2ビットが“10”の場合，セクタのプロテクト状態の確認となります．このとき，アドレスの上位3ビット(A_{16}～A_{14})がセクタ・アドレスとなり，Am29F010Aの8個のセクタのうちどれの状態を読み出すのかを指定します．

読み出されたデータが01hならばプロテクトされていないことを，00hならばプロテクトされていることを示します．

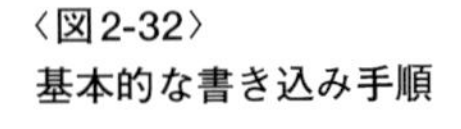
〈図2-32〉
基本的な書き込み手順

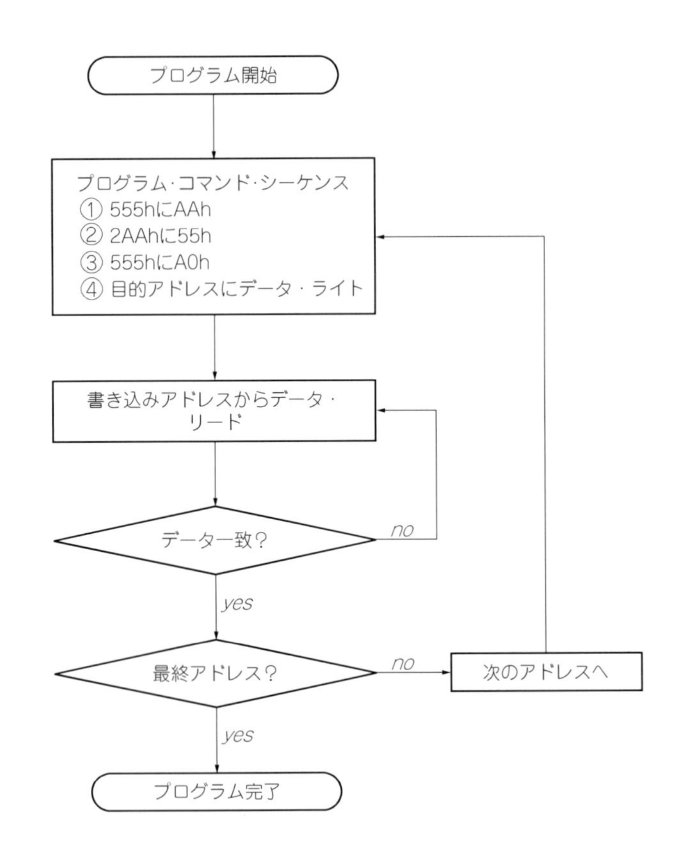

▶ Program

フラッシュ・メモリへの書き込みを行うのがこのコマンドです．**図2-32**に基本的な書き込み手順を示します．3回の書き込みのシーケンスにつづく，4回目のシーケンスで書き込みアドレスとデータを指定して書き込み動作をすることで，1バイトのデータを書き込むことができます．何度か出てきているように，書き込みによってビットを“1”から“0”にすることはできますが，“0”から“1”にすることはできません．

古いNOR型フラッシュ・メモリでは，プログラムやイレーズのときに＋12 V程度の高い電圧を印加する必要があったのですが，Am29F010では＋5 V単一電源動作可能なタイプなので，プログラム時はライト・サイクルを実行するだけで，内部で書き込み電圧が生成されます．

このシーケンス完了後に，データを読み出します．先にも触れたとおり，フラッシュ・メモリの書き込み動作中，読み出されるデータは内部ステータスです．DQ_7は内部の書き込み動作が行われている間は，書き込みデータを反転したものになるので，書き込んだデータと一致することはありません．書き込みが完了すれば，通常のリード動作となり，書き込んだデータそのものが読み出されます．このことを利用して，書き込んだデータと一致するまでリードを続ければよいわけです．

図では簡単に無限ループさせていますが，デバイスの不良などによって永久に同じデータが出てこなくなる可能性もゼロではありません．この対策はDQ_6やDQ_5の状態を使って行うことができるのですが，簡単に済ませるなら，デバイスの平均プログラム時間（t_{WHWH1}：Am29F010Aでは7 μs）に比べて充分長いタイムアウト時間をとってエラー終了させてもよいでしょう．

DQ_6やDQ_5を使ったエラー判定方法については後述します．

▶ Chip Erase

デバイス全体が消去され，すべての番地の内容がFFhになります．フラッシュ・メモリの多くでこのコマンドは共通に使えます．イレーズ動作のシーケンスを**図2-33**に示します．5回のライト・シーケンスのあとに555hに10hを書き込むとチップ・イレーズになります．Am29F010の場合，先に説明したセクタ・プロテクトがかかっているセクタについては消去は行われません．

デバイス出荷時はすべてのセクタがプロテクトされていない状態で出荷されるので，ROMライタなどでプロテクトを行わないかぎり，このコマンドでチップ全体を消去できます．

〈図2-33〉
イレーズ動作の手順

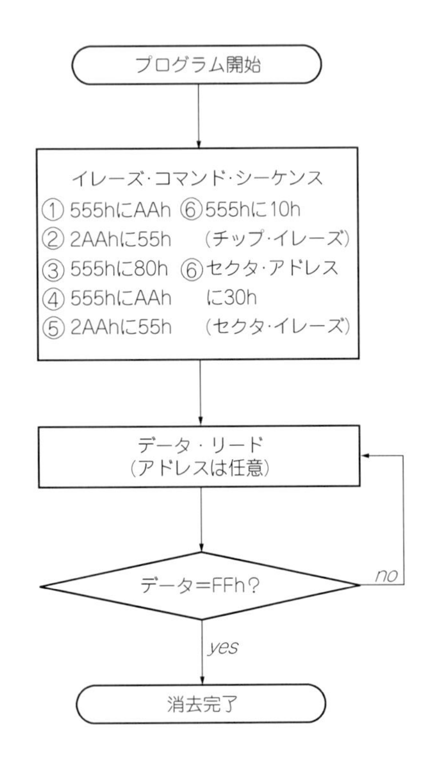

イレーズ中にフラッシュ・メモリを読み出すと，プログラム時と同様にデータではなくステータスが読み出されます．DQ_7はイレーズ中は“0”になっています．イレーズが完了すると通常どおりのリードになるので，“1”に復帰します．

つまり，リード・データがFFhになったことで，イレーズ完了を知ることができるというわけです．

エラー判定については，Programコマンドと同様にDQ_5やDQ_6のステータスで行うことが可能です．

▶ Sector Erase

Am29F010の場合，デバイス内部が16Kバイトごとの8個のセクタという単位に分割されているということはすでに述べましたが，このセクタ一つを消去するのがこのコマンドです．チップ・イレーズ・コマンドとまったく同じ5回のシーケンスに続いて書き込まれるデータが10hであった場合，アドレスの上位3ビット(A_{16}～A_{14})がセクタ・アドレスとなり，該当するセクタだけを選択的に消去します．

セクタ・イレーズ・コマンドは50 μs以内の間隔で連続して発行することで，同時に複数のセクタを消去することも可能となっています．

▶ Erase Suspend/Erase Resume

Am29F010の場合，セクタ単位でイレーズを行うセクタ・イレーズ・コマンドをもっていますが，ホストがイレーズ中以外のセクタへのリードを行いたい場合，セクタ・イレーズ処理を一時的に中断させてデータを読み出すことができるようになっています．このセクタ・イレーズの中断を要求するのがErase Suspendコマンドで，逆にサスペンド状態から復帰させて，セクタ・イレーズを再開させるのがErase Resumeコマンドです．

Erase Suspendコマンドが有効なのはあくまでもセクタ・イレーズ・コマンドの処理中だけで，チップ・イレーズ・コマンドの処理中には受け付けられません．

コマンド処理中にB0hを書き込めば(アドレスは任意)Erase Suspend，サスペンド中に30hを書き込めば(こちらもアドレスは任意)Erase Resumeになります．

● フラッシュ・メモリのステータス

フラッシュメモリのプログラム(データ書き込み)やイレーズはAm29F010Aの場合でもそれぞれ7 μs，1 secと，通常のアクセスに比べるとかなり長い時間がかかります．またフラッシュ・メモリの場合，旧来のEPROMのように書き込み時間を外部で管理するのではなく，デバイスの内部に自分で書き込みタイミング発生回路をもっているので，CPU側からフラッシュ・メモリの内部動作が完了したかどうかを判定する手段がないと次のコマンドを発行してよいのかどうかわかりません．また，フラッシュ・メモリのセルには書き換え寿命があります．Am29F010Aの場合には10万回の書き換え寿命を保証していま

〈表2-9〉ステータスの内容

オペレーション		フラッシュROMのデータ			
動作状態	内部動作	DQ_7	DQ_6	DQ_5	DQ_3
通常状態	内部プログラミング中	書き込みデータの反転	リードのたびに反転	“0”	無効
	内部イレーズ中	“0”	リードのたびに反転	“0”	“1”
イレーズ・サスペンド状態	イレーズ中のセクタ・リード	“1”	反転しない	“0”	無効
	イレーズ対象外のセクタ・リード	ROMのデータ	ROMのデータ	ROMのデータ	ROMのデータ

※DQ_5は内部のイレーズ動作のリトライ上限に達したとき“1”となる(イレーズ・コマンドの異常終了)

すが,「いつかは壊れるもの」と考えるべきでしょう.

これらの問題に対処するため, フラッシュ・メモリが内部動作中にデータ・リードを行うとDQにはステータスが現れるようになっていて, ホストはこれをチェックすることで, デバイスの内部動作が完了したか否かや, 異常終了していないかを判断することができます.

このステータスとして一般的なのはDQ_7に現れるData#Polling, およびDQ_6のToggleBitの二つです. Am29F010Aなどの場合は, これに加えてDQ_5にExceededTimingLimit, DQ_3にSectorEraseTimerなどのステータスも現れるようになっています. 最近のデバイスではこららも備えたものが一般的ですが, 古いデバイスではサポートされていないものもあります. それぞれの動作中の状態は**表2-9**のようになります. 次にこれらのステータスについて説明していきましょう.

▶ DQ_7：Data#Polling

フラッシュ・メモリへのプログラム中は書き込んだデータのDQ_7を反転したものが出

〈図2-34〉
Data#Pollingによる判定アルゴリズム

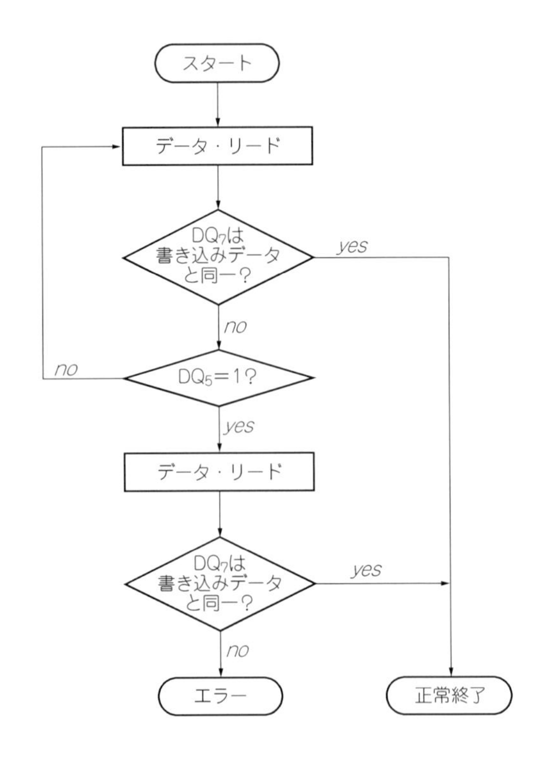

力され，またイレーズ中には“0”になります．内部動作が完了すれば，通常のリード・サイクルと同じですから，フラッシュ・メモリ内部のデータ，すなわちプログラム時なら書き込んだデータ，イレーズならFFhが読み出されるので，CPUは書き込んだデータ(イレーズ時にはFFh)と読み出したデータが一致するのを待てば完了を判定できるというしくみです．

▶ DQ_6：ToggleBit

フラッシュ・メモリが内部でプログラム，またはイレーズ動作を行っている間，フラッシュ・メモリをリードしたとき，ToggleBit(DQ_6)はリードのたびに反転するようになっています．内部動作が完了すれば，当然通常のリードと同じですから反転することはなくなります．これによって内部動作が完了したかどうかを知ることができるというわけです．

▶ DQ_5：Exceed Timing Limits

このビットはAm29F010などにはあるのですが，他社のフラッシュ・メモリではないものもあるので，それぞれ使用するデータシートで確認してください．

〈図2-35〉
ToggleBitによる判定アルゴリズム

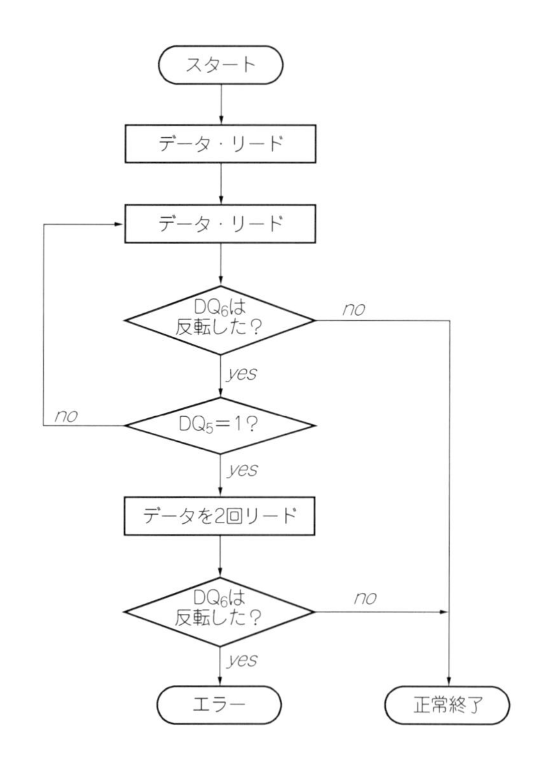

DQ_5はフラッシュ・メモリ内部の書き込みカウンタのステータスです．フラッシュ・メモリ内部では1回のライト・パルスでセルに書き込んでいるのではなくて，何度かパルスを与えながらデータが正常に書き込まれたか否かをチェックしています．このパルスが上限回数に達すると，このビットが“1”になります．

このビットは，プログラム・コマンドでデータが“0”のビットを“1”にしようとしたような(たとえばAAhが書き込まれているところにABhを書き込もうとした)場合にも“1”になります．

タイムアウトしたステータスなのか否かは，DQ_7やDQ_6と組み合わせて判定します．DQ_7やDQ_6がまだ内部動作中のように振る舞っているにも関わらず，このビットが“1”になっていたなら，再度データを読み出し，DQ_7やDQ_6がまだ継続中であるならば，異常終了ということになります．

図2-34にDQ_7とDQ_5を使った判定アルゴリズムを，**図2-35**にDQ_6とDQ_5を使った判定アルゴリズムのフローを示します．

エラーとなった場合には，通常のデータ・リードや次のコマンドを受け付け可能な状態にするためには，リセット・コマンドを発行する必要があります．

▶ DQ_3：Sector Erase Timer

このビットもAm29F010などにはありますが，どのメーカのデバイスにも必ずあるというわけではありません．セクタ・イレーズ・コマンド発行後，約50 μsの間，フラッシュ・メモリ内部ではイレーズ動作は開始されず，次のコマンドを受け付け可能になっています．これは，複数のセクタを同時に消去対象として選択できるようにするのがおもな目的です．

コマンドが受け付け可能な間はDQ_3が“0”，そして内部動作が開始されてコマンドが受け付けられなくなると“1”になります．

第3章

EEPROMの構造と使い方

EEPROMはElectric Erasable Programmable Read Only Memoryの略ですから，意味としては電気的に消去可能なEPROMということになります．フラッシュ・メモリと異なり，EEPROMは1バイト単位での書き換えが行えること，しかもバッテリなどで電源を供給しなくてもデータが消滅しないという大きな特長があるのですが，1バイト単位での消去を実現するためにフラッシュ・メモリほど集積度が上げられません．

たとえば，フラッシュ・メモリは現状(2000年11月現在)でも256 Mビット品というものもありますが，EEPROMは1 Mビットという状況です．このため，フラッシュ・メモリがPCのBIOSなどのファームウェア格納用や，シリコン・ディスクなどのブロック単位でのアクセスを行うものに利用されるのに対して，EEPROMは携帯電話など，比較的小型の機器で細々とした設定情報などをその場で書き換えるような用途で使用されることが多いようです．

3.1 EEPROMの概要

EEPROMは，フラッシュ・メモリと同様のピン配置でパラレルにデータを入出力できるパラレルEEPROMと，8ピンなどの小さなパッケージで1ビットずつデータをやりとりするシリアルEEPROMに大きく分けられます．**表3-1**に一般的なフラッシュ・メモリ，パラレルEEPROM，シリアルEEPROMの比較を整理しました*[1]．

パラレルEEPROMは，1バイト単位での書き換えができるという点がフラッシュ・メモリと違う程度で，ほぼ同じように扱うことができます．一般的なマイクロプロセッサを接続してプログラム格納用に使うこともできますが，前述のように容量が上げられないので，1バイト単位での書き換えが必須な用途での利用が主体になるでしょう．

〈表3-1〉フラッシュ・メモリとEEPROMの比較

	フラッシュ・メモリ(パラレル)	パラレルEEPROM	シリアルEEPROM
容量	大	中	小
パッケージ	大〜中	大〜中	小
消去単位	チップ全体・またはブロック	1ワードごと	1ワードごと
プログラム単位	1ワード(“1”→“0”方向のみ)	1ワードごと	1ワードごと
プログラム方法	コマンド・シーケンス要	ライト・アクセス動作のみで可	コマンド発行
リード速度	速い	速い	遅い
動作	非同期	非同期	クロック同期
制御信号	アドレス，データ，チップ・セレクト，リード，ライト		I^2C：クロック，データ Microwire：クロック，チップ・セレクト，データ SPI：クロック，データIN/OUT，チップ・セレクト，ホールド

一方，シリアルEEPROMのほうは，アドレスやコマンドなども含めて1ビットずつのやりとりになるので，データ転送速度は上げられませんが，アクセスに使うピン数が少なくてすむため，ワンチップ・マイコンのようにI/Oピンが限られているプロセッサとも簡単にインターフェースできます．この特徴を生かしてもっぱら小規模システムでの周辺機器の設定情報を収めたりするほか，FPGAなどの初期化用データを格納しておく目的で利用されることもあります．容量は現状大きなものでも512Kビット程度までが主流で，小さいほうは他のメモリ・デバイスではほとんど見ることのなくなった1Kビット未満のものまで現行製品として存在しています．

3.2　シリアルEEPROM

シリアルEEPROMのインターフェースとして一般的なものは，I^2C(Inter IC

＊1：フラッシュ・メモリも電気的に消去可能であるからEEPROMと言うことができる．実際にフラッシュ・メモリのことを「フラッシュEEPROM」と呼ぶこともあるが，フラッシュ・メモリがチップ全体，ないしある程度大きなブロック単位での消去しかできないのに対して，1バイト単位でのリード/ライトが可能なものをEEPROMと呼んで区別することが一般的．EEPROM内部のメモリ・セル構造の考えかたはフラッシュ・メモリと同じであり，消去部分を1バイトごとに選択できるようにしたと考えればよい．

Comunication)バス，Microwireバス，SPI(Serial Peripheral Interface)バスの3種類です．いずれのバスもクロック信号とデータ/制御線を使い，クロック信号はホスト側が制御するようになっています．制御に使う信号はI^2Cが2本，Microwireが3本，SPIが4本となります．

また，これらのバスはいずれも同一バス上に複数のシリアルEEPROMデバイスを接続することに配慮しています．I^2Cの場合には，ホストから送られてきたデバイス・アドレスとターゲットに設定されたアドレスが比較されて，一致したものがターゲットとなります．

MicrowireやSPIの場合には，伝送用の信号のほかにチップ・セレクト信号をもっていて,ホストがこれをアサートすることでどのデバイスをターゲットとするかを指定します．

次に，実際にこれらのバスに対応したEEPROMのデータシートを元にバス動作を見ていくことにします．ピン互換，機能互換の製品が数多く出ていますが，今回はこれらのなかから，STマイクロエレクトロニクス社の製品を取り上げてみました．

3.3 Microwireバス対応メモリ…M93Cx6

Microwire(ナショナル セミコンダクター)を使用したメモリの実例としてM93Cx6シリーズをとりあげてみました．

● M93Cx6のピン配置

M93Cx6シリーズは8ピンのパッケージで，ピン配置は**図3-1**のようになっています．3本のMicrowireバス信号とデータ幅(16ビット単位にするか8ビット単位にするか)選択のためのORG入力，チップ・セレクト入力になっています．

ORGは通常ダイナミックに変更することはないので，ホストと接続されるのはC，D，QとSの4本となります．**図3-2**にホストと複数のMircowireメモリの接続例を示します．

次にMicrowireの各信号について簡単に説明しておきましょう．

〈**図3-1**〉[13]
M93Cx6のピン配置

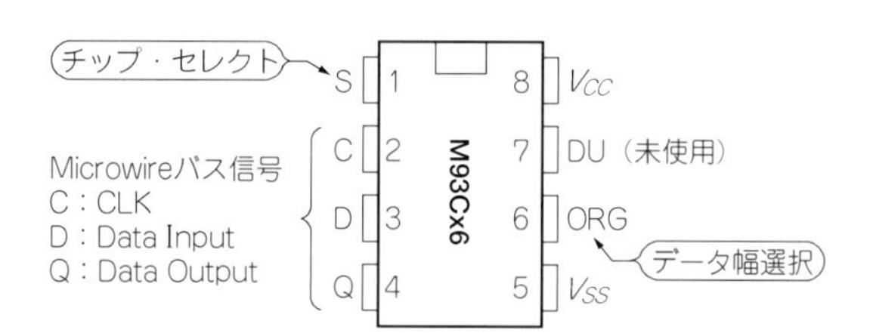

▶ S（Chip Select Input）

チップ・セレクト入力です．Microwireバスも他のシリアル・バスと同様に複数のメモリ・デバイスを接続できるようになっているので，ホストがどのデバイスをアクセスするのかを，このピンで通知するようにしているわけです．このピンがHレベルのときにM93Cx6はイネーブルとなり，ホストとのやりとりが行われるようになります．

▶ D（Data Input）

Microwireの場合，メモリのデータ入力ピンと出力ピンが分離されています．このピンはホストからターゲット(メモリ)方向のデータ入力ピンです．ターゲットはクロック(C)の立ち上がりエッジでこのデータを内部に取り込みます．

▶ Q（Data Output）

データ出力ピンです．クロック(C)の立ち上がりエッジがくると，ターゲットは新たなデータをQにセットします．

▶ C（Clock）

クロック信号です．Microwireバスの動作は，このクロック信号を基準にして行われます．ライト方向のときには，ホストがDにセットしたデータはクロックの立ち上がりエッジでメモリに取り込まれます．また，リード動作時には，メモリはクロックの立ち上がりエッジがくると次にホストに取り込んで欲しいデータをQにセットします．この動作を**図3-3**に示します．M93Cx6の最高クロック周波数は1 MHzです．

▶ ORG（Organization）

他のシリアルEEPROMも同じですが，「シリアル」であるのはあくまでも入出力バス

〈図3-2〉
Microwireメモリとホストの接続

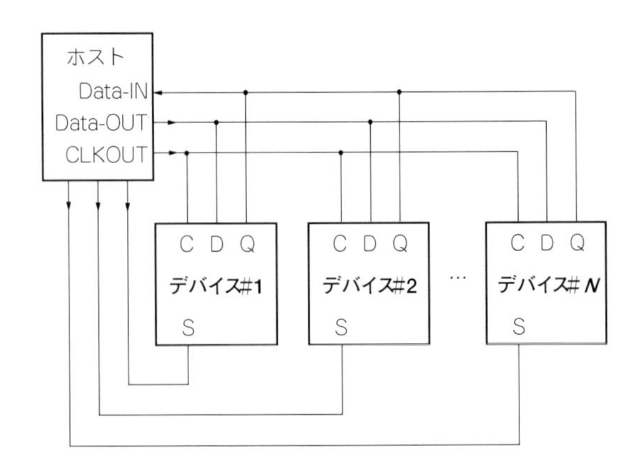

であり，リードや書き換えは通常8ビット，ないし16ビットといった，ワード単位でアクセスすることになります．8ビット幅ならば，リード時にはアドレスを与えたら8ビットぶん読み出すことになりますし，書き換え時には8ビットぶんのデータを送らなくてはなりません．

M93Cx6シリーズの場合，ワード・サイズをORGピンで変えられるようになっており，ORGが"H"またはオープンにしてあると16ビット幅となり，指定したアドレスから16ビットずつ入出力を行うようになります．逆に"L"にしていると8ビット幅となり，8ビットずつの入出力となります．

● Mircowireバスのアクセス動作

前述のとおり，Mircowireバスのアクセス動作はクロックの立ち上がりエッジを基準にして行われます．バスの大まかな動きは**図3-4**のようになっています．クロックの立ち上がり時にS入力が"H"になると，デバイスは選択状態となります．D入力が"H"になるとスタート・ビットとして認識され，動作が開始されます．スタート・ビットにつづく

〈図3-3〉
クロックとD/Qの関係

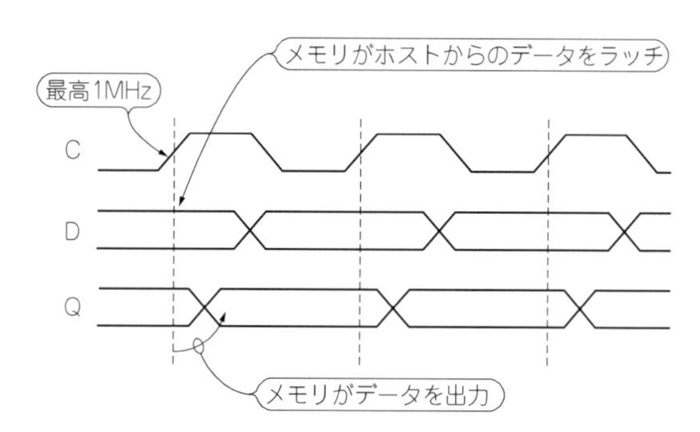

〈図3-4〉
Microwireバスのアクセス動作例

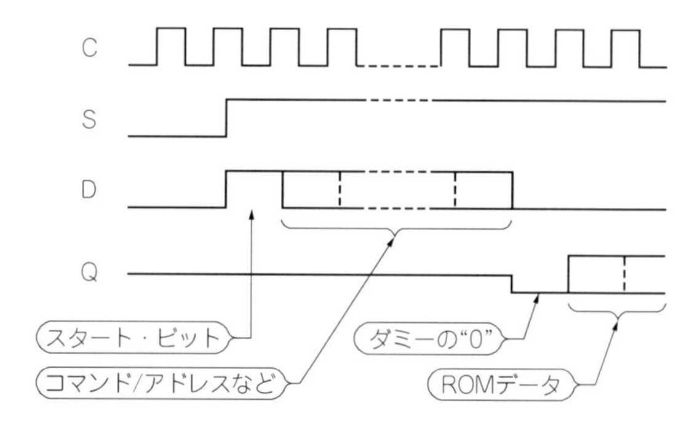

2ビットはオペレーション・コード，その後にくるのがアドレス・ビットです．アドレス・ビットのビット数は固定ではなく，メモリ容量によって変えています．

いくつかのコマンドはこの2ビットだけで指定できるのですが，それだけでは表現しきれないものについては，つづくアドレス・ビットの一部をコマンドに流用しています．これらのコマンドではアドレス・フィールドの値は実際には2ビットしか使いませんが，READ/WRITEと同じビット数を送る必要があります．

M93Cx6は7種類のコマンドをもっていますが，たとえばM93C06やM93C46のインストラクション(コマンド)フォーマットは**表3-2**のようになっています．例として，M93C06のリード動作を**図3-5**，ライト動作を**図3-6**に，またEWENコマンドの発行例を**図3-7**に示します．

▶ READ

データ・リード・コマンドは，オペコード“10”につづいてアドレスを指定することで行います．アドレス・ビットが送り終わると，メモリ側からはクロックの立ち上がりエッジに同期してQからデータが順次出力されます．開始直後にはダミーの“0”が1ビット出力されますので，このビットは読み捨てる必要があります．アドレス/データともMSB側からとなっているところが，EIA-232などのシリアル伝送と異なるところです．

EEPROM内部にはアドレス・レジスタがあり，1バイトをリードすると自動的にアド

〈表3-2〉[13] M93C06のインストラクション・セット

インストラクション名	内　容	コマンド/データ					
		スタート・ビット	オペコード	ORG＝L（8ビット幅時）		ORG＝H（16ビット幅時）	
				アドレス・フィールド値	データ	アドレス・フィールド値	データ
READ	メモリからのデータ・リード	“1”	“10”	A_6〜A_0	Q_7〜Q_0	A_5〜A_0	Q_{15}〜Q_0
WRITE	メモリへのデータ・ライト	“1”	“01”	A_6〜A_0	D_7〜D_0	A_5〜A_0	D_{15}〜D_0
EWEN	イレーズ/ライト・イネーブル	“1”	“00”	“11XXXXXX”	－－－－	“11XXXXX”	－－－－
EWDS	イレーズ/ライト・ディセーブル	“1”	“00”	“00XXXXXX”	－－－－	“00XXXXX”	－－－－
ERASE	特定番地のイレーズ	“1”	“11”	A_6〜A_0	－－－－	A_6〜A_0	－－－－
ERAL	チップ全体のイレーズ	“1”	“00”	“10XXXXXX”	－－－－	“10XXXXX”	－－－－
WRAL	チップ全体への同一データ・ライト	“1”	“00”	“01XXXXXX”	D_7〜D_0	“01XXXXX”	D_{15}〜D_0

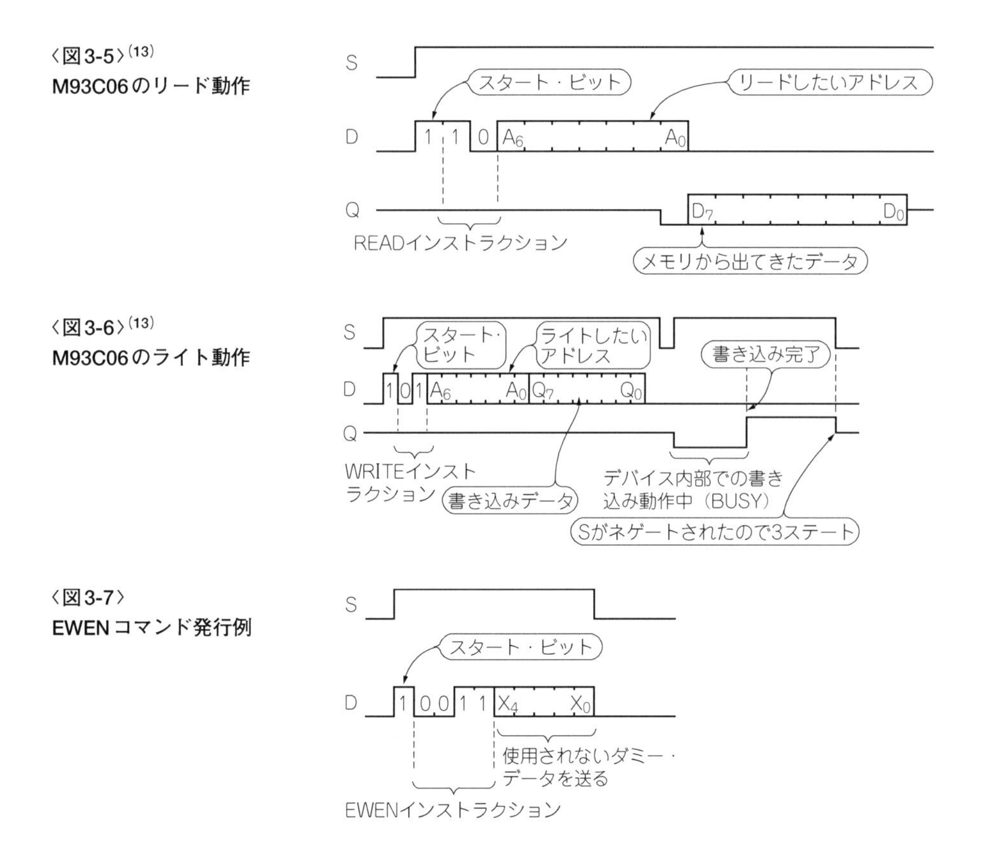

〈図3-5〉[13]
M93C06のリード動作

〈図3-6〉[13]
M93C06のライト動作

〈図3-7〉
EWENコマンド発行例

レスをインクリメントします．リード・コマンド後，Sを“H”に保ったままクロックを与えつづけると，次のアドレスのデータが自動的に出てきますが，このときにはダミーの“0”データは挿入されません．

▶ WRITE

ライト動作も，オペコード“10”につづいてアドレスを指定し，さらに書き込みデータをDを使って送ります．これらを送り終わったら，必ず次のクロックの立ち上がりエッジではS(Chipselect)入力を“L”にして，いったん選択を外さなくてはなりません．デバイスはSが“L”になったのを見て内部での書き込み動作を始めます．もしSが“H”になっていると，コマンドは無視されます．

フラッシュ・メモリなどと同じようにコマンドとデータを受け取っても，内部での書き込み動作はすぐには完了しません．この間Sを“H”にしてデバイスを選択すると，内部での書き換え動作中はQ出力が“L”になり，完了すると“H”になります．

フラッシュ・メモリの場合，プログラム動作で行えるのはビットを“1”から“0”にする方向だけで，“0”から“1”にするにはイレーズするしかありませんでしたが，EEPROMの場合には通常，WRITEコマンドを発行すると内部で自動的にイレーズ動作が行われるため，WRITREコマンドだけで書き換えを行うことができます．

▶ EWEN（ERASE/WRITE Enable）

オペコードが“00”，つづくアドレス・ビットの上位2ビットが“11”のとき，EWENコマンドとなります．M93Cx6は書き込みや消去動作をイネーブルしたりディセーブルすることができるようになっています．不用意な書き換えを防ぐためのものです．M93Cx6は電源投入後は書き込みやイレーズはディセーブルされているので，書き換えを行いたい場合にはこのコマンドを発行して書き換えをイネーブルする必要があります．

▶ EWDS（ERASE/WRITE Disable）

オペコードが“00”，つづくアドレス・ビットの上位2ビットが“00”のとき，EWDSコマンドとなり，以後のメモリへの書き換えやイレーズ・コマンドが受け付けられなくなります．

不用意なメモリの書き換えや消去を防ぐため，WRITEコマンドのあとにはこのコマンドを発行しておくことが推奨されています．

▶ ERASE

オペコードが“11”のとき，つづくアドレス・ビットで指定したアドレスの内容を消去します．WRITEによってすべて“1”のデータを書き込むのと結果としては同じですが，イレーズ・コマンドのほうがデータを送る手間がないぶんだけ簡単です．ちなみに，あとで出てくるI^2Cバス対応メモリの場合にはイレーズ・コマンドがないので，消去はFFhを書き込むことになります．

▶ ERAL（Erase All Memory）

オペコードが“00”，つづくアドレス・ビットの上位2ビットが“10”のとき，このコマンドとなります．チップ全体の内容をすべて消去します．フラッシュ・メモリのチップ・イレーズ・コマンドと同じです．

▶ WRAL（Write All memory with same Data）

チップ全体を指定したデータで埋め尽くします．データ指定のできるERALといったところでしょう．

3.4　SPIバス・メモリ…M95256

次にSPIバス(モトローラ)を使用したメモリを見ていきましょう．SPIバス対応のシリアルEEPROMとしてM95256を例にとりあげてみました．

● M95256のピン配置

M95256もやはり8ピンのパッケージです．TSSOPの14ピン・パッケージもありますが，6個のピンは未使用となっています．**図3-8**にピン配置を示します．

Microwireと同じように$\overline{S}$（チップ・セレクト）入力でデバイスが選択されること，DとQが分離され，クロック(C)に同期してコマンドやアドレス，データをやりとりするというところも同じですが，伝送の仕様自体はMicrowireよりも改良され，扱いやすくなっています．

Microwireと比較して大きく変わったのは次の点です．

(1) チップ・セレクト・ピンの論理変更

Microwireではチップ・セレクトは“H”アクティブでしたが，SPIでは一般的な“L”アクティブに変更されました．

(2) $\overline{\mathrm{HOLD}}$ピンの追加

Microwireでは，メモリ・デバイス側は必ずホストの伝送クロック・スピードに追従できなくてはなりませんでしたが，SPIでは$\overline{\mathrm{HOLD}}$ピンが追加され，ホストに対してウェイトをかけることができるようになっています．最高クロック周波数がM93Cx6の1 MHzから5 MHzに引き上げられているということも，$\overline{\mathrm{HOLD}}$ピンを追加した理由でしょう．

(3) インストラクション・コードの8ビット化

SPIのインストラクション・コードに相当するMicrowireのオペレーション・コードは2ビットしかなく，これで表現できる4命令では足りなくなったことから，アドレス・ビットのほうまで命令コードにするといった変則的な方法をとっていました．SPIではインストラクション・コードを8ビットにして，こうした変則的な方法をとらないで済むよう

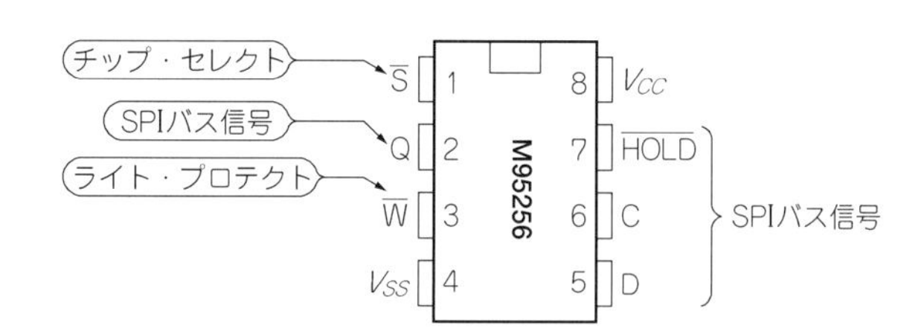

〈図3-8〉[14]
SPIバス対応メモリM95256のピン配置

になっています.

(4) ステータス・レジスタの追加

Microwireの場合，メモリ側からのステータスと呼べるのは書き換えやイレーズのときのQの状態だけで，レディ/ビジーがわかる程度でした．SPIではデバイス内部にステータス・レジスタを用意して，チップのステータスやソフトウェアによるプロテクション機能などを統一して扱えるようになっています.

(5) コマンドの整理

EEPROMでは使用頻度の低いと思われるイレーズ系のコマンドやWRALコマンドなどは削除され，代わりにステータス・レジスタのリード/ライト・コマンドが追加されています.

(6) $\overline{\mathrm{W}}$（Write Protect）ピンの追加

SPIの場合は，ソフトウェアによるライト・プロテクト機能だけではなく，ハードウェアによるライト・プロテクト機能も追加されました.

● SPIバス対応メモリの動作

SPIバスの動き自体はMicrowireとそれほど大きく変わりません．**図3-9**にM95256のメモリ・リード・サイクルを示します．リード命令のインストラクション・コードは“00000011”ですが，これが送られたあと，16ビットのアドレスが上位ビットから順次送られ，これを受け取るとメモリからデータがQに出力されます．M95256の場合は容量が256 Kビット，すなわち32 Kバイトなので，A_{15}は無視されますが，アドレスとしては16ビットぶんを送る必要があります．Microwireと同じようにアドレス/データとも上位ビットから送られることに注意が必要です.

また，ライト方向は**図3-10**のようになります．8ビットのインストラクションにつづいて，16ビットのアドレス，8ビットのデータを連続して送ります．このあとは，EEPROM内部での書き換え動作がスタートすることになります.

図では1バイトのみの書き換え動作ですが，M95256の内部は64バイトごとにページという単位に分割されていて，1ページ内のデータをまとめて書き換えることができるようになっています．また，M95256内部にもアドレス・カウンタがあり，ライト後に自動インクリメントするようになっているので，ここで$\overline{\mathrm{S}}$をアサートしたまま連続して複数バイトのデータを送ることで，最大64バイト(1ページぶん)のデータを一度に書き換えることも可能です.

ステータス・レジスタのリード/ライトも，アドレスを与えないこと以外はメモリのリ

〈図3-9〉(14) M95256のリード・サイクル

〈図3-10〉(14) M95256のライト・サイクル

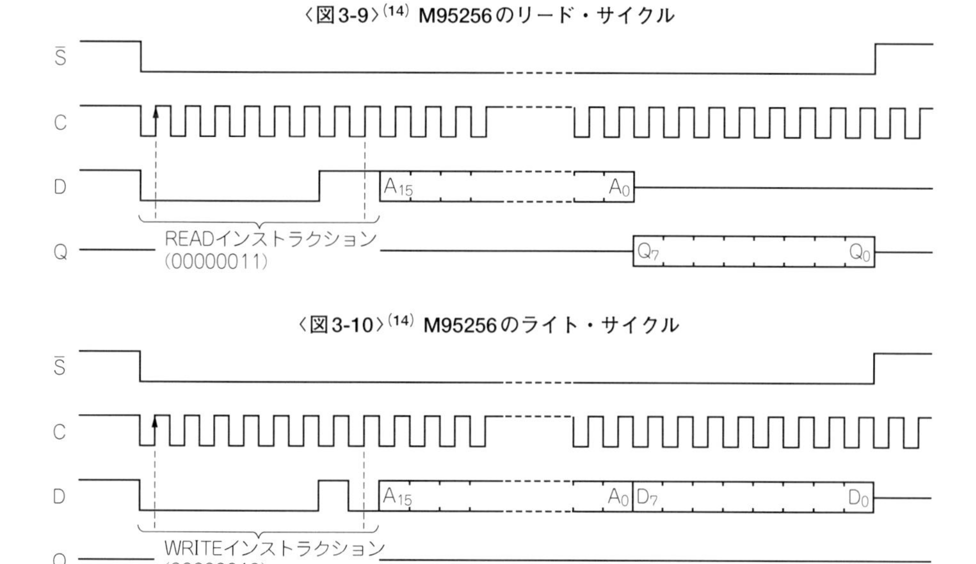

ード/ライトと同じです．ステータス・レジスタの場合，連続してリードすると新しいステータスが次々に読み出されます．WRITEコマンドを発行したあと，他のSPIメモリにアクセスする必要がない場合には，S̄をアサートしたままステータス・レジスタを読みつづけることで，毎回ステータス・レジスタ・リードのインストラクションを発行しないで済むので楽といえるでしょう．

● インストラクション・セット

M95256のもつインストラクションは**表3-3**に示す6種類です．メモリ・セルへのリード/ライトに絡むのはREADとWRITEのみで，Microwireにあったようなイレーズなどのコマンドは削除されていることがわかります．

RDSR(Read Status Register)/WRSR(Write Status Register)がそれぞれステータス・レジスタのリード/ライトを行うもの，WREN(Set Write Enable Latch)/WRDI(Reset Write Enable Latch)はそれぞれデバイスの書き込みの禁止/許可を行うもので，このコマンドで設定した状態がステータス・レジスタのWEL(Write Enable Latch)ビットに反映されます．

● ステータス・レジスタ

M95256のステータス・レジスタのビット配置は**図3-11**のようになっています．このう

〈表3-3〉[14] M95256のインストラクション・セット

インストラクション名	内　容	インストラクション・コード
WREN	ライト・イネーブル・ラッチのセット	"00000110"
WRDI	ライト・イネーブル・ラッチのリセット	"00000100"
RDSR	ステータス・レジスタ・リード	"00000101"
WRSR	ステータス・レジスタ・ライト	"00000001"
READ	データ・リード	"00000011"
WRITE	データ・ライト	"00000010"

〈図3-11〉[14] M95256のステータス・レジスタ

ち，WELとWIPはリードのみで書き換えることはできませんが，ほかのビットは書き換え可能です．次にそれぞれのビットを簡単に説明しておきましょう．

▶ SRWD（Status Register Write Disable）

ステータス・レジスタの更新制御を行います．このビットが"0"になっており，さらにWELビットが(WREN命令によって)セットされていると，ステータス・レジスタの書き換えが行えます．

このビットが"1"になっているときの動作は$\overline{W}$ピンの状態に依存します．$\overline{W}$が"H"ならば，やはりWELビットが(WREN命令によって)セットされていればステータス・レジスタの更新が行えますが，$\overline{W}$が"L"になっているとステータス・レジスタの更新が行えなくなります．

▶ BP1/BP0（Block Protect）

M95256では，BP1とBP0の2ビットによって，書き込み保護領域と許可領域を決める

〈表3-4〉[14]
M95256のBPビットの割り付け

BP1	BP0	プロテクト領域	アドレス領域
0	0	なし	なし
0	1	上位1/4	6000h～7FFFh
1	0	上位1/2	4000h～7FFFh
1	1	全体	0000h～7FFFh

ことができるようになっています．この関係を**表3-4**に示します．

この領域設定でプロテクトされている領域へのWRITEコマンドは無視されます．プロテクトされていない領域については，次に説明するWELビットが“1”になっているときだけ書き込みが行えます．

BPビットの変更はステータス・レジスタの書き換えで行うしかないので，先ほどのSRWDビットの機能で，ステータス・レジスタの更新がデバイスへのプロテクション機能としても働くわけです．

▶ WEL（Write Enable Latch）

リード・オンリ（読み出し専用）ビットです．このビットが“1”になっているときにステータス・レジスタへの書き込みが，また，このビットが“1”でしかもBPビットによるプロテクションがかかっていないときだけメモリ・セルへの書き込みが行えるようになります．このビットは電源投入後，自動的に“0”になります．

このビットが“1”になるのは，WRENコマンドを発行したときです．動作中に“0”になるのは，

(1) WRDIコマンド完了
(2) WRSRコマンド完了
(3) WRITEコマンド完了

という3条件があります．つまり，WRENで書き込みイネーブルにしたあと，ステータス・レジスタやメモリ・セルへの書き込み動作を行うと自動的に書き込み禁止状態に復帰するというわけです．

ただし，先にも触れたとおり，SRWDが“1”でしかも$\overline{W}$入力が“L”という条件が揃ってM95256がハードウェア・プロテクション・モードになってしまったときは，ソフトウェアでいくらコントロールしても（WRENコマンドを発行しても），書き込みイネーブルになりませんし，ステータス・レジスタの更新も行えません．ここから復旧するには$\overline{W}$ピンを“H”にするしかありません．

▶ WIP（Write In Progress）

フラッシュ・メモリやMicrowire対応のEEPROMなどと同じようにWRITEコマンド発行後，セルへの書き込み動作が完了するまで相当の時間がかかります．このため，ホスト側からチップ内部の書き込み処理が完了したかどうかを確認するために設けられたのがWIPビットです．WIPビットが“1”のときにはチップ内部での書き換え動作が進行中ですので，ホストはREADやWRITEコマンドなどを発行することはできません．

3.5　I^{2}Cバス対応メモリ…M24Cxx

I^{2}CバスはPhilipsが提唱した2線式のシンプルなインターフェースです．EEPROMだけではなく，LCDドライバやRAM，I/Oポートなどへの応用も考えられたもので，バス上に複数のスレーブが接続できるだけでなく，マルチマスタにも対応しているので，バス上に複数のホストがいてバスを共有することも可能となっています．バス・スピードはVersion1.0で定義されたスタンダード・モード（最高クロック100 kHzまで），ファスト・モード（400 kHzまで）に加えて，1998年のVersion2.0では3.4 Mbpsまで引き上げられました．例に取り上げたM24C01などはVersion1.0準拠なので，クロックは400 kHzまでとなっています．

I^{2}Cバスではデータの転送単位は8ビットです．8ビットのデータを送ったあとに受信した側からの1ビットのステータス（ACK/NoACK）が送られてくるので，合計9クロック・サイクルで1伝送単位となります．

I^{2}Cバスの伝送のおおまかな流れは**図3-12**のようになります．I^{2}Cバスでは，スタート・コンディションからストップ・コンディションまでが一つの伝送動作の単位となります．スタート/ストップ・コンディションは通常のデータ転送中には現れないようなバス動作のパターンにすることで，バス上の他のデバイスが伝送中のデータによって誤動作することを防いでいます．

スタート・コンディションにつづく伝送開始後の先頭バイトのフォーマットは**表3-5**の

〈図3-12〉I^{2}Cバスのデータ伝送の流れ

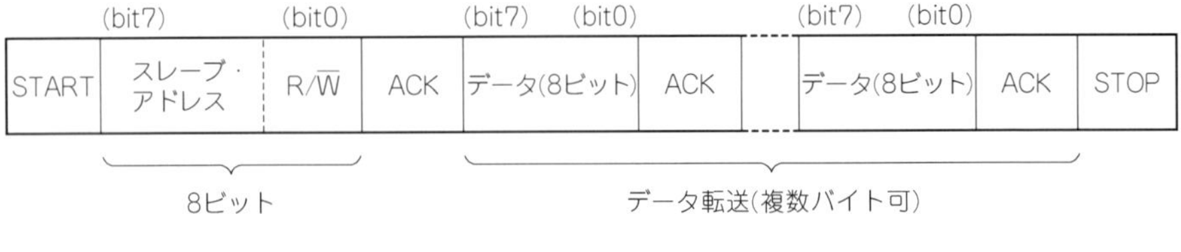

	(bit7)	(bit0)		(bit7)　(bit0)			(bit7)　(bit0)		
START	スレーブ・アドレス	R/$\overline{W}$	ACK	データ(8ビット)	ACK		データ(8ビット)	ACK	STOP
	8ビット			データ転送(複数バイト可)					

〈表3-5〉I²Cの先頭バイトのフォーマット

スレーブ・アドレス							R/$\overline{W}$	意味
bit7	bit6	bit5	bit4	bit3	bit2	bit1	bit0	
0	0	0	0	0	0	0	0	General Call Address
0	0	0	0	0	0	0	1	START byte
0	0	0	0	0	0	1	X	CBUS address
0	0	0	0	0	1	0	X	Reserved for different bus format
0	0	0	0	0	1	1	X	Reserved for future purposes
0	0	0	0	1	X	X	X	Hs-mode master code
1	1	1	1	1	X	X	X	Reserved for future purposes
1	1	1	1	0	X	X	X	10-bit Slave addressing
1	0	1	0	E_2	E_1	E_0	R/$\overline{W}$	(M24Cxxではこう使用している)

ようになっています．最下位ビットがリード/ライト・オペレーションの区別で，上位7ビットは規格上は“Slave Address”という名称のフィールドになっています．名称からすると，ここでバス上のスレーブ番号(0～127)を指定しようとしたのではないかと思われますが，現実にはこのフィールドはターゲットの種別も含めて指定するものとなっています．

M24C01などでは表にも示したとおり，アドレス・フィールドの上位4ビット(ビット7～4)が“1010”のときにターゲットとなるようにして，つづく3ビットをデバイス番号として使用するようにしています．

I²Cバスの詳細についてはPhilipsのホームページ(http://www.philips.com)からダウンロードできるようになっていますので，詳細はそちらを見ていただくことにして，ここではM24Cxxシリーズでの利用方法に限定して見ていくことにします．

以下，特に断わりのないかぎり，I²CバスといったときにはM24Cxxシリーズでの利用方法に限定します．

● I²CバスとシリアルEEPROM

I²Cバスではデータをシリアル伝送でやりとりしますが，データをリード/ライトする単位は8ビットです．メモリ内の特定のビットだけを指定して読み出したり，書き換えるということはできず，あくまでも8ビット単位でアクセスすることになります．

M24Cxxとホストの接続例を**図3-13**に，伝送フォーマットの簡単な例を**図3-14**に示します．I²C対応EEPROMではアドレス8ビット(256バイト；2Kビット)までのメモリを

〈図3-13〉
I^2Cバス対応メモリとホストの接続

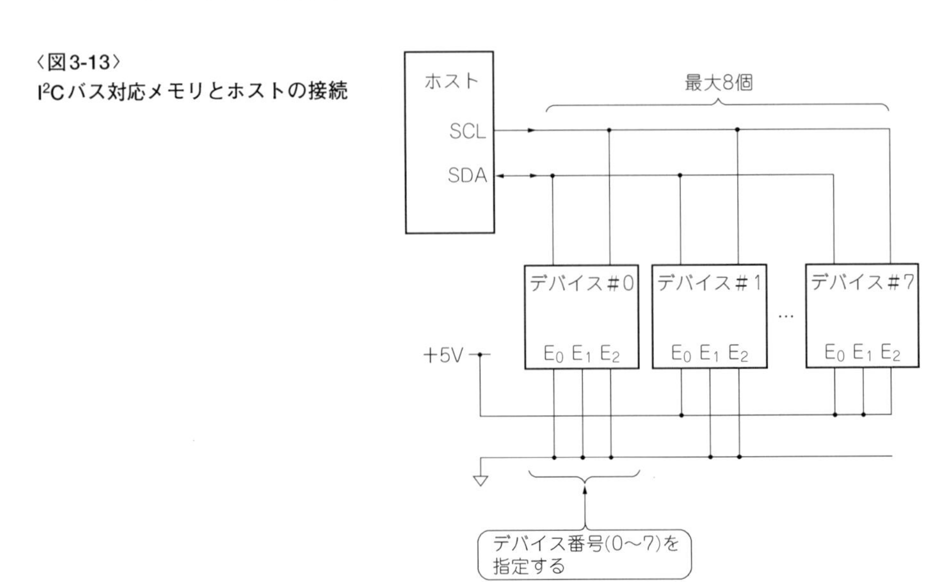

〈図3-14〉I^2Cバスのメモリ・アクセス動作例

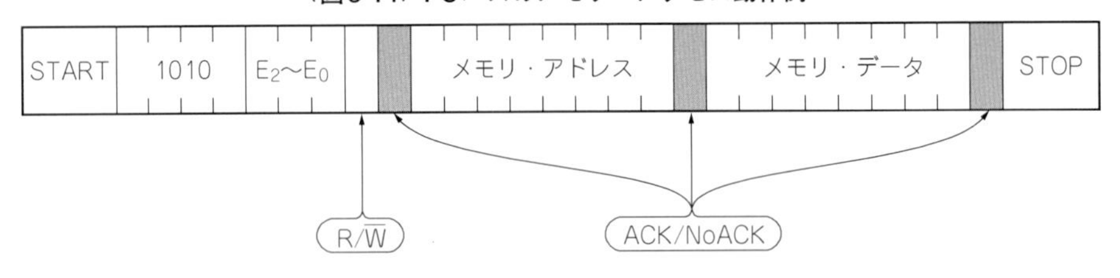

最大8個まで接続できるように考えられていて，I^2Cバス規格準拠の先頭バイトのビット0でリードかライトかの区別を，ビット1～4でデバイス番号を指定します．これによって以降のデータを受信するデバイスが指定されるわけです．つづく2バイト目がメモリ・アドレスで，3バイト目以降がデータとなります．

アドレスが8ビット(256バイト；2Kビット)，接続できるデバイスが8個までですから，バス上の最大メモリ空間は16Kビットとなります．これでは容量不足であるというケースが増えてきたため，アドレス・フィールドを2バイトにして，64Kバイト(512Kビット)のメモリを最大8個まで接続できるようにした拡張I^2Cバスが作成され，16Kビットを越える容量のEEPROMで一般的に使われています．最大メモリ空間は512Kバイトまでとなったので，I^2Cの伝送能力から考えるとこの程度で充分というところでしょう．

〈図3-15〉(15)
M24Cxxのピン配置

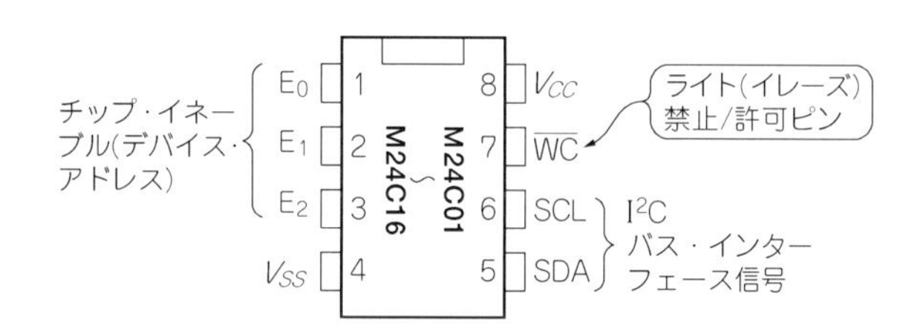

次に，標準的なI²Cバス用メモリとして，M24C01～M24C16(STマイクロエレクトロニクス)を，拡張I²Cバス用メモリとしてM24C64(同)を例にして具体的に見ていくことにしましょう．

● I²Cバス用メモリM24C01～M24C16

M24C01，M24C02，M24C04，M24C08，M24C16といったものがありますが，ピン配置はいずれも同一で，**図3-15**のようになっています．I²Cバスの動作について説明するまえに，これらのピンについて簡単に説明しておきましょう．

▶ V_{CC}/V_{SS}

電源ピンです．V_{SS}が基準電位(0 V)です．V_{CC}電圧は+5 V(4.5～5.5 V)品だけでなく，2.5～5.5 Vのものや，さらに低電圧動作可能な1.8～3.6 Vというものもあります．

▶ SCL (Serial Clock)

クロック入力ピンです．クロックといっても特に定周期である必要はないので，ホストからのデータ・ストローブ信号と思ってもよいでしょう．このクロック信号とSDA信号を使って，ホストがアドレスを与えたり，データのリード/ライトを行うことになります．

▶ SDA (Serial Data Input/Output)

アドレスやデータのやりとりを行うためのピンで，双方向で利用されます．M24C01側の出力はオープン・ドレイン出力ですので，プルアップ抵抗が必要となります．

▶ $E_0/E_1/E_2$ (Chip Enable Input)

M24Cxxのマニュアルではチップ・イネーブルとなっていますが，バス上のデバイス番号といったほうがわかりやすいので，ここではデバイス番号と呼ぶことにします．前述のようにI²Cバスでは最大256バイト(2 Kビット)のメモリを8個まで接続できるようにしていて，ホストはアクセスするデバイス番号やアドレスをI²Cバス経由で送り出します．I²Cバス上のデバイスは，ホストが送ってきたデバイス番号と$E_0/E_1/E_2$ピンで与えられた値を比較して，一致すれば自分が選択されたとわかるわけです．

I²Cバスでは1デバイス番号あたりの領域が256バイトまでとなるので，これよりも容量の大きなデバイスではデバイス番号もアドレスとして使い，連続した領域を1デバイスで専有する格好になります．つまり，ホストからは256バイトのデバイスが複数あるように見せかけることになります．

たとえば，24C04(4Kビット)ではE_0が無効となります．E_1＝“L”，E_2＝“H”と設定すれば，デバイス番号の4番と5番を1個の24C04で専有することになります．24C16になると容量は16Kビットですから，1個でI^2Cバスの空間をすべて占拠することになりますので，E_0～E_2ピンは意味をもちません．

● I^2Cバスの基本動作

I^2CバスにはSCL(クロック)とSDA(データ)の2本の信号しかありません．単純なシリアル伝送にすると，なんらかの要因でビットずれなどが起きると，バス上を流れているのがデータなのかアドレス情報なのかの区別がつかなくなる可能性があります．簡単なのはバスとは独立したリセット信号を付けてしまって，ホストがこれを制御するという方法です．しかし，I^2Cはあくまでも2線ですべてを行わせるようにするため，データ転送時は常にSCLが“L”のときに次のデータをセットすることとし，SDAが変化したときにSCLが“H”であったなら，一連の動作のスタート/ストップとして解釈するようにしています．

▶ スタート・コンディション

一連の動作の開始を示すものです．**図3-16**にスタート・コンディションと，それにつづくデータ転送の開始の動作を示します．I^2Cバスのアイドル状態ではSDA，SCLともプルアップ抵抗によってHレベルになっています．ここで，SCLを“H”のままSDAを“L”にすると，スタート・コマンドとなります．

この状態はアドレスやデータの送受信では現れないので，途中で何らかの異常が起きても，この状態を検出して内部のステート・マシンを初期化すれば，復旧させることができるというわけです．

▶ ストップ・コンディション

一連の動作の最後にくるのがストップ・コンディションです．ストップ・コンディションは**図3-17**のようになります．SCLが“H”のときにSDAが“L”から“H”になるとストップ・コンディションとなり，ホストとデバイスの間のコミュニケーションは停止し，デバイスはアイドル状態に復帰します．ライト動作時のストップ・コンディションはEEPROMの内部セルへの書き込み動作開始の指示となります．

ストップのまえに送られているデータはACK/NoACKのステータス・ビットで，ACK

〈図3-16〉
I²Cバスのスタート・コンディション

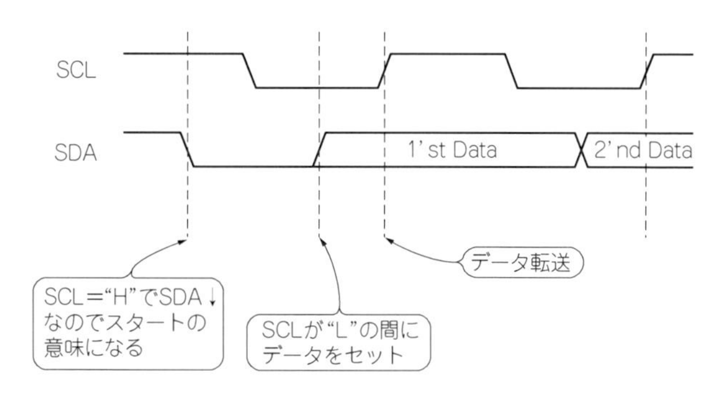

〈図3-17〉
I²Cバスのストップ・コンディション

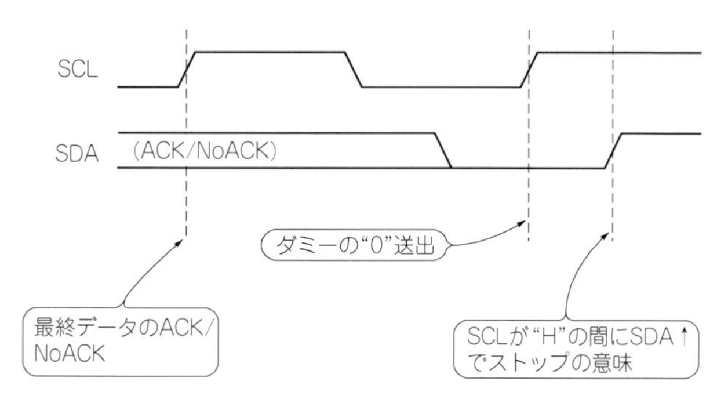

なら"L"になるのですが，何らかのエラーが起きたときにはNoACKを示す"H"になります．リード時の最終バイトではホストはNoACKをデバイスに返すことになっていますから，SDAが"H"になっています．これではストップ・コンディションに必要なSDAの立ち上がりエッジをつくることができないので，ストップの直前にダミーの"0"データを入れることで対処します．

最終データのACK/NoACKのあとにホストが，

① SCLを"L"にする

② SDAを"L"にする

③ SCLを"H"にする(ダミー・データ送出)

④ SDAを"H"にする(ストップ・コンディション)

という手順を踏むことで，ストップ・コンディションを作り出すわけです．

▶ データ転送

データ転送の動きを**図3-18**に示します．スタート/ストップ・コンディションを除く，アドレス指定なども含めたデータ転送時に，SDAを変化させることができるのはSCL＝

〈図3-18〉
I²Cバスのデータ転送

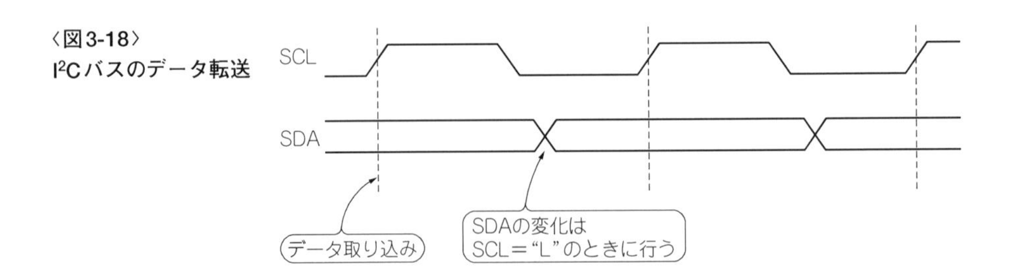

“L” のときだけです．したがって，バス動作としては，

① SCLを “L” にする

② SDAにデータをセットする（ホストまたはデバイス）

③ SCLを “H” にする

というステップで行われることになります．データ・リード時は，ホストはSCLを “H” に戻すまえにデータを読むことになります．

● ライト動作の流れ

I²Cバスでは，8ビット＋ACK/NoACKの計9ビットを単位として伝送動作を行っています．送出はビット7（MSB）側から行われます．一般的なシリアル・ポート（PCのCOMポートなど）ではビット0（LSB）側から送出されるのですが，I²Cでは逆になっていることに注意が必要です．8ビットのデータなりコマンドなりを受け取った側が次の1クロックで出力するのがACK/NoACKビットで，“L” ならACK，“H” ならNoACKということになります．

ライト動作は特定の1番地だけを書き換えるシングル・ライトと，16バイト・バウンダリ内の連続したアドレス領域（ページ）をまとめて書き換えるページ・ライトの二通りがあります．それぞれのライト動作チャートを**図3-19**に示します．

▶ バイト・ライト

任意のアドレス（8ビット）を指定してデータを書き込むものです．

先頭バイトのDEVSELは先に説明した先頭データのフォーマットのとおりで，ビット7～4は “1010” の固定パターンで，ビット1～3でデバイス番号を，ビット0でリード動作（“1”）なのかライト動作（“0”）なのかを指定します．

メモリがライト・プロテクトされている（$\overline{\text{WC}}$ピンが “H” になっているなど）ような場合にはアドレスを受け取るところまではACKが返りますが，それ以降のデータ転送に対してはNoACKが返ります．

〈図3-19〉[15] I²Cメモリのバイト・ライトとページ・ライト

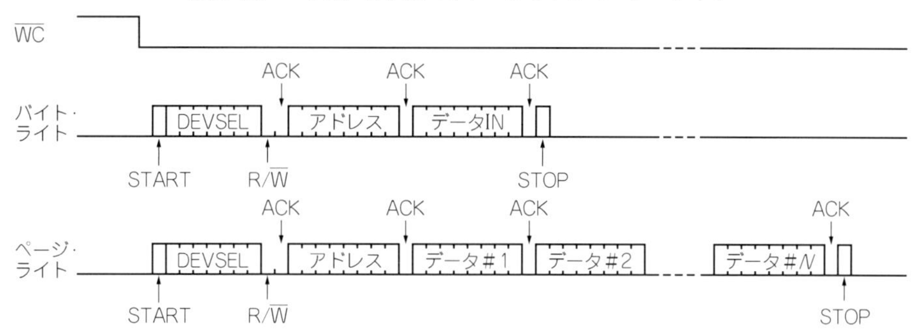

データを送り終わり，ホストからのストップ・コンディションが検出されると，EEPROM内部での書き込み動作が始まります．書き込みが完了するまでの時間は，データシート上では+5V動作品で5ms，そのほかでは10ms程度となっています．

EEPROM内部での書き換えサイクルが進行中は，次のコマンドを送ってもNoACKが返ってくるので，これを利用して内部の動作が完了したかを知ることが可能です．

▶ ページ・ライト

動作自体はバイト・ライトと同じです．アクセスしたあとでアドレスが自動的にインクリメントされているため，1ページ(16バイト)以内のデータを次々に送ることができます．実際のメモリ・セルへの書き込みは，バイト・ライトと同様にストップ・コンディションが検出されたあとに行われるので，完了するまで待ってから次の動作に移ることになります．

● **リード動作の流れ**

M24Cxxのリード動作モードとそれぞれのモードの動作の流れは**図3-20**，および**図3-21**のようになります．

▶ カレント・アドレス・リード

EEPROM内部ではカレント・アドレスを保持するレジスタをもっています．カレント・アドレスのデータを読むときには，アドレスを指定する必要がありません．単純にリード・コマンドを与えればデータが出てきます．リード完了後には内部に保持しているカレント・アドレスは自動的にインクリメントされるようになっています．

データ・リード後のACK/NoACKはホストが返すのですが，必ずNoACKを返すようにします．

▶ ランダム・アドレス・リード

ランダム・アドレス・リードは，ホスト側から任意のアドレスを指定して読み出しを行うものです．リード・コマンドを与えるとカレント・アドレスが読めてしまうので，アドレス設定にはライト・コマンドを使用します．バイト・ライトのときと同じように1バイト目のデータにつづいてアドレスを与えます．ここで，データを送出するとライトになってしまうのですが，ここでスタート・コンディションにして，ライト動作に移るのを取り消してリード・コマンドを発行すると，事前に設定したアドレスからデータが出てくるという仕掛けです．

このときDEVSELデータ(上位7ビットのデータ)は最初のライト・コマンドで送ったのと同じ値を設定しなくてはなりません．

▶ シーケンシャル・カレント・リード

カレント・アドレス・リードのあと，ホストがACKを返すとこのモードになり，デバイスは次のアドレスのデータを用意してきます．ホストはこれを引き取ります．読み出した最終アドレスに達したらNoACKを返して，デバイスに最終データであることを通知し

〈図3-20〉(15) I²Cメモリのリード動作（1）

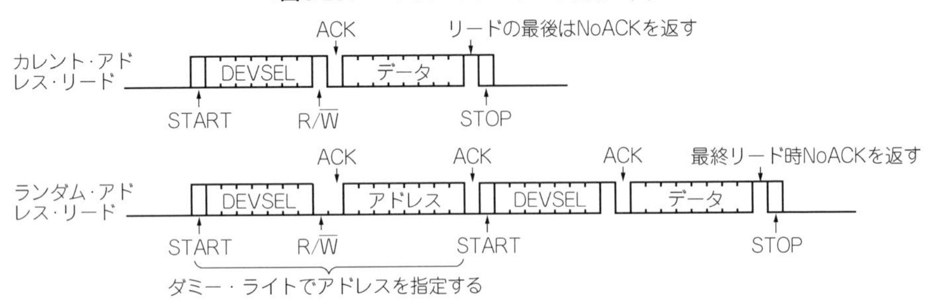

〈図3-21〉(15) I²Cメモリのリード動作（2）

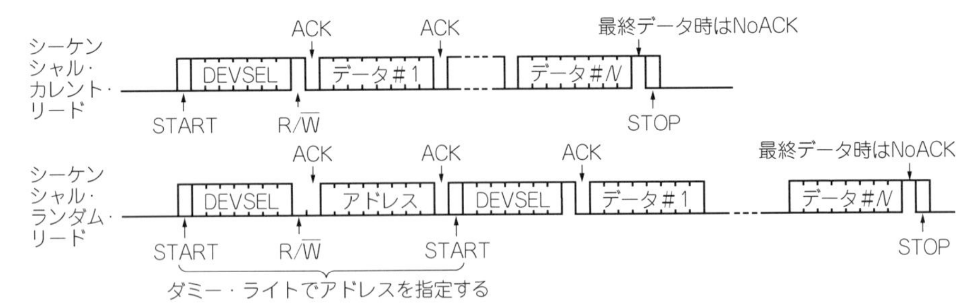

ます．

▶ シーケンシャル・ランダム・リード

任意のアドレスを指定してそこから連続してデータを読み出したいときに，このモードを利用します．カレント・リードに対するシーケンシャル・カレント・リードと同じようなものと思えばよいでしょう．

ランダム・アドレス・リードと同様にリードを行い，データを受け取ったあとにACKで応答すると，デバイスは次のアドレスのデータを用意します．最終データでNoACKを返すと，データ転送の終了になります．

● 拡張I^2Cバス用メモリ

前述のように，アドレスが8ビットで不足することから導入されたのが拡張I^2Cと呼ばれるものです．アドレス指定が2バイトになるほかは，まったく同じように扱うことができます．**図3-22**にライト時の，**図3-23**にリード時の動作を示します．アドレスは上位(A_{15}～A_8)，下位(A_7～A_0)の順に送出します．

● M24C64のタイミング

M24C64のタイミング図を**図3-24**と**表3-6**に示します．I^2Cバスの場合，信号線は2本しかありませんし，基本的にクロック信号であるSCLを基準として動作しますので，クロックの立ち上がり/立ち下がりエッジからの規定が大半です．表にもあるように細々した規定は多いのですが，大事なところだけ一覧していくことにしましょう．

▶ クロックの規定

クロックに関してはt_{CHCL}(クロックがHレベルの期間)とt_{CLCH}(クロックがLレベルの期間)，そして図には出てきませんがt_C(クロック周波数)，t_{CH1CH2}(クロックの立ち上がり時間)，t_{CL1CL2}(クロックの立ち下がり時間)の五つが大きな制約事項といえるでしょう．

t_{CLCH}は1.3 μs，t_{CHCL}は最小600 ns，f_Cは最高400 kHzとなっています．400 kHzということはデューティを50 %とすればLレベル/Hレベル期間がそれぞれ1.25 μsですから，400 kHz目一杯まで転送速度を引き上げるなら，デューティは50 %にせず，Lレベル期間を少し長めにしてHレベル期間は少な目にするといった細工が必要でしょう．ISAバスの8ビットI/Oとして利用するなら，1アクセスに1 μs弱かかかります．SDA設定，クロック“H”というサイクルだけで2 μs弱かかる計算ですから，まず問題になることはないでしょう．

クロックの立ち下がりはさすがに300 nsもの時間がかかることはまずないのでよいのですが，立ち上がりはオープン・ドレイン出力で行っているとプルアップ抵抗と配線容量

〈図3-22〉(16) 拡張I²Cメモリのライト動作

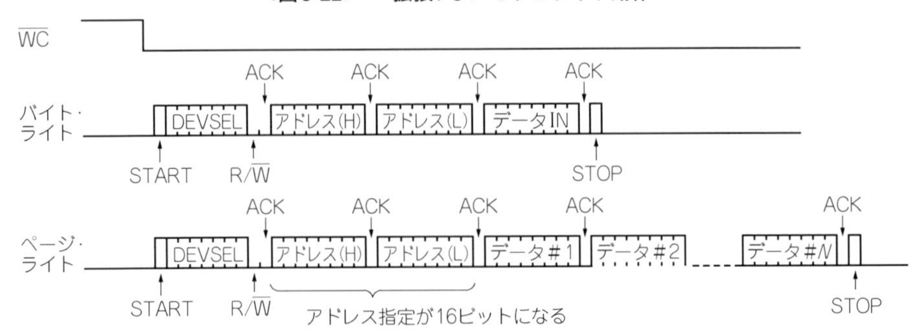

〈図3-23〉(16) 拡張I²Cメモリのリード動作

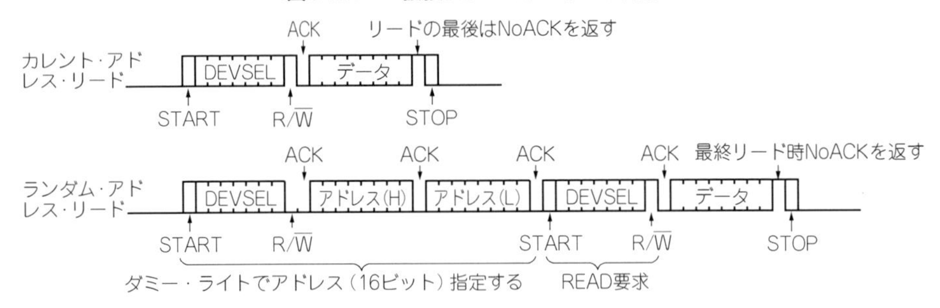

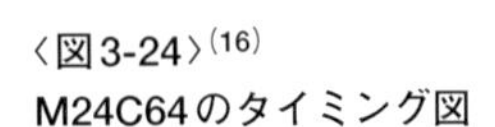
〈図3-24〉(16)
M24C64のタイミング図

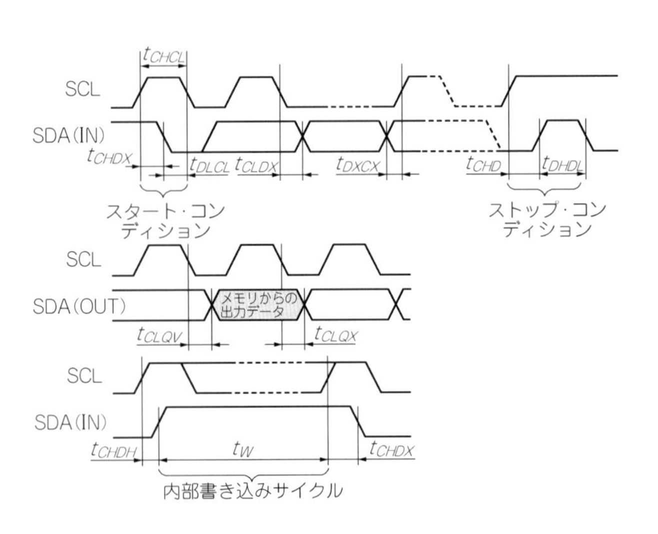

〈表3-6〉[16] M24C64のACタイミング規定

シンボル	意　味	min	max	単位
t_{CH1CH2}	SCL（クロック）立ち上がり時間		300	
t_{CL1CL2}	SCL立ち下がり時間		300	
t_{DH1DH2}	SDA立ち上がり時間	20	300	
t_{DL1DL2}	SDA立ち下がり時間	20	300	
t_{CHDX}	SCL立ち上がりからSDA入力変化まで	600		
t_{CHCL}	SCL“H”レベル期間	600		
t_{DLCL}	SDA入力立ち下がりからSCL“L”まで（START時）	600		ns
t_{CLDX}	SCL立ち上がりからSDA入力変化まで	0		
t_{CLCH}	SCL“L”レベル期間	1300		
t_{DXCX}	入力変化からクロック変化まで	100		
t_{CHDH}	SCLの立ち上がりからSDA入力“H”まで（STOP時）	600		
t_{DHDL}	SDAの立ち上がりから，次の立ち下がりまで（バス・フリー期間）	1300		
t_{CLQV}	SCLの立ち下がりからSCA出力制定まで	200	900	
t_{CLQX}	SCL立ち下がりからSDA出力ホールド時間	200		
f_c	SCL周波数		400	kHz
t_W	書き込み動作時間		10	ms

の問題が出てきます．プルアップ抵抗の選定については，I²Cバスの規格書にも説明が出ていますが，消費電力を減らすにはきちんとした計算と波形観測結果をつき合わせて決定すべきでしょう．

▶ SDA（入力）セットアップ

データ転送中，SDAはクロックの立ち上がりエッジで取り込まれます．このため，クロックの立ち上がりエッジに先行してSDAが制定していなくてはなりません．この時間がt_{DXCX}で100 nsとなっています．

▶ SDA（入力）ホールド

I²Cバスでは，SCLが“H”のときにSDAが変化すると，スタート・コンディションやストップ・コンディションとなってしまうので，データ転送中にSDAの状態を変化させられるのは，SCLが“L”の期間にかぎられています．このため，SCLの立ち下がりまではSDAの状態を保持しておいて，SCLが“L”になったあとにSDAを変化させることになります．

この保持しつづける時間がホールド・タイムです．t_{CLDX}というシンボルで，0 μsとなっているので，マイナスにならないようにすればよいということがわかります．

▶ スタート・コンディション規定

スタート・コンディションはSCLが“H”になっているときにSCLを“L”にするので，
(1) SCLを“H”にしてからSDAを“L”にするまでの期間(t_{CHDX})
(2) SDAを“L”にしてからSCLを“L”にするまでの期間(t_{DLCL})
の二つに注意が必要です．いずれも600 nsとなっているので，ISAバスの1アクセス1 μs弱と比べれば充分短いといえるでしょう．

▶ ストップ・コンディション規定

ストップ・コンディションも，スタート・コンディションと同様の規定のチェックが必要です．
(1) SCLを“H”にしてからSDAを“H”にするまでの期間(t_{CHDH})
(2) SDAを“H”にしてからSDAを“L”にして新たなスタート・コンディションを生成するまでの期間(t_{DHDL})
の二つで，それぞれ600 ns，1.3 μsとなっています．データ転送などでは，SDAとSCLを交互に操作するので2 μs弱の時間がかかるのですが，ストップからスタートまではSDAだけの操作が連続するので1.3 μsという規定を満たせなくなる可能性があります．このため，SDAを“H”にしたあとにダミーのI/Oアクセスなどで時間を稼ぐ必要があるといえるでしょう．同じデータを2度書きすることで時間を稼ぐこともできます．

▶ データ・アクセス・タイム/ホールド・タイム

リード時，EEPROMのデータはSCLの立ち下がりを捉えて出力されはじめます．このときまでSDA上には前回のデータがホールドされているのですが，このデータが保証されなくなるまでの時間がt_{CLQX}，新たなデータが制定されることが保証されるまでの時間がt_{CLQV}です．t_{CLQX}は最小200 ns，t_{CLQV}は最小200 ns，最大900 nsですから，SCLを“L”にしてから，ISAバスなどのI/Oリード・サイクルでデータを読み出すまでの期間としてはやや厳しい感じなので，間にダミーのサイクルを挟んだほうがよいといえます．

3.6 パラレルEEPROM

パラレルEEPROMの例としてSTマイクロエレクトロニクスの1 MビットEEPROMである，M28010を取り上げてみます．DIPタイプのピン配置は**図3-25**のようになっています．AMDのフラッシュ・メモリと信号名の付けかたは異なっていますが，DUはNC，$\overline{W}$は$\overline{WE}$，$\overline{G}$は$\overline{OE}$，$\overline{E}$は$\overline{CE}$と同じですので，ピン配置自体は互換であることがわかります．

パラレルEEPROMの内部もフラッシュ・メモリと同様に，書き換えのための高電圧を得るための昇圧回路や，内部セルへの書き込み制御回路が存在します．書き込みは任意のアドレスに対して可能ですが，フラッシュ・メモリと同様に，CPU側から書き込みを行ったあと，内部の書き換え動作が完了するまでにはそれなりに時間がかかります．したがって，フラッシュ・メモリと同様に，書き換え中にデータ・リードをかけるとステータスが読み出されるようになっており，これによって書き換えが完了したか否かを判定することができます．また，同一ページへの書き込みをまとめて処理できる点も同じです．

フラッシュ・メモリとの大きな違いは，

(1) 書き込み動作は単純にライトすればよい

(2) ライト・プロテクション機能が特別な電圧制御なしに利用可能

という2点でしょう．

フラッシュ・メモリの場合，書き込みは任意アドレスに対してできるとはいうものの，書き込みを行うためには複数回のコマンド・シーケンスを発行しなくてはなりませんでした．これに対して，EEPROMはプロテクションがかかっていなければ任意のアドレスに対して単純にライト動作を行えば，そのアドレスに対する書き込み動作となります．

ただ，このように簡単に書き込みが行えるということは，逆にいえば何らかの電気的な

〈図3-25〉(17)
M28010のピン配置

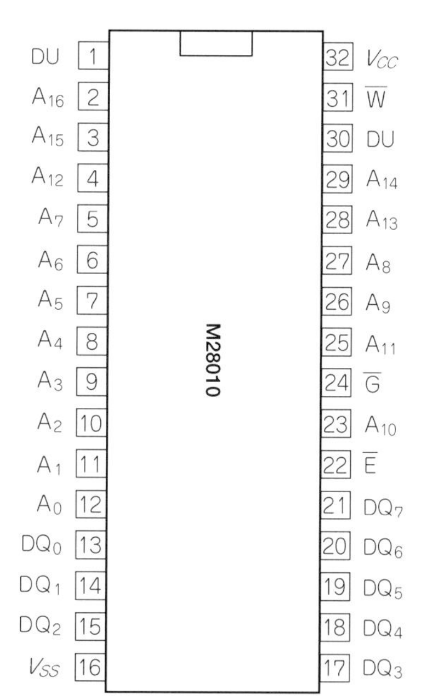

異常で誤って書き換えられてしまう危険性もあるということになります．このためEEPROMではライト・プロテクション機能をもたせて，不用意な書き換えを防ぐことができるようにしています．

● M28010の信号

M28010の動作について見ていくまえに，各信号について簡単に説明しておきましょう．

▶ A_0～A_{16}（Address Input）

アドレス・バスです．書き込み/読み出しを行うアドレスをこれらのピンで指定します．

▶ DQ_0～DQ_7（Data Input/Output）

双方向データ・バスです．データ・リード時は$\overline{E}$と$\overline{G}$がともにアサートされるとこれらのピンにデータが出力され，ライト時にはあらかじめこれらにデータをセットした状態で$\overline{E}$と$\overline{W}$をともにアサートするとデータがメモリにラッチされます．

▶ $\overline{E}$（Chip Enable）

チップ・セレクト信号です．このピンがアサートされていないときは，$\overline{W}$や$\overline{G}$などは無視されます．

▶ $\overline{W}$（Write Enable）

データの書き込みやホストがコマンドを与えるときに，$\overline{E}$信号とともにアサートします．$\overline{E}$と$\overline{W}$がともにアサートされたあと，どちらかがネゲートされたときにデータが内部に取り込まれます．

▶ $\overline{G}$（Output Enable）

データ出力イネーブル・ピンで，メモリ・リードやライト後のステータス・リード時に$\overline{E}$とともにアサートします．

● 基本的なアクセス動作

M28010の基本的なアクセスはフラッシュ・メモリとまったく同じで，デバイスへのリード・オペレーション，およびライト・オペレーションの2種類しかありません．イレーズやプロテクションなどは，ライト・オペレーションで一連のコマンド・シーケンスを発行することで行います．

▶ リード・オペレーション

EEPROMのリード動作は**図3-26**のようになります．注意事項はフラッシュ・メモリとほとんど同じですので，そちらを参考にしてください．アドレスを与え，$\overline{E}$と$\overline{G}$をアサートして一定時間待つとデータが出てくるので，ホストはこれを引き取り，$\overline{E}$，$\overline{G}$をネゲートしてアクセス・サイクルを完了させます．

シリアルEEPROMのように，クロックに同期して動いているわけではないので，データシートのアクセス時間などを参考にして，データが確実に制定されたと思われる時間だけ経過してからホストのデータ・リードが行われるように設計しなくてはなりません．ISAバスのように低速なバスならばあまり気にしなくてもよいのですが，最近のプロセッサのように外部バス動作が速いと外部でCPUにウェイトをかける回路を付けるなどして，タイミングを調整する必要があります．

▶ ライト・オペレーション

EEPROMのライト動作もフラッシュ・メモリと同様に，$\overline{\mathrm{W}}$信号制御で行う方法($\overline{\mathrm{W}}$コントロールド・ライト)と$\overline{\mathrm{E}}$の制御で行う方法($\overline{\mathrm{E}}$コントロールド・ライト)の2通りがあります．それぞれの動作を簡単に示したのが**図3-27**と**図3-28**です．

いずれの場合も，$\overline{\mathrm{E}}$，$\overline{\mathrm{W}}$のうち遅くアサートされた側の立ち下がりエッジでアドレスが取り込まれ，どちらか早いほうのネゲートの立ち上がりエッジでデータが取り込まれます．

● EEPROMの書き込み動作とコマンド

EEPROMの書き込み動作は，基本的にはフラッシュ・メモリのような特殊なシーケンスを踏むこともなく行われるので，ライト・オペレーションを行ったあと，一定時間がたてばメモリ・セルの内容が書き込んだデータで更新されます．簡単に使うならこのことだけ知っておけば充分でしょう．

ただ，書き換え時間がそれなりにかかることやプロテクションなどの機能の実現のために，現在のEEPROMでは少々細工が施されています．次にこれらを含めて見ていくことにしましょう．

▶ ページ・ライト

シリアルEEPROMと同様に，M28010も同一ページ内のデータを一度に書き換えるこ

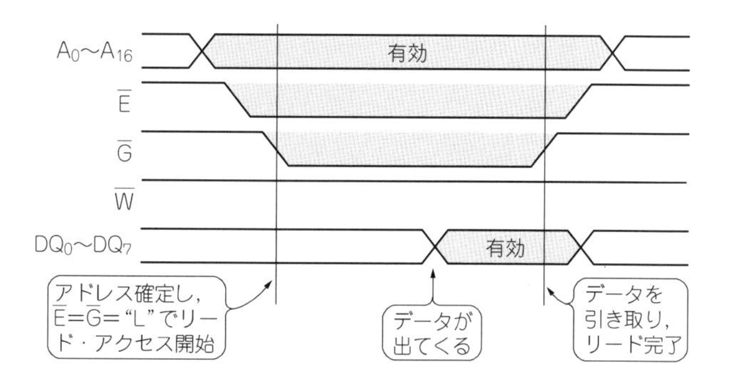

〈図3-26〉
EEPROMのリード動作

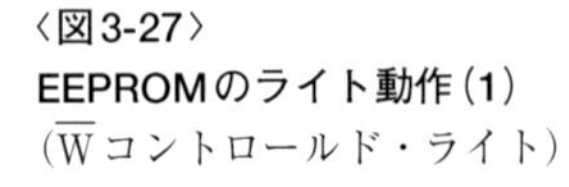
〈図3-27〉
EEPROMのライト動作(1)
($\overline{W}$コントロールド・ライト)

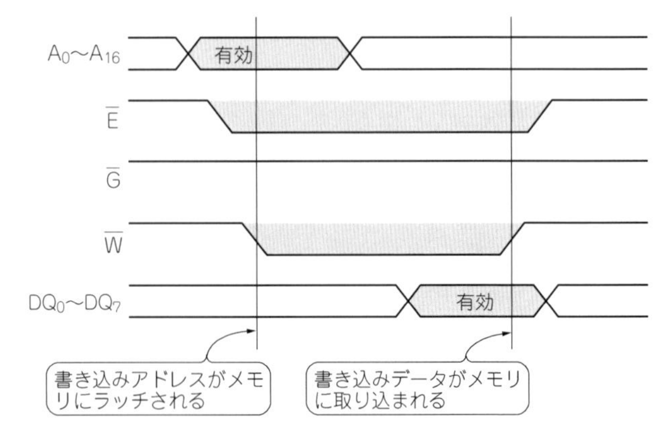

〈図3-28〉
EEPROMのライト動作(2)
($\overline{E}$コントロールド・ライト)

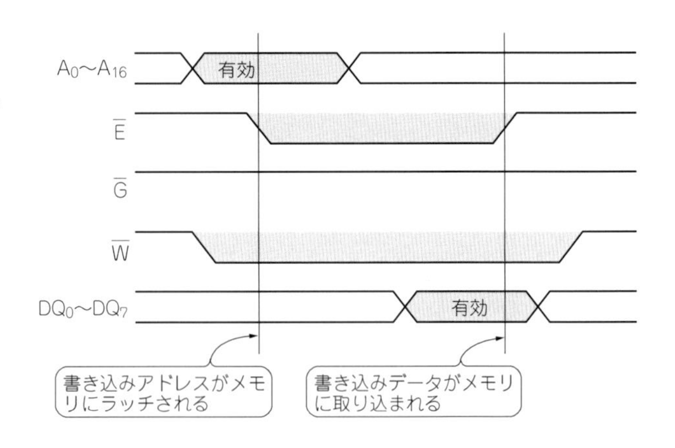

とができるようになっています．1ページのサイズはM28010の場合は128バイトなので，A_7よりも上のアドレスが変化しない範囲ならば一度に変更できることになります．ページ・ライトの動作を**図3-29**に示します．

ページ・ライトの最終書き込みの完了をEEPROMに明示的に与えることはありません．EEPROM側では，ホストからの書き込み動作のタイムアウトを監視しており，一定期間以内にライト動作が行われなくなると内部のセルの書き換え動作を開始してよいものと判断して書き換え動作をスタートさせます．この時間はデータシートではt_{WLQ5H}というシンボルで表されていて，最小150 μsとなっています．図にあるとおり，このときステータス・レジスタを読んでいると書き換えタイムアウトまではDQ_5が“0”で読み出さ

〈図3-29〉
EEPROMのページ・ライト動作

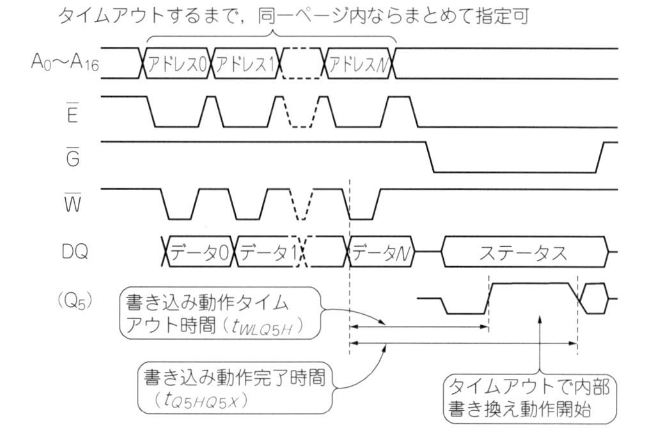

れますが，内部の書き換え動作が始まるとDQ_5が“1”に変化します．最後の書き込み動作から，この完了時点までは同じくデータシートではt_{Q5HQ5X}と記されていて，単一ライトなら5 ms，ページ・ライトで10 msが最大値とされています．

このタイムアウト監視機構があることと，同一ページ内の書き換えだけが有効であるという点が，あとで説明するような各種コマンドがデータ書き込み動作と勘違いされずにすむ仕掛けとしても働いています．

▶ ソフトウェア・データ・プロテクション

(1) プロテクション・イネーブル

先に説明したように，パラレルEEPROMの書き換え動作は非常に単純なため，何らかの異常で予期しない書き換えが発生しないように書き込み動作をプロテクトする機能があります．これをソフトウェア・データ・プロテクション機構と呼んでいます．

プロテクションをイネーブルするには，次のような書き込みシーケンスを連続して行います．

① 5555h番地にAAhを書き込む

② 2AAAh番地に55hを書き込む

③ 5555h番地にA0hを書き込む

このコマンド・シーケンスをゆっくりやっていると通常のデータ・ライトと勘違いされてしまうのですが，t_{WLQ5H}(15 μs)以内に連続して書き込むと，単一ライトとは認識されません．また，5555hと2AAAhは同一ページではないのでページ・ライトにもならず，コマンドとして認識されることになります．これを示したのが**図3-30**です．

実はこのコマンドを受け取ると，EEPROMはいったんプロテクション・ディセーブル状態になります．プロテクションをイネーブルするコマンドなのにプロテクションが解除されるというのも奇妙なようですが，これは

　プロテクション解除→書き換え→再プロテクション

という動作を，まとめてやらせてしまうことができるようにするための仕掛けと思えばよいでしょう．つまり，プロテクション・イネーブル・コマンドを発行してから必要なデータを書き換えて放置するだけで，自動的に書き換えと再プロテクションが行われるため，たとえば書き換えの途中でなんらかの障害が発生したとしても，メモリがプロテクション解除のままになる恐れがないわけです．

最後のライト動作が完了してからt_{WLQ5H}だけ経過するとデータ・プロテクションがイネーブルとなり，以後再びプロテクションがディセーブルされるまで書き込みやイレーズ

〈図3-30〉(17)
データ・プロテクション動作

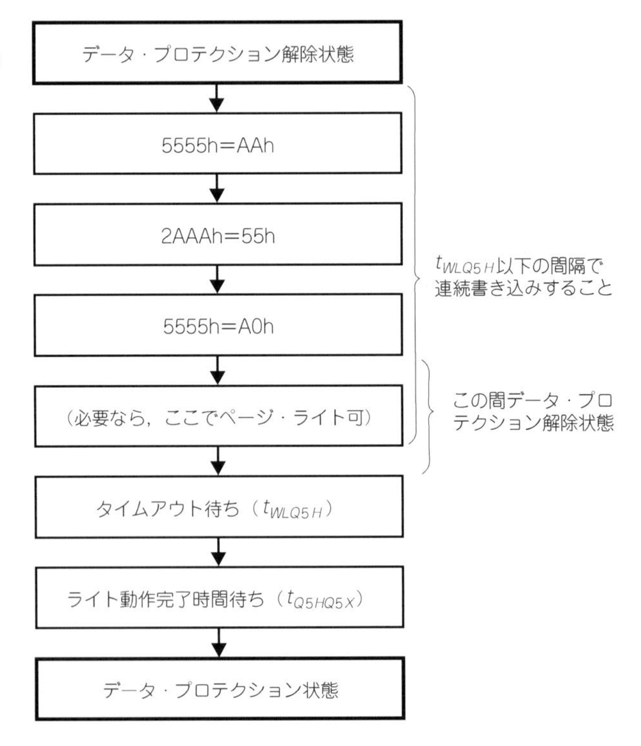

動作は行えなくなります．この流れを図示したのが**図3-31**です．

(2) プロテクション・ディセーブル

プロテクション状態になっているEEPROMのプロテクションを解除するためには，以下のようなコマンド・シーケンスを発行します．これもプロテクション・イネーブル時と同様に間をあけずに連続して書き込みを行うことで，単一ライトと勘違いされないようにしなくてはなりません．

① 5555h番地にAAhを書き込む
② 2AAAh番地に55hを書き込む
③ 5555h番地に80hを書き込む
④ 5555h番地にAAhを書き込む
⑤ 2AAAh番地に55hを書き込む
⑥ 5555h番地に20hを書き込む

〈図3-31〉(17)
データ・プロテクション付き書き込み動作

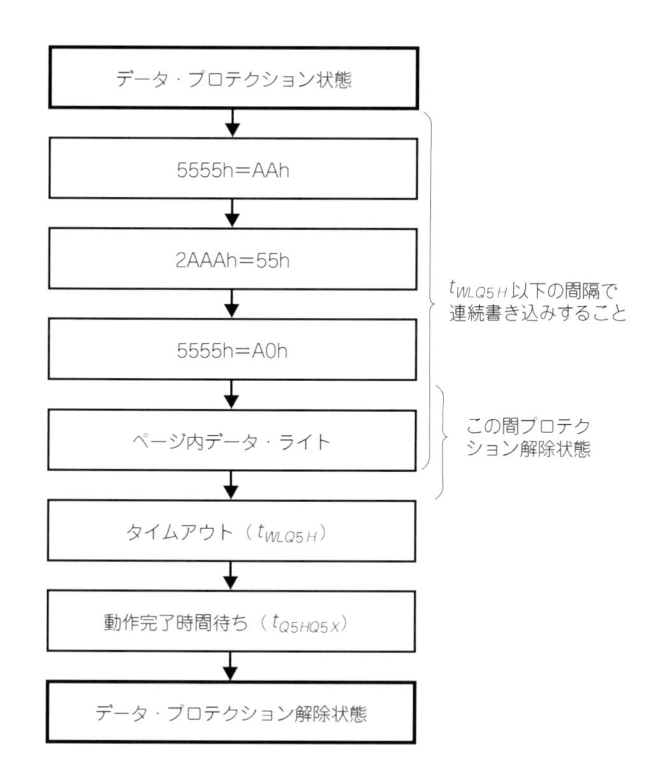

このあと，t_{WLQ5H}ぶんの時間だけ待つと完全にプロテクション・ディセーブル状態になるのですが，実はプロテクション・イネーブルのときと同様に，このあともプロテクションが解除された状態になっているので，プロテクション・ディセーブルの完了をまたずにデータを書き込むことも可能です．

プロテクション・ディセーブル・コマンドのフローを図3-32に示します．

〈図3-32〉(17)
データ・プロテクション解除動作

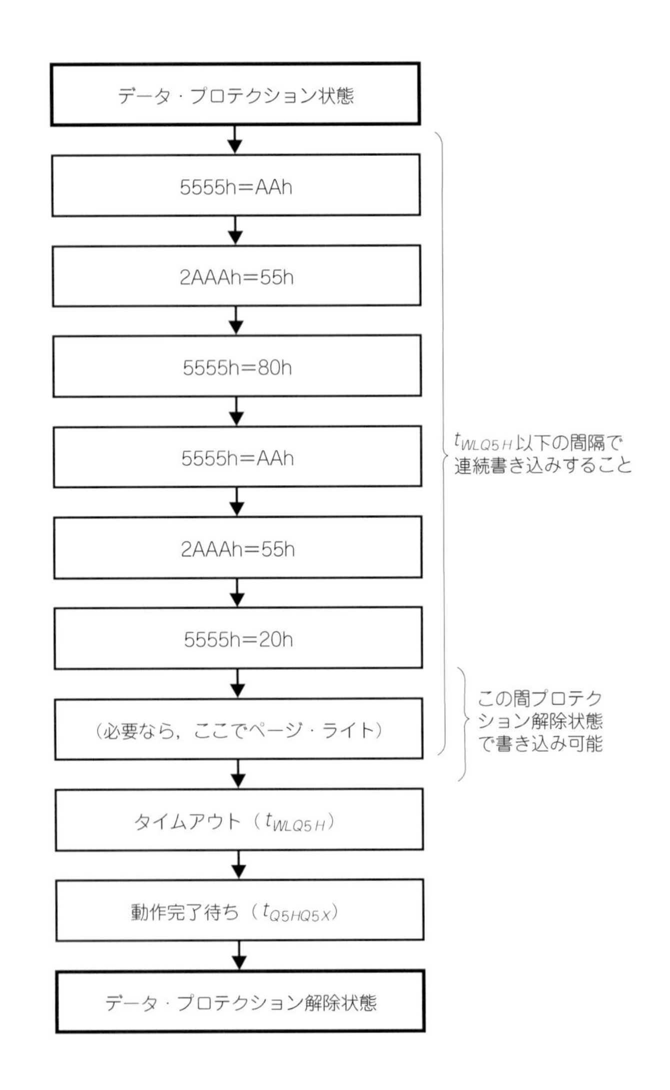

▶ チップ・イレーズ

EEPROMは1番地ごと，あるいはページ単位で書き換えを行うことができますが，M28010ではさらにチップ全体をまとめて消去する（FFhにする）機能をもたせています．この動作は，**図3-33**にも示したとおり，以下のようなコマンド・シーケンスで行われます．

① 5555h番地にAAhを書き込む
② 2AAAh番地に55hを書き込む
③ 5555h番地に80hを書き込む

〈図3-33〉(17)
チップ・イレーズ動作

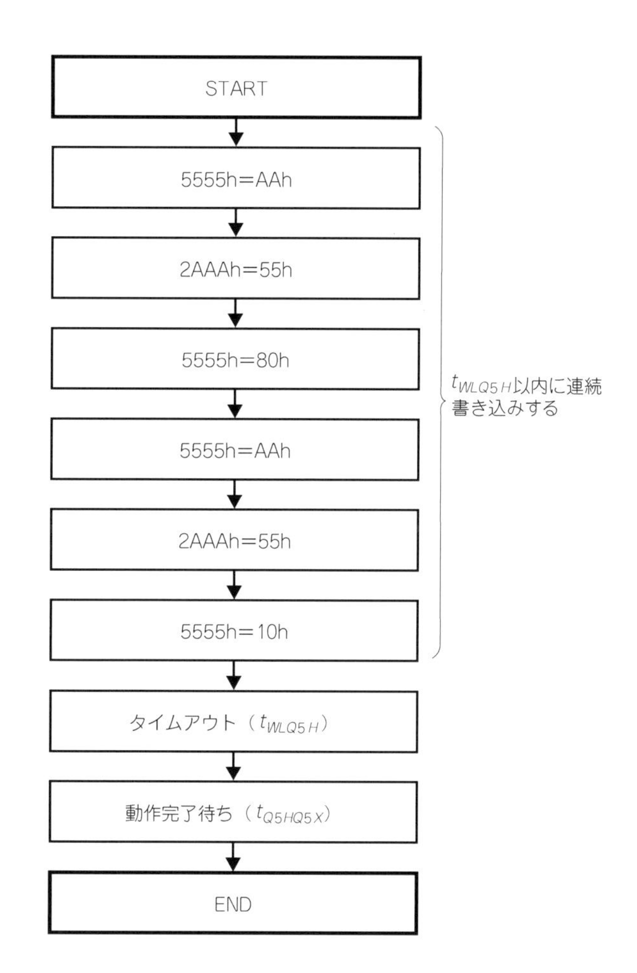

④ 5555h番地にAAhを書き込む

⑤ 2AAAh番地に55hを書き込む

⑥ 5555h番地に10hを書き込む

このあと，t_{WLQ5H}時間だけ待つと内部でのイレーズ動作が開始され，さらにt_{Q5HQ5X}の時間だけ待つとチップ全体の消去が完了します．

▶ ソフトウェア・プロテクション・ステータス・リード

現在，デバイスがソフトウェア・プロテクション状態にあるかどうかを読み出すためのコマンドです．やはり連続書き込みでコマンドを発行します．コマンド・シーケンスは次のようになっています．

① 5555h番地にAAhを書き込む

② 2AAAh番地に55hを書き込む

③ 5555h番地に20hを書き込む

このあと，EEPROMをリード(アドレスは任意で可)すると，DQ_0にデータ・プロテクション状態が示されます．“1”ならばプロテクション状態，“0”ならばプロテクションは解除されています．

読み終わったら，ダミーのライトを行います(アドレス，データとも任意)このライト動作は単にソフトウェア・プロテクション・ステータス・リード・コマンドの完了を示すだけのものなので，実際のメモリ・セルには何も書き込まれません．フロー図にすると**図3-34**のようになります．

● ステータス・レジスタ

フラッシュ・メモリと同様，EEPROMでもチップへの書き込み動作が開始されると，メモリ・セルは外部バスとは切り離され，この間のリード・オペレーションに対してはステータスを返すようになります．M28010のステータス・レジスタは**図3-35**のようになっています．次にこれらのビットについて説明しておきましょう．

▶ ビット7：DP（Data Polling）

フラッシュ・メモリと同様に，内部の書き込み動作が完了するまでの間，最後に書き込んだデータのビット7が反転して読み出されます．書き込んだデータとリードしたデータが一致するかを見ていれば，書き換え完了を検出することができるることになります．

▶ ビット6：TB（Toggle Bit）

これもフラッシュ・メモリのToggleビットと同様，書き換え動作の完了を知るためのものです．ビット7は書き込みデータが反転して読めるというものでしたが，こちらは書

〈図3-34〉(17)
ソフトウェア・プロテクション・ステータス読み出し

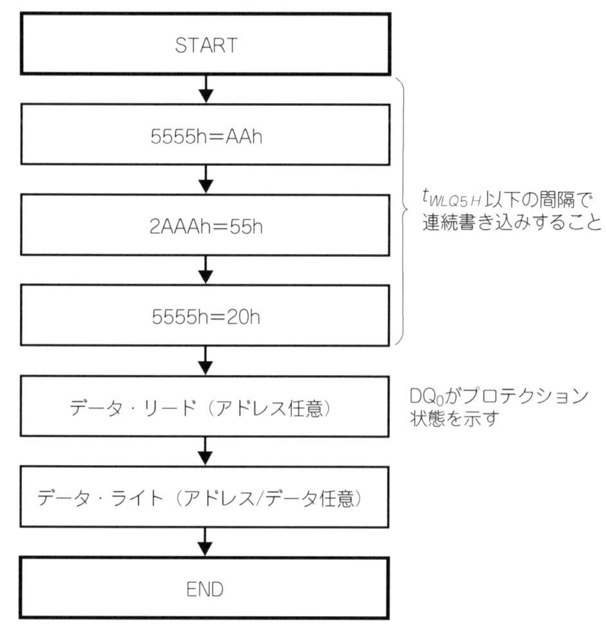

〈図3-35〉(17)
M28010のステータス・レジスタ

DQ_7	DQ_6	DQ_5	DQ_4	DQ_3	DQ_2	DQ_1	DQ_0
DP	TB	PLTS	X	X	X	PWA	SDP

DP　：データ・ポーリング（書き換え動作中は書き込みデータの反転）
TB　：トグル・ビット（書き換え動作中，読み出すたびに反転）
PLTS：ページ・ロード・タイマ・ステータス
X　：未定義
PWA　：ページ・ライト動作中断
SDP　：ソフトウェア・データ・プロテクション・ステータス

き換え動作が完了するまでの間，リードを行うたびに反転した値が読み出されます．ライトやイレーズなどのコマンドが発行された直後のリードでは“0”が読み出され，以後“1”，“0”，“1”，“0”と，読むたびに反転するわけです．

書き換え動作が完了すれば通常のリード・サイクルになるので，データは反転しなくなります．これによって書き換え動作の完了が検出できるというわけです．

▶ ビット5：PLTS（Page Load Timer Status）

EEPROMの場合，同一ページに対する書き込みが連続して行えることは先に述べました．このページ書き込みは，ライトが行われてから次のライトまでの間を一定時間

(t_{WLQ5H})以上あけないようにすることで行われます．チップのほうでは，この時間を監視するタイマをもっていて，タイムアウトになるとメモリ・セルの書き換え動作が開始されます．

このタイマのステータスを示すのがPLTSビットです．タイムアウトするまでは“0”が読み出され，タイムアウトして，内部動作が開始されると“1”になります．

▶ ビット1：PWA（Page Write Abort）

ページ・ライトのときに書き込みが行えるのは同一ページにかぎられます．M28010の場合には1ページのサイズは128バイトなので，A_7～A_{16}は変化してはなりません．もしページ・ライトの最中にA_7～A_{16}の値が異なる番地へのライトが行われると，ページ・ライト動作はすべてキャンセルされ，書き換え動作は行われません．

このとき，EEPROM側ではt_{WLQ5H}の期間，あるいは$\overline{\mathrm{W}}$が“H”の状態のまま2リード・サイクルの間，ステータスが読み出されるようにしたうえで，このビットを“1”にしてホストに対してページ・ライト動作がエラーになったことを通知します．

▶ ビット0：SDP（Software Data Protection）

ソフトウェア・データ・プロテクション機構により，プロテクションが行われているか否かを示すものです．“1”になっていればプロテクション状態，“0”ならばプロテクションは解除された状態です．

第4章

SRAMの構造と使い方

SRAMはStatic Random Access Memoryの略です．SRAMのファミリには，通常のパラレル・バスのSRAMのほか，デュアル・ポートSRAMやFIFOメモリ，CPUのキャッシュ・メモリなどによく使われるシンクロナス・パイプライン・バーストSRAMなど，いくつもの種類がありますが，いずれもメモリ・セルの基本的な構造自体は同じで，周辺のインターフェース部分にいろいろと細工をしています．

SRAMの記憶セルは，フラッシュ・メモリやダイナミックRAMのような特殊な構造で記憶を行うのではなく，トランジスタで組んだ回路の動作状態で記憶を行います．回路はいろいろと考えられますが，一般に「フリップフロップ」と呼ばれる2値状態をとる回路で1ビットの記憶を行うのが普通です．

フリップフロップの状態で記憶を行っているということからわかるとおり，電源を切ると記憶内容は失われます．また，DRAMやフラッシュ・メモリなどが1ビットの記憶を行うのにトランジスタを一つしか使わないのに比べると，どうしてもセルのサイズが大きくなるので記憶容量の面では不利になります．そのかわり，通電されている状態ではDRAMのリフレッシュ動作のような記憶保持動作は不要ですし，フラッシュ・メモリやEEPROMのようなデータの書き換え寿命もなく，特殊な高電圧も不要で，しかも書き換え時間が速いという特徴があります．

また，非動作時の消費電力は極めて小さくすることが可能なので，バッテリ・バックアップが簡単に行えるというのも大きな特徴です．

ここでは，SRAMの基本的な構造について触れたあと，SRAMとそのファミリの概略について説明します．また，SRAMの低消費電力という特徴を利用するという観点から，バッテリ・バックアップ付きのSRAMボードを製作してみました．

4.1 SRAMのセル構造

SRAMは回路自体の状態で記憶を行います．回路としてはいろいろなものが考えられますが，基本的に「フリップフロップ」と呼ばれる回路を構成します．ここでは，メモリ・セル構造として一般的によく知られているものについて説明することにします．

● RSフリップフロップ

少し論理回路の知識がある人ならすぐ思いつくのはRSフリップフロップでしょう．**図4-1**のように，NORゲートをたすきがけして配線するとRSフリップフロップとなります．簡単な動作例を**図4-2**に示します．通常はR(Reset)，S(Set)とも“L”にしておきます．

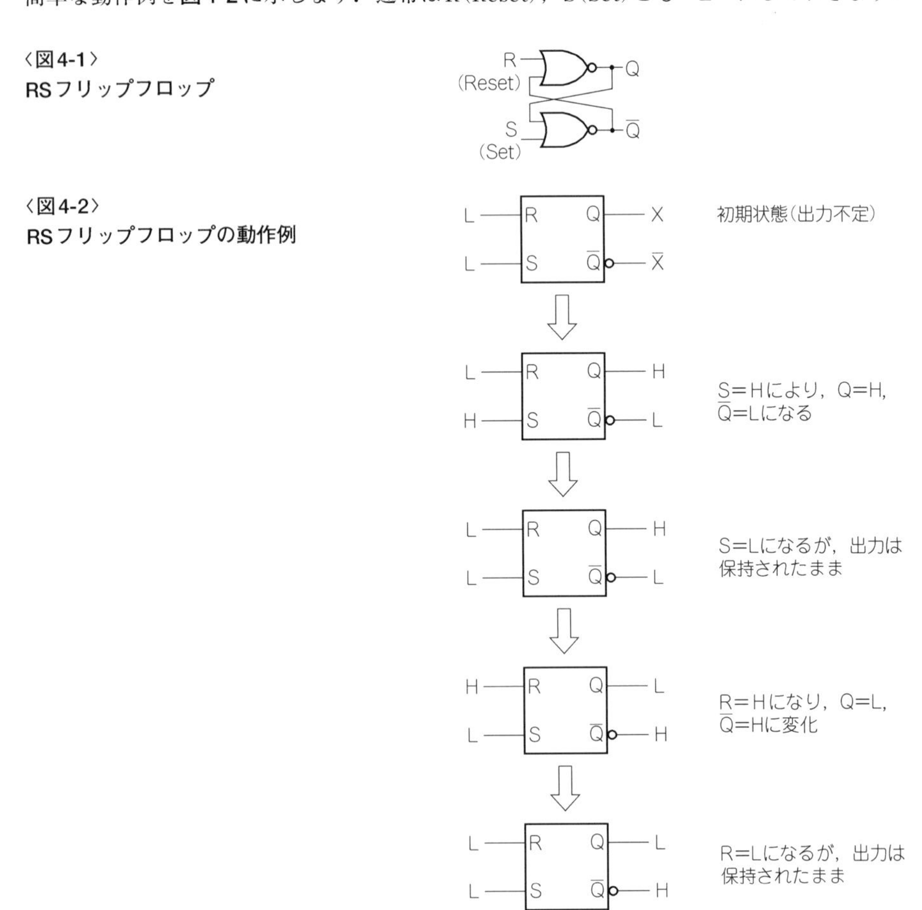

〈図4-1〉
RSフリップフロップ

〈図4-2〉
RSフリップフロップの動作例

Qや$\overline{Q}$の初期状態は不明ですが，ここでSを“H”にするとQが“H”，$\overline{Q}$が“L”になります．

この状態でSを“L”に戻しても，Qや$\overline{Q}$の状態は変化しません．Qが“H”なので，下側のNORゲートの出力($\overline{Q}$)は“L”，それが上のNORゲートに行くのですが，R入力も“L”なので，出力(Q)も“H”を保持…という具合になるわけです．

ここで，Sを“L”のまま，Rを“H”にすると，今度はQが“L”になり，下のNORゲートの出力が“H”になる…という具合に動作して，今度は反転状態で安定します．Rを“L”に戻してもこの状態が保持されるわけです．

これをそのまま多数集めればメモリとすることができるわけですが，この回路ではトランジスタの数が多くなりすぎるので，現実にはほとんど利用されていません．NORゲートをトランジスタ・レベルで書いたのが**図4-3**ですが，NORゲート1個あたり，4個のトランジスタが必要になります．つまりRSフリップフロップを構成するのには8個のトランジスタが必要となってしまうわけで，現実には次に示すような4トランジスタ型，あるいは6トランジスタ型のセルが利用されています．

● 4トランジスタ・セル

4トランジスタ型のSRAMメモリ・セルの回路構成を**図4-4**に示します．2個のトランジスタのたすきがけによる保持回路と，アクセス用のトランジスタを設けたものです．トランジスタに抵抗負荷を付けた格好なので，高抵抗負荷型と呼ばれることもあります．

Q_1とQ_2のインバータをそれぞれ相手のゲートとクロス配線することで，フリップフロップを構成しています．これが実際のデータ記憶を担っている回路で，Q_3とQ_4はデータ読み出し用のトランジスタ・スイッチです．ワード線で選択されると，データ線にフリッ

〈図4-3〉
NORゲート

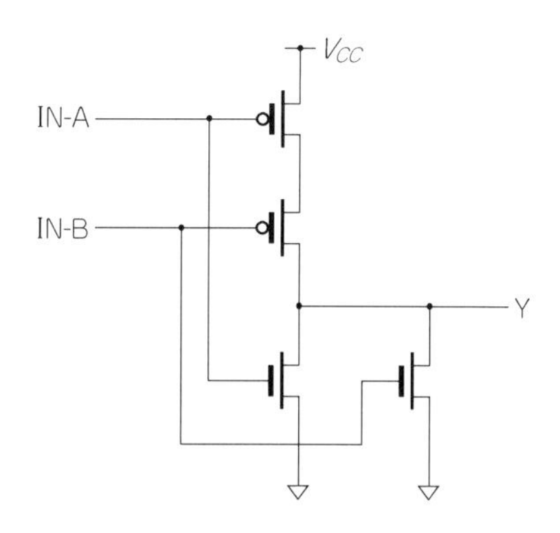

プフロップの状態が現れるという仕組みでデータ・リードを行います．

● 6トランジスタ・セル

4トランジスタ型は集積度の点では有利なのですが，消費電力や低電圧駆動という点では難があります．これを解決するため，4トランジスタ型の抵抗の部分をPチャネルMOSFETで置き換えたのが6トランジスタ型のセルです．

6トランジスタ型セルの回路構造を**図4-5**に示します．4トランジスタ型よりもセルは大きくなるのですが，図のQ_1とQ_5，およびQ_2とQ_6がそれぞれCMOS構造になるため，リーク電流も小さくなり，スタンバイ電流を小さく抑えることができるようになります．

〈図4-4〉
4トランジスタ型SRAMメモリ・セル

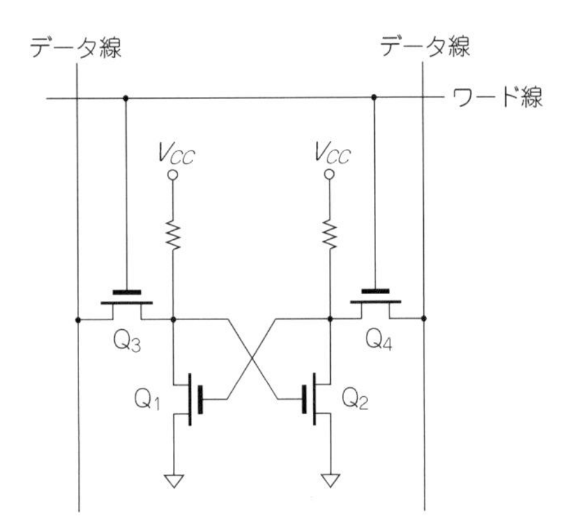

〈図4-5〉
6トランジスタ型SRAMメモリ・セル

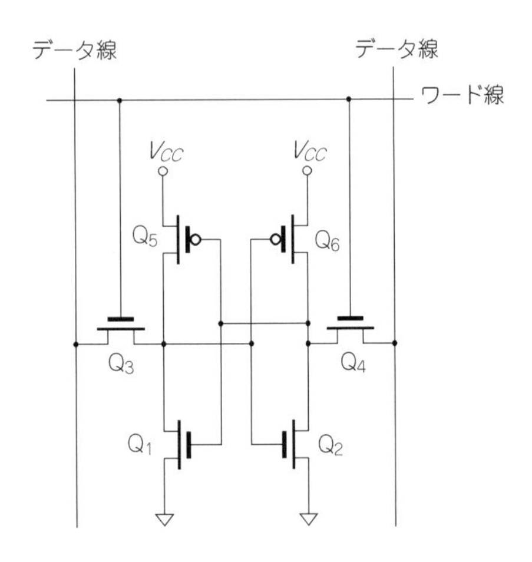

4.2 SRAMの種別

SRAMにはいろいろなバリエーションがありますが，その種別は周辺インターフェース部分の工夫にあるといってよいでしょう．SRAMセルを利用したデバイスのうち，おもなものを挙げると次のようなものがあげられます．

● 非同期SRAM

もっとも一般的な，アドレス・バス，データ・バスを備えたSRAMです．典型的なものを**図4-6**に示します．用途に応じて低消費電力/大容量化を図っているものと，ランダム・アクセスの速度を重視したものに2極分化しているといってよいでしょう．

前者はバッテリ・バックアップして各種設定情報などの記録用としたり，組み込み用マイコン・システムのメイン・メモリなどとして利用されています．

後者の利用方法の典型的なものは，パソコンのマザー・ボードでよく使われたキャッシュ・メモリ用のタグRAMでしょう．

● シンクロナス(同期)SRAM

シンクロナスSRAMはクロック同期で動くという意味ですが，一般的に使われているのはキャッシュ・メモリのデータRAMとして使われているシンクロナス・パイプライン・バーストSRAMと呼ばれるものでしょう．このほかにシンクロナス・バースト(フォロー・スルー)SRAMというものもあります．シンクロナスSRAMの信号例を**図4-7**に示します．

いずれの場合にも，動作はクロック同期で行われます．「バースト」と呼ばれるのは，連続した領域(通常は4回アクセスぶん)をアドレスを与え直すことなく連続してリード/ライトできるというところからきたものです．4回というのは，一般的なプロセッサのバースト転送サイクルにあわせたものです．

● デュアル・ポートSRAM

通常のメモリ・デバイスはシングル・ポート，つまりデータを入出力するのは一ヶ所だ

〈図4-6〉
非同期SRAMの入出力信号例

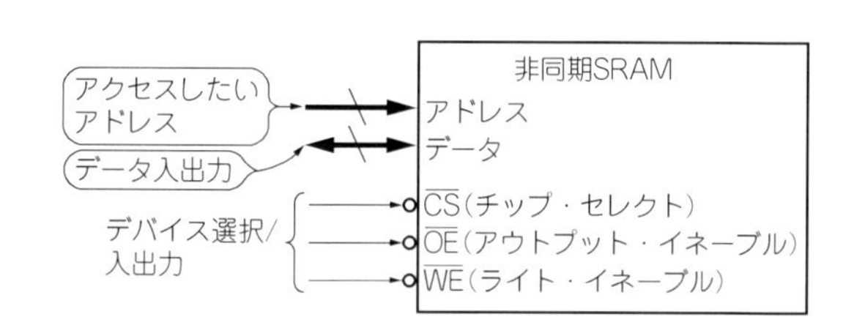

〈図4-7〉
シンクロナスSRAMの信号例

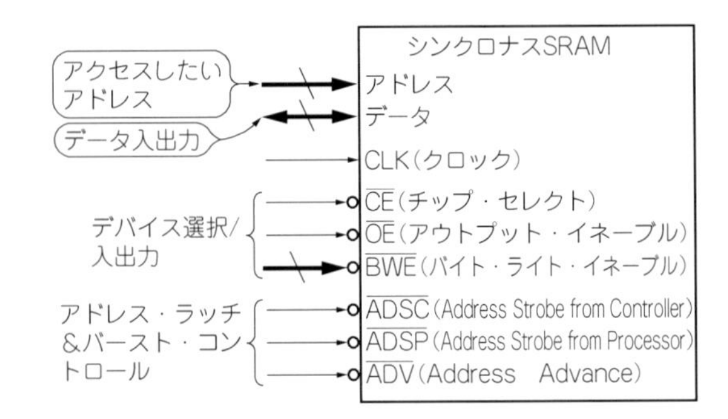

けですが，これを二つ設けたのがデュアル・ポートSRAMです．発展系として4ポートもったクオッド・ポートSRAMというものもあるのですが，デュアル・ポートSRAMほど一般的ではありません．**図4-8**にデュアルポートSRAMの信号例を示します．

デュアル・ポートSRAMがよく利用されるのは，CPUや周辺コントローラなど，直接メモリをアクセスしたり，バッファ領域をランダムにアクセスする必要があるようなデバイス同士の通信が必要となるような場面です．

複数のCPUが処理を分散して行っているような場合，CPU同士でデータの受け渡しをするために同じメモリ領域を共有して使うことがよくありますが，こうした機構をシングル・ポートのSRAMを使用して実現すると，**図4-9**のようなものとなります．両方のCPUの間に調停回路(アービタ)を設けて，アクセス要求があったときにどちらか一方とメモリの間のゲートを開いてアクセスさせるという方法をとります．両方同時にアクセスにきたときには一方のアクセスが終わるまでもう一方が待たされるわけですし，調停回路やバス・バッファなどが必要となることや，アクセスが衝突してウェイトがかかる可能性が高いなど，あまり扱いやすいものとはいえません．

このような目的に向けて作られたのがデュアル・ポート・メモリです．デュアル・ポート・メモリはアドレス・バスやデータ・バス，コントロール信号などを2セットもっており，どちらからも自由にアクセス可能です．シングル・ポート・メモリ＋アービタと違うのは，同じデバイスへのアクセスであっても，同一アドレスへのアクセスでないかぎり，ウェイトがかからないということです．つまり，同じメモリ・デバイスへのアクセスであっても別のアドレスであればウェイトがかかることはなく，任意タイミングでアクセスできるのです．また，デュアル・ポート・メモリでは付加回路として，相互に相手に割り込みを発生させるための回路などを組み込んでいるものもあります．

〈図4-8〉デュアル・ポートSRAMの信号例

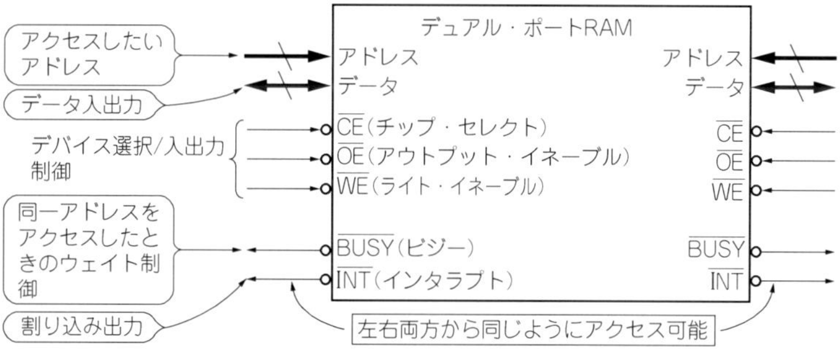

デュアル・ポートRAM
アクセスしたいアドレス
データ入出力
デバイス選択/入出力制御
同一アドレスをアクセスしたときのウェイト制御
割り込み出力
アドレス
データ
$\overline{CE}$(チップ・セレクト)
$\overline{OE}$(アウトプット・イネーブル)
$\overline{WE}$(ライト・イネーブル)
$\overline{BUSY}$(ビジー)
$\overline{INT}$(インタラプト)
アドレス
データ
$\overline{CE}$
$\overline{OE}$
$\overline{WE}$
$\overline{BUSY}$
$\overline{INT}$
左右両方から同じようにアクセス可能

〈図4-9〉シングル・ポートSRAMを使った共有メモリ

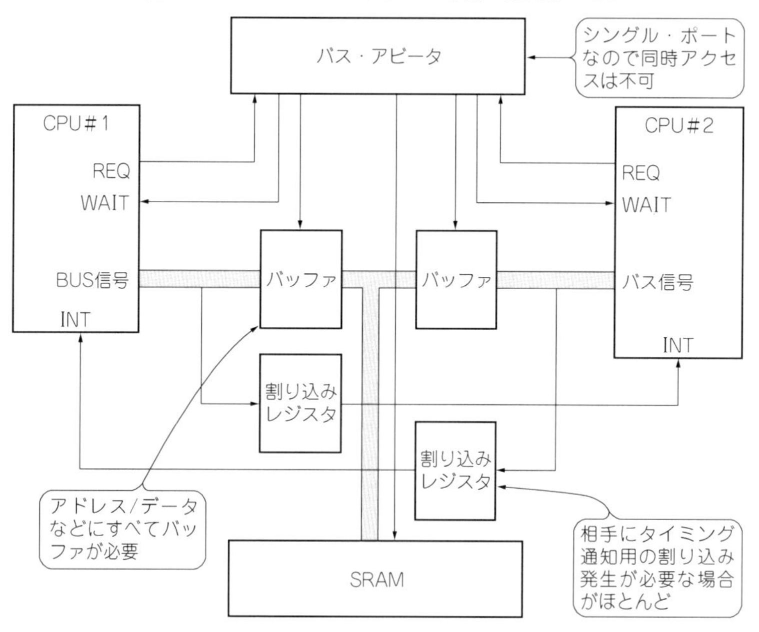

これにより，**図4-10**のように単純でしかもパフォーマンス的にも優れたものとなるわけです．詳しくは次章で解説します．

● FIFO

FIFOはFirst-In/First-Outの略です．書き込み専用ポートと読み出し専用ポートに分かれています．リード動作とライト動作は非同期に行うことができるようになっていて，書き込みポートに書いたデータは，書き込んだ順序で読み出し側のポートから読み出されます．伝送関係など，書き込み側と読み出し側の速度差を吸収する，一種の緩衝バッファのように使われることもあります．PCのシリアル・ポートでも，FIFOバッファをもっているものが普通です(単品のFIFOメモリではなく，デバイス内部に取り込まれている)．

FIFOメモリの接続例を模式的に表したのが**図4-11**です．FIFOメモリにはアドレス・

〈図4-10〉デュアル・ポートRAMを使った接続

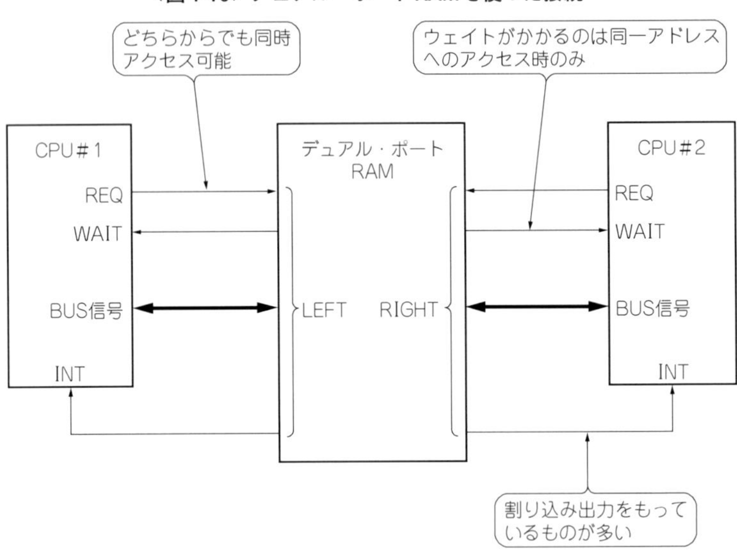

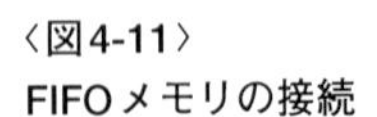
〈図4-11〉
FIFOメモリの接続

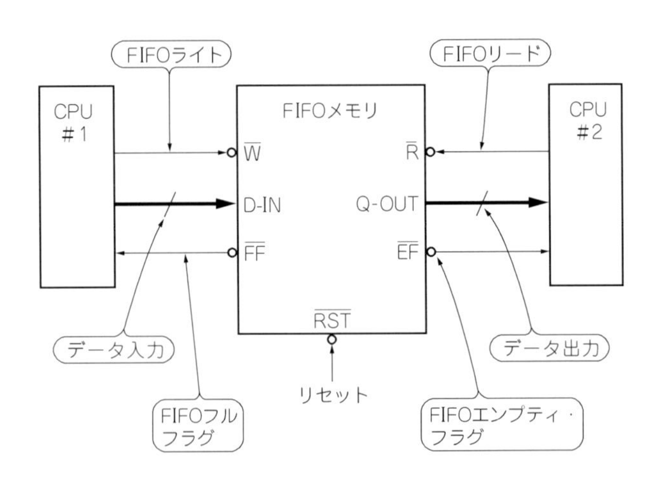

バスはなく，内部のバッファ状態(バッファ・フル，バッファ・エンプティなど)を表すステータス・ピンが付いていて，FIFOに接続された両者がこのステータスを使って動作制御を行います．また，電源投入時やリセット時，動作中に何らかの異常があったなどの理由によってFIFOを初期化(デーがない状態)するためのリセット・ピンが設けられているということも，FIFOメモリの特徴と言えるでしょう．詳しくは次章で解説します．

*　　　　　　　　*

次に各種のSRAMの実際のデバイスについてデータシートを見ていくことにしましょう．SRAMも非常に種類が多いので，ここではCypress社の製品のなかから選択してみました．

4.3 非同期SRAM

非同期SRAMとして，128 K × 8ビット構成の1 MビットSRAMである，CY62128をとりあげてみました．ピン配置は**図4-12**のようになっています．ごく標準的な配置なので，ほかのメーカでも相当品を多数見つけることができます．製作したSRAMボードでも手持ちのISSIのピン互換品を使用しました．

● 非同期SRAMの信号

非同期SRAMの各ピンの意味は次のようになっています．また，各制御入力と動作状

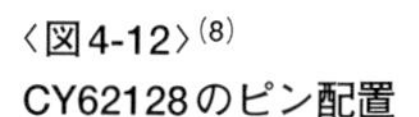

〈図4-12〉(8)
CY62128のピン配置

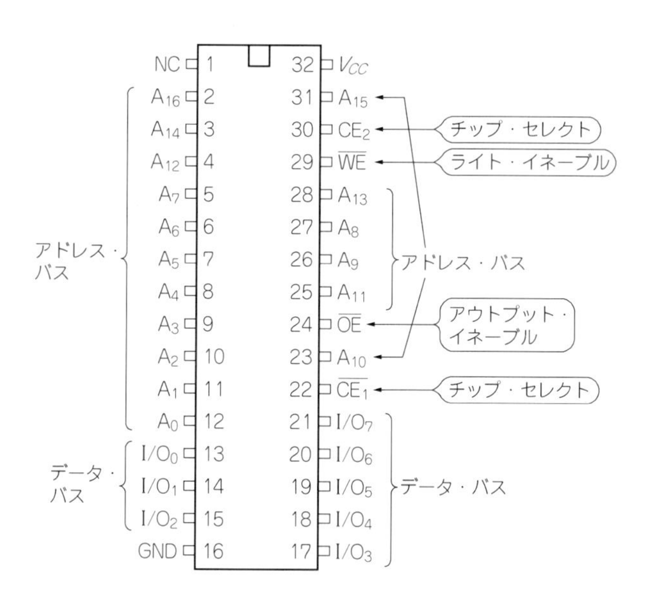

〈表4-1〉SRAMのコントロール入力と動作

$\overline{CE_1}$	CE_2	$\overline{OE}$	$\overline{WE}$	I/O_0～I/O_7	動作モード
"H"	"X"	"X"	"X"	ハイ・インピーダンス	パワーダウン状態
"X"	"L"	"X"	"X"	ハイ・インピーダンス	パワーダウン状態
"L"	"H"	"L"	"H"	データOUT	リード動作
"L"	"H"	"X"	"L"	データIN	ライト動作
"L"	"H"	"H"	"H"	ハイ・インピーダンス	選択状態（出力ディセーブル）

態の関係は**表4-1**のようになっています．

▶ A_0～A_{16}（アドレス）

アクセスしたいアドレスを指定します．今回対象にしたのは128 K × 8ビットという構成のものなので，アドレス線は17本あります．SRAMの場合は，とくにメモリ・ライタのようなもので書き込むわけでもなく，またアドレスについてもDRAMのリフレッシュ動作のようなものはありませんので，アドレスを入れ替えて，たとえばCPUのアドレスの最下位ビットをSRAMのA_{16}に入れるような使い方をしても問題はないのですが，A_0を最下位，A_{16}を最上位ビットとして使うのが普通です．

▶ I/O_0～I/O_7（データ）

データ入出力ピンです．双方向で使用されます．アドレスと同様，データもピンを入れ替えて使っても問題はないのですが，I/O_0を最下位，I/O_7を最上位として使用するのが普通です．

▶ $\overline{CE_1}$，CE_2（チップ・イネーブル）

デバイスの選択信号です．$\overline{CE_1}$とCE_2の二つがありますが，これはAND条件で選択となります．つまり，$\overline{CE_1}$が"L"で，かつCE_2が"H"のときだけデバイスが選択状態になるわけです．選択状態でないとき，ほかの入力ピンの状態はすべて無視されます．極性が違うチップ・イネーブル信号があるのは，扱いを便利にするためのものです．たとえば，バッテリ・バックアップなどを行うような場合，主電源自体が落ちるため，主電源に繋がった回路で"H"レベルを作ることはできませんが，"L"レベルを保持させることは単純なプルダウン抵抗などによって比較的簡単に実現できるというわけです．

ただ，CE_2ピンは同じピン配列で上位にあたる4 Mビット容量のCY62148ではアドレス・ピン(A_{18})として使用されてしまい，チップ・イネーブルは$\overline{CE_1}$だけになっています．

4.5節で紹介するSRAMボードではCE_2は"H"レベルに固定して，$\overline{CE_1}$だけで制御するような回路にしています．

また，SRAMを低消費電力のスタンバイ状態にする場合には，$\overline{\mathrm{CE}}_1$，CE_2の電圧レベルに気を付ける必要があります．TTLレベル入力(Hレベル：2.4 V，Lレベル：0.8 V)で使った場合には，CMOSレベルで使った場合よりもかなり消費電流が大きくなってしまいます．たとえば，CY62128-55の場合，CMOSレベルならtyp(typical)値で0.4 μAであるのに対し，TTLレベルの場合には25 mAと，まさに桁違いの大きさです．このため，通常バッテリ・バックアップなどを行う場合には，$\overline{\mathrm{CE}}_1$/CE_2はCMOSゲートでドライブするようにして，"H" レベルを確保するように設計します．

▶ $\overline{\mathrm{OE}}$（アウトプット・イネーブル）

SRAMのデータ出力バッファを開く信号です．リード時，チップ・セレクトした状態($\overline{\mathrm{CE}}_1$ = "L"，CE_2 = "H")でアドレスを制定させ，$\overline{\mathrm{OE}}$を "L" レベルにするとメモリの内容がI/Oピンに現れます．ただし，$\overline{\mathrm{WE}}$は "H" にしておかなくてはなりません．

▶ $\overline{\mathrm{WE}}$（ライト・イネーブル）

SRAMへの書き込み信号です．$\overline{\mathrm{WE}}$の立ち上がり時点で，データがメモリに書き込まれます．$\overline{\mathrm{WE}}$と$\overline{\mathrm{OE}}$の両方を "L" にした場合，$\overline{\mathrm{WE}}$が優先されます．つまり，$\overline{\mathrm{OE}}$を "L" にしてI/Oピンにデータを出力させたままの状態で，$\overline{\mathrm{WE}}$を "L" にするとI/Oピンは入力モードに切り替わるというわけです．

● 非同期SRAMの基本動作

非同期SRAMはその名のとおり，特定のクロック信号に同期して動くようなことはなく，入力信号の状態に対応して動作します．また，リード時に有効なデータが確定したことや，ライト時にデータを受け取ったということを示す信号はないので，メーカのデータシートを入手して，「有効なデータが出ているはず」「データが受け取れるはず」という条件を，タイミング図から読み取りながら設計する必要があります．

▶ リード動作：$\overline{\mathrm{OE}}$コントロールド・リード

非同期SRAMの基本リード動作を**図4-13**に示します．アドレスを制定させて，CE_2 = $\overline{\mathrm{WE}}$ = "H"，$\overline{\mathrm{CE}}_1$ = $\overline{\mathrm{OE}}$ = "L" としておくとI/Oピンにデータが出てきます．この状態のままアドレスを変化させると，新しいアドレスのデータが出てきます．また，$\overline{\mathrm{CE}}_1$，CE_2，$\overline{\mathrm{WE}}$，$\overline{\mathrm{OE}}$がリード状態の条件を満たさなくなると，SRAMはI/Oピンのドライブをやめ，ハイ・インピーダンスになります．

リードのときには$\overline{\mathrm{CE}}_1$，CE_2，$\overline{\mathrm{WE}}$，$\overline{\mathrm{OE}}$などをリード状態のままにして，アドレスを変化させる（つまり，アクセス状態のままアドレスだけを変えて違うアドレスのデータを読む)ようなことも容認されています．ただし，高速SRAMの一部にはデバイスが選択状態になっている(CEがアサートされている)状態でアドレス変化をさせると誤動作するようなものもありましたので，このような使い方が許されるか否かは事前の確認が必要です．

▶ ライト動作1：$\overline{WE}$コントロールド・ライト

非同期SRAMの基本ライト動作を**図4-14**に示します．アドレスを制定させて，CE_2＝“H”，$\overline{CE_1}$＝“L”とするとデバイスが選択状態になります．$\overline{OE}$がアサート(Lレベル)されたままであれば，ここでいったんデータが出てきますが，$\overline{WE}$のほうが優先されるので，$\overline{WE}$がアサートされるとI/Oピンはハイ・インピーダンス状態になります．書き込みを行うアドレスは，必ず$\overline{WE}$の立ち下がりよりもまえに確定していなくてはなりません．データの書き込み動作は$\overline{WE}$の立ち上がりエッジで行われます．

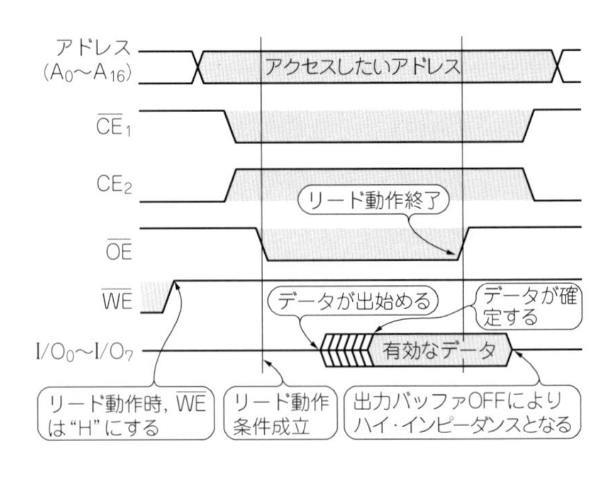

〈図4-13〉
非同期SRAMのリード動作

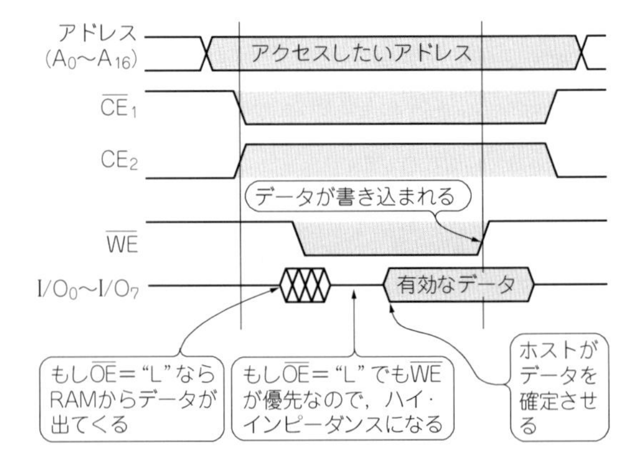

〈図4-14〉
非同期SRAMのライト動作(1)
($\overline{WE}$コントロールド・ライト)

$\overline{OE}$をアサートしたままにするとデータが出てくるというのは，先にリード動作を行い，読み出されたデータを加工して同じアドレスに書き込むような動作（リード・モディファイ・ライト）を行う場合に便利な動作です．

▶ ライト動作2：CEコントロールド・ライト

CEコントロールド・ライトの動作を**図4-15**に示します．$\overline{WE}$をあらかじめアサートした状態で$\overline{CE_1}$，CE_2を利用してデータを書き込みます．$\overline{WE}$が先にアサートされるので，デバイスが選択状態になるのと同時にライト状態になります．

● タイミングの解析

CY62128のデータシートのタイミング図のうち，$\overline{OE}$コントロールド・リード動作を**図4-16**に，またCEコントロールド・ライト動作を**図4-17**，$\overline{WE}$コントロールド・ライト動作を**図4-18**に示します．それぞれのタイミング規定は**表4-2**のようになっています．

▶ リード動作のタイミング規定

リード動作のタイミング規定について見ていきましょう．

(1) t_{AA} (Address to Data Valid)

ここで示した図には出てきませんが，アドレスを制定してからデータが確定するまでの時間です．CY62128の場合，次のt_{ACE}と値は同じなので同じ扱いにしておいてもかまわないでしょう．

(2) t_{ACE}

t_{ACE}は$\overline{CE_1}$/CE_2からのアクセス・タイムです．$\overline{CE_1}$，CE_2がすべてアサートされた状態になってからt_{ACE}だけ時間がたつとI/Oピンのデータが確定します．リード・タイミング

〈図4-15〉
非同期SRAMのライト動作(2)
(CEコントロールド・ライト)

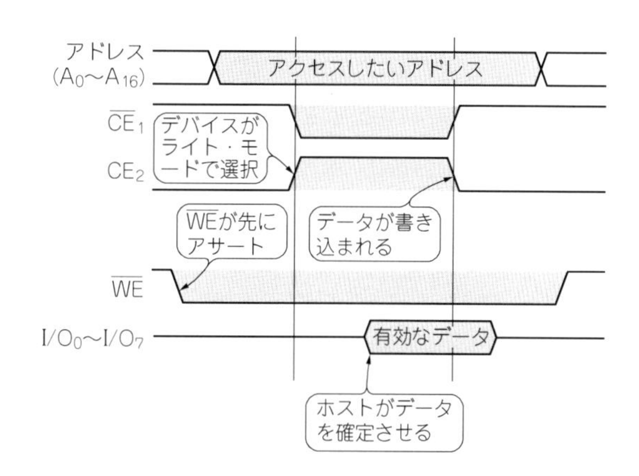

〈図4-16〉(8) $\overline{\text{OE}}$コントロールド・リード動作のタイミング

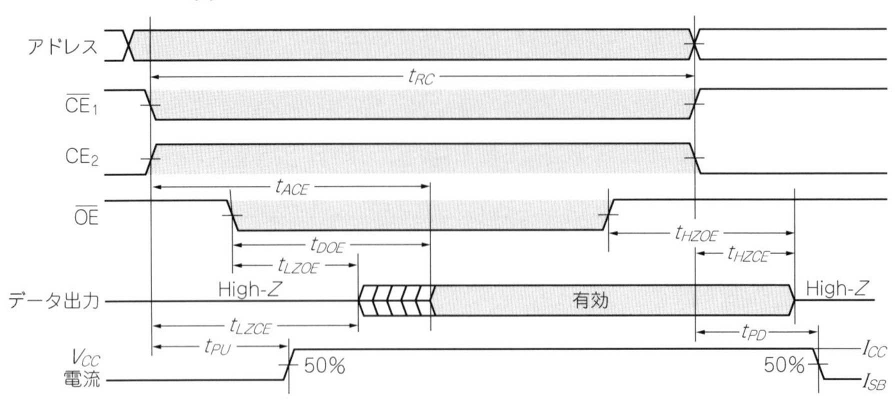

〈図4-17〉(8) CEコントロールド・ライト動作のタイミング

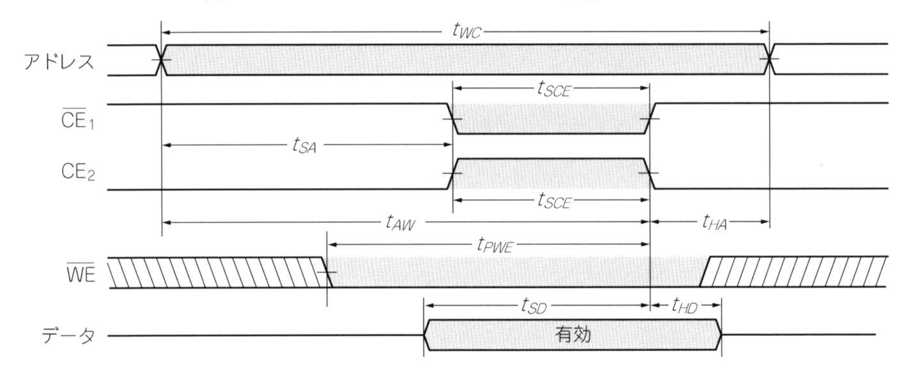

〈図4-18〉(8) $\overline{\text{WE}}$コントロールド・ライト動作のタイミング

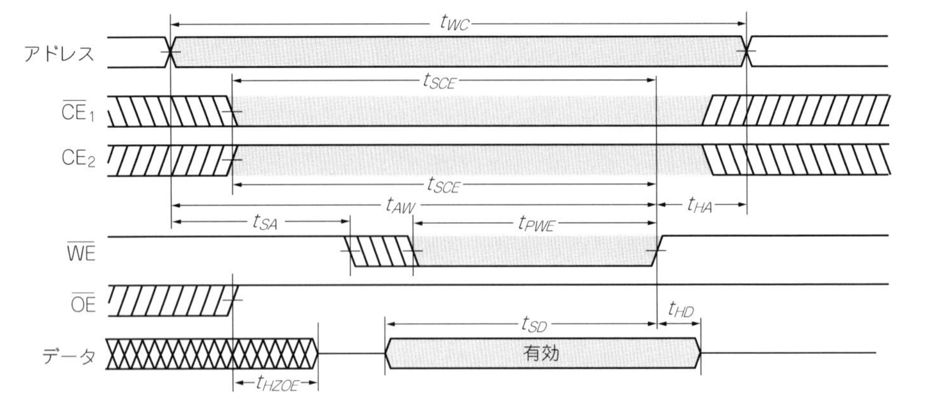

〈表4-2〉[8] タイミング規定

記号	条件	62128-55		6218-70		単位
		min.	max.	min.	max.	
リード・サイクル						
t_{RC}	Read Cycle Time	55		70		ns
t_{AA}	Address to Data Valid		55		70	ns
t_{OHA}	Data Hold from Address Change	5		5		ns
t_{ACE}	$\overline{CE_1}$ LOW to Data Valid, CE_2 HIGH to Data Valid		55		70	ns
t_{DOE}	OE LOW to Data Valid		20		35	ns
t_{ZOE}	OE LOW to Low Z	0		0		ns
t_{HZOE}	OE HITH to High Z		20		25	ns
t_{LZCE}	$\overline{CE_1}$ LOW to Low Z, CE_2 HIGH to Low Z	5		5		ns
t_{HZCE}	$\overline{CE_1}$ HITH to High Z, CE_2 LOW to High Z		20		25	ns
t_{PU}	$\overline{CE_1}$ LOW to Power-Up, $\overline{CE_1}$ HIGH to Power-Up	0		0		ns
t_{PD}	$\overline{CE_1}$ HIGH to Power-Down, CE_2 LOW to Power-Down		55		70	ns
ライト・サイクル						
t_{WC}	Write Cycle Time	55		70		ns
t_{SCE}	$\overline{CE_1}$ LOW to Write End, CE_2 HIGH to Write End	45		60		ns
t_{AW}	Address Set-Up to Write End	45		60		ns
t_{HA}	Address Hold from Write End	0		0		ns
t_{SA}	Address Set-Up to Write Start	0		0		ns
t_{PWE}	$\overline{WE}$ Pulse Width	45		50		ns
t_{SD}	Data Set-Up to Write End	25		30		ns
t_{HD}	Data Hold from Write End	0		0		ns
t_{LZWE}	$\overline{WE}$ HIGH to Low Z	5		5		ns
t_{HZWE}	$\overline{WE}$ LOW to High Z		20		25	ns

では，次に説明する$\overline{OE}$からのアクセス・タイム(t_{DOE})の2種類があることに注意する必要があります．データが確定するのはt_{ACE}とt_{DOE}のうち遅いほうのタイミングです．

たとえば，CY62128-55では，t_{ACE}が55 ns，t_{DOE}が20 nsとなっているので，アドレスが制定されるのと同時に，$\overline{CE_1}$，CE_2，$\overline{OE}$のすべてが同時にアサートされたときにはt_{ACE}の55 nsのほうでタイミングが決まります．もし，アドレスや$\overline{CE_1}/CE_2$が$\overline{OE}$よりも35 ns以上まえに確定していたなら，$\overline{OE}$がアサートされてから20 ns後にデータが確定するということになります．

(3) t_{DOE}

$\overline{OE}$がアサートされてから，データが確定するまでの時間です．先ほどt_{ACE}のところで触れたとおり，実際のデータが出てくるのはt_{AA}，t_{CAE}，t_{DOE}のうちもっとも遅いタイミングになります．

(4)　t_{LZOE}

$\overline{\mathrm{OE}}$がアサートされて，データが確定するまでの時間はt_{DOE}ですが，I/Oピンがドライブされはじめるまでの時間がt_{LZOE}です．CY62128-55では0 ns(min.)となっているので，$\overline{\mathrm{OE}}$をアサートしたらすぐに何らかのデータが出てきている可能性があります．

(5)　t_{LZCE}

t_{LZOE}と同様，$\overline{\mathrm{CE}}_1$やCE_2がアサートされてから，I/Oピンがドライブされはじめるまでの時間です．CY62128では5 nsとなっています．

(6)　t_{HZOE}

$\overline{\mathrm{OE}}$がネゲートされると，出力バッファがディセーブルになり，I/Oピンはハイ・インピーダンス状態になりますが，この状態になるまでの時間がt_{HZOE}です．CY62128-55では20 nsとなっているので，$\overline{\mathrm{OE}}$がネゲートされても20 ns程度はI/Oピンがドライブされたままの状態になっていることになります．

(7)　t_{HZCE}

t_{HZOE}と同様に，$\overline{\mathrm{CE}}_1$/CE_2がネゲートされてもI/Oピンはハイ・インピーダンス状態になります．この時間がt_{HZCE}です．CY62128-55ではt_{HZCE}は20 ns(max.)と，t_{HZOE}と同じ値になっています．

(8)　t_{RC}

リード動作の1サイクルの時間規定ですが，t_{AA}やt_{ACE}の値がそのまま最小値になっているので，現実の設計でこの時間を下回ることはないと思いますが，t_{RC}の規定を満たさないようなリード・サイクルが発生しないように気を付ける必要はあります．

(9)　t_{PU}/t_{PD}

$\overline{\mathrm{CE}}_1$/CE_2がともにアサートされて選択状態になるとSRAMは動作状態となり，消費電流が大きくなり(パワーアップ)，逆にネゲートされるとスタンバイ状態になり，消費電流が小さくなります(パワーダウン)．このパワーアップ/パワーダウンの時間を示すのがt_{PU}/t_{PD}です．t_{PU}は最小でゼロ，t_{PD}は最大で55 nsとなっています．

選択されるのと同時に大きな電流が流れはじめること，そして選択状態が終わっても55 ns程度は同じ電流を食いつづける可能性があるということなので，電源切り替え回路を設計するときには気を付けたほうがよい場合もあるでしょう．

この図には現れませんが，先に説明したとおり$\overline{\mathrm{CE}}_1$とCE_2の電圧レベルによって消費電流が大きく変わってくるという点にも注意が必要です．

▶ CEコントロールド・ライト動作のタイミング規定

CEコントロールド・ライトの場合の規定はリードよりも少し面倒になります．これは，とにかく各信号を制定させて待っているだけでよいリード動作と違い，アドレスやデータのセットアップ/ホールド・タイム，およびライト動作の期間などを満たさないとSRAMがアドレスやデータを正しく受け取れないためです．

(1) t_{SA}

ライト時はリード時と異なり，$\overline{CE}_1$/CE_2がアサートされる段階でアドレスが制定されていなくてはならないのですが，その時間です．CY62128では最小でゼロとなっているので，逆転しない，つまり$\overline{CE}_1$/CE_2がアサートされる瞬間以降でアドレスが変化しなければよいということになります．

(2) t_{HA}

ライト時，$\overline{CE}_1$/CE_2がネゲートされてからアドレスを変化させてよい状態になるまでの時間です．こちらもCY62128ではゼロとなっているので，逆転しなければよいということです．

(3) t_{SD}/t_{HD}

I/Oピンに入力されたデータは$\overline{CE}_1$/CE_2のいずれかがネゲートされた段階で内部に書き込まれます．このとき，取り込まれるのよりもどれだけまえに制定していればよいかということがt_{SD}(データ・セットアップ時間)，またネゲートされたあとにどれだけデータを保持していなくてはならないかを示すのがt_{HD}(データ・ホールド時間)です．CY62128-55ではそれぞれ25 nsと0 nsとなっているので，ネゲートの段階よりも25 ns以上まえにデータを制定させておき，ネゲートされるまで保持していればよいということになります．

(4) t_{SCE}

$\overline{CE}_1$/CE_2の両方がアサートされてから，どちらか一方がネゲートされるまでの時間を規定します．これが満たされないと，SRAM内部のメモリ・セルへの書き込み動作が正常に行われない可能性があります．CY62128-55では45 nsです．

(5) t_{AW}

ライトの終了($\overline{CE}_1$/CE_2いずれかのネゲート)に対するアドレスのセットアップ時間です．CY62128の場合は45 ns必要ということになっていますが，ちょっと見てわかるとおり，t_{SCE}とt_{AW}は同じ値ですし，t_{SA}はゼロでよいといっても実際の回路では逆転しないようにマージンをとるので，正しく設計されていればこの規定が問題となることはまずないでしょう．

(6) t_{PWE}

$\overline{WE}$信号をアサートしてから，$\overline{CE_1}/CE_2$のいずれかがネゲートされるまでの時間です．タイミング規定を見るとt_{SCE}と同じ値となっていますが，「CEコントロールド・ライト」で使おうとしているからには$\overline{WE}$信号はt_{SCE}よりも長い期間アサートするように設計するので，これもまず問題とはならないでしょう．

▶ $\overline{WE}$コントロールド・ライト動作のタイミング規定

$\overline{WE}$コントロールド・ライトの場合のタイミングのシンボル自体はCEコントロールド・ライトと同じですが，タイミング規定で，ライト動作の終わりが$\overline{WE}$の立ち上がりになります．

t_{HZOE}は，$\overline{OE}$がネゲートされてI/Oピンがハイ・インピーダンス状態になるまでの時間を示すものですが，これはリード動作で説明したとおりです．

4.4　シンクロナスSRAM

シンクロナスSRAMは，その名のとおりクロックに同期して動くSRAMです．アドレスの取り込みやデータの出力がすべてクロックに同期して行われるため，非同期SRAMのようにいろいろな信号を基準にしたタイミングを個別に配慮する必要がなくなるというのがもっとも大きな利点でしょう．

シンクロナスという名前から誤解しやすいのは，**図4-19**のように通常の非同期SRAMの外部にクロック同期回路を入れたようなものを想像してしまいやすいのですが，この場合にはアドレスやデータなどのセットアップ/ホールド時間などを確保するために1クロック単位で調整することになってしまいます．

これでは事実上，非同期SRAMと同じです．非同期SRAMで面倒なのはタイミング図を見てもわかるとおり，いろいろなところからのタイミング規定をすべてきちんと守らなくてはならないという点にあります．バスの動作クロックが66 MHz(1サイクル16 ns)や100 MHz(同10 ns)と短くなってくると，タイミングを調整すること自体が至難の技となってきます．

シンクロナスSRAMはこのような非同期SRAMの同期化をもう一歩進めて，1クロック目でアドレスやデータ(ライト時)，コマンド類を受け取って，2クロック目以降はそこで与えられた指示や，さらに与えられた信号の指示に従って動くという方法をとって，クロック単位で動作を保証します．たとえば，リード動作ならアドレスやコマンドをラッチしてから何クロック目でデータが出てくるということが決まっているわけです．これにより，メモリ側，ホスト側ともクロックに同期して動作させればよいため，設計が楽になるわけです．

● シンクロナス・パイプライン・バーストSRAM

シンクロナス・パイプライン・バーストSRAMの大まかな構造は**図4-20**のようになり

〈図4-19〉
これも同期SRAM?

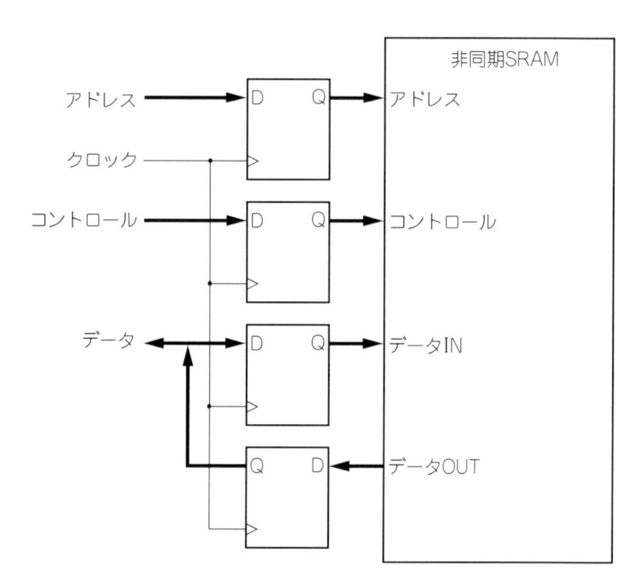

〈図4-20〉
シンクロナス・パイプライン・バーストSRAMの内部ブロック

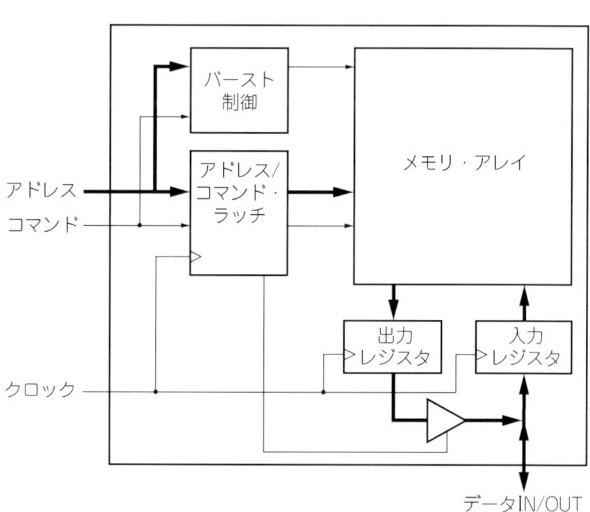

ます．このタイプのSRAMはCPUのバースト転送モードに対応した配慮をしています．図中，「バースト制御」となっている部分がこのために設けられた回路です．

現在のCPUは，内部にキャッシュ・メモリを積むなどして，連続した領域のアクセスに対する効率を引き上げるようにしています．外部バスに対しても，連続した領域へのアクセスを効率化するようなバス・サイクルを設けています．このバス・サイクルをバースト転送サイクルと呼んでいます．

バースト転送サイクルでは通常，連続4ワードぶんのデータをまとめてやりとりするよ

〈図4-21〉 CY7C1347Bの内部ブロック

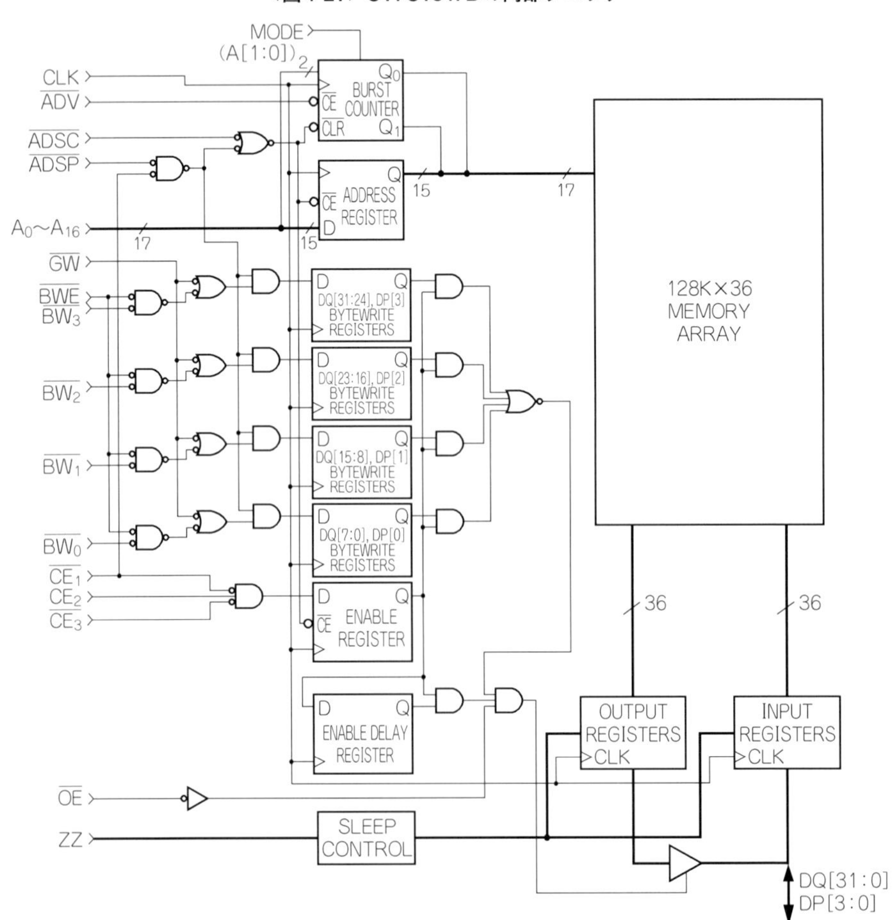

うにしていますが，開始アドレスがわかれば，それ以降にどの番地をアクセスするかという順番が決まっています．このため，通常のメモリ・アクセスのように毎回アドレスを出力せずに，最初にアドレスを出したら，あとはデータだけをクロックに同期して連続出力することで高速化を図ることができるというわけです．

これに対応してシンクロナスSRAMでも，このバースト転送サイクルに対応して，最初にアドレスを与えられたら，次のアドレスは自分自身で自動的に生成してデータのリード/ライトを行えるものが作られました．「シンクロナス・バースト」や「シンクロナス・パイプライン・バースト」と呼ばれるものは，このバースト転送動作に対応しているということを示したものです．

パソコンの世界では，シンクロナス・パイプライン・バーストSRAMはPentiumクラスのプロセッサが主流だった頃までは2次キャッシュ・メモリとしてよく使われたのですが，最近のCPUは性能を引き上げるため2次キャッシュ・メモリまで内蔵してしまっています．外部にキャッシュ・メモリを付けて3次キャッシュとしても，それほど性能はあがりませんので，パソコンのマザー・ボード上でシンクロナス・パイプライン・バーストSRAMを見かけることは少なくなりました．

● 実際のシンクロナス・パイプライン・バーストSRAM

それでは，実際のシンクロナス・パイプライン・バーストSRAMを見ていくことにしましょう．今回取り上げたのはCypress社のCY7C1347Bという，128 K × 36ビット構成のものです．32ビットではなく36ビットとなっているのは，8ビット(1バイト)ごとにパリティ・チェックが行えるようにするための配慮です．

CY7C1347Bの内部ブロックを**図4-21**に，信号種別を**図4-22**に示します．信号を見て

〈図4-22〉CY7C1347Bの信号

入力	信号	名称	名称	信号	説明
動作基準クロック→	CLK	Clock Input	Chip Enable #1	$\overline{CE_1}$	チップ・セレクト入力1
バースト・アドレス・アドバンス→	$\overline{ADV}$	Address Advance	Chip Enable #2	CE_2	チップ・セレクト入力2
アドレス・ラッチ(キャッシュ・コントローラ用)→	$\overline{ADSC}$	Address Strobe from Controller	Chip Enable #3	$\overline{CE_3}$	チップ・セレクト入力3
アドレス・ラッチ(プロセッサ用)→	$\overline{ADSP}$	Address Strobe from Processor	Output Enable	$\overline{OE}$	データ出力イネーブル
アドレス入力→	A_0～A_{16}	Address Input	Sleep Input	ZZ	スリープ状態移行
全データ(36ビット)ライト→	$\overline{GW}$	Global Write Enable	Data I/O	DQ_0～DQ_{31}	データ入出力
バイト・ライト(DQ_0～DQ_7, DP_0)→	$\overline{BW_0}$	Byte Write Enable#0	Data(Parity) I/O	DP_0～DP_3	パリティ・ビット入出力
バイト・ライト(DQ_8～DQ_{15}, DP_1)→	$\overline{BW_1}$	Byte Write Enable#1			
バイト・ライト(DQ_{16}～DQ_{23}, DP_2)→	$\overline{BW_2}$	Byte Write Enable#2			
バイト・ライト(DQ_{24}～DQ_{31}, DP_3)→	$\overline{BW_3}$	Byte Write Enable#3			

いると，1バイト単位で書き込みを行うための$\overline{BW_n}$信号のほかに，32ビット全体ライトのための$\overline{GW}$があります．これは，CPUのバースト・サイクルなどで1ワードぶん(36ビット)を一度に更新できるときには$\overline{GW}$を使い，外部から1バイトや2バイトぶん更新されるようなときには$\overline{BW_n}$信号を使って該当するバイト・データだけを更新することができるようにしているためです．また，アドレス・ラッチ用にも$\overline{ADSC}$と$\overline{ADSP}$の二つがあるのは，$\overline{ADSC}$がキャッシュ・コントローラからのアクセス用，$\overline{ADSP}$がプロセッサ側からのアクセス用です．後述しますが，$\overline{ADSP}$と$\overline{ADSC}$ではライト・アクセスのときの扱いが若干違います．

このようにアクセスのための信号が複数用意されているのは，キャッシュ・メモリというものはメイン・メモリに比べて遙かに高速な動作を要求されるため，制御信号をなるべく外部で細工しないですむようにしたためです．

たとえば，通常，CPUの$\overline{ADS}$（アドレス・ストローブ)信号と$\overline{ADSP}$を，またキャッシュ・コントローラと$\overline{ADSC}$信号を直結しておきます．すると，CPUが外部バスをアクセスしたとき，そのアドレスはシンクロナス・パイプライン・バーストSRAMにも取り込まれます

リード時，キャッシュ・コントローラはその領域のデータがシンクロナス・パイプライン・バーストSRAM(キャッシュ・データRAM)に格納されているか(ヒットしているか)どうかを判定し，データがあればシンクロナス・パイプライン・バーストSRAMのデータを読み出すように，コントロール信号を操作します．また，ライト時なら$\overline{GWE}$信号をアサートしてデータの更新を行います．

また，外部のバス・マスタとなるデバイスがメモリを読みにきた場合には，キャッシュ・コントローラが$\overline{ADSC}$信号を使って外部バス・マスタの出したアドレスをシンクロナス・パイプライン・バーストSRAMに与えるという動作になるわけです．

● シンクロナス・パイプライン・バーストSRAMの各信号

CY7C1347Bのもつ各信号とその意味は以下のようになっています．基本的に各信号ともクロック(CLK)信号の立ち上がりエッジでサンプリングされます．

▶ A_0～A_{16}（アドレス）

アドレス入力です．CY7C1347Bの場合はデータが36ビットありますが，これは8ビット・データ＋1ビット・パリティという構成のものが4バイトぶんあるという形です．通常のプロセッサの場合には8ビット単位での入出力も行われるので，A_0にはCPUのA_2が，A_1にはA_3が接続されるという形になるのが普通でしょう．

バースト転送時には，内部のバースト・カウンタによってA_0とA_1が自動的に更新されます．非同期SRAMの場合には書き込んだアドレスから読み出せればよいだけなので，アドレス・ピンはひっくり返して繋いでも問題ありませんでしたが，シンクロナス・パイプライン・バーストSRAMの場合は，A_0やA_1ピンをひっくり返してしまうとバースト転送時におかしなことになってしまうので，素直にA_0をLSBとして使用することになります．

▶ $\overline{BW_0}$〜$\overline{BW_3}$（バイト・ライト・セレクト）

1バイト(実際には9ビット)のデータ・ライト制御信号です．クロックの立ち上がり時に$\overline{BWE}$信号がアサート(Lレベル)のとき，これらのなかでアサートされている(Lレベルになっている)信号に対応するバイト部分のデータが更新対象となります．$\overline{BW_0}$がLSB側(DQ_0〜DQ_7，およびDP_0)，$\overline{BW_3}$がMSB側(DQ_{24}〜DQ_{31}，およびDP_3)に対応します．

▶ $\overline{GW}$（グローバル・ライト・イネーブル）

$\overline{BW_n}$が1バイト単位での書き込み制御なのに対して，こちらは4バイトぶん(正確には36ビット)まとめて書き込みを行うための信号です．アクティブ“L”の信号です．

$\overline{GW}$がアサートされたときには，$\overline{BW_n}$や$\overline{BWE}$は無効です．

▶ $\overline{BWE}$（バイト・ライト・イネーブル）

$\overline{BW_n}$のイネーブル/ディセーブルを制御するものです．クロック・エッジで“L”になっていると，$\overline{BW_n}$が有効になります．

▶ CLK（クロック入力）

メモリの動作基準クロックです．制御信号やアドレスなどの取り込みや，データ入出力はこのクロックの立ち上がりエッジに同期して行われます．

▶ $\overline{CE_1}$（チップ・イネーブル1）

アクティブ“L”のチップ・イネーブル信号です．CE_2や$\overline{CE_3}$ともすべてアサートされると，デバイスが選択されます．

$\overline{CE_1}$は$\overline{ADSP}$のマスク信号としても動作するようになっていて，$\overline{CE_1}$がアサートされていないと，$\overline{ADSP}$がアサートされてもアドレスが内部にラッチされません．

▶ CE_2（チップ・イネーブル2）

アクティブ“H”のチップ・イネーブル信号です．$\overline{CE_1}$や$\overline{CE_3}$とともにすべてアサートされるとデバイスが選択されます．

▶ $\overline{CE_3}$（チップ・イネーブル3）

アクティブ“L”のチップ・イネーブル信号です．$\overline{CE_1}$やCE_2とともにすべてアサートされるとデバイスが選択されます．

▶ $\overline{\text{OE}}$（アウトプット・イネーブル）

“L” アクティブのクロックとは非同期の入力信号です．データ・リードしたいときにアサートします．$\overline{\text{OE}}$は非同期入力ですが，内部ブロック図を見てわかるとおり，$\overline{\text{OE}}$にはクロック同期のチップ・セレクトやWE_n信号などによるマスクがかかっています．

図でわかるとおり，ライト方向が優先されるので，$\overline{\text{OE}}$をアサートしたままにしても，ライト動作時には自動的に出力バッファがOFFになります．

▶ $\overline{\text{ADV}}$（アドバンス）

バースト転送に対応して，「次のアドレス」を指示するものです．クロックの立ち上がりで$\overline{\text{ADV}}$がアサートされると，バースト・カウンタがイネーブルになり，次のアドレスが自動的に生成されます．

バースト転送時のアドレスの進みかた(バースト・オーダーやバースト・シーケンスと呼ぶ)は，大きく分けてインターリーブド・バースト・シーケンスと，リニア・バースト・シーケンスの2種類があります．インターリーブド・バーストは，最初のアドレスの次はビット0(A_0)を反転し，その次はビット1とビット0を反転し，最後にビット0を反転するというシーケンスになります．一方，リニア・バーストのほうはビット0/1は00→01→10→11の順に進みます．おのおののバースト・シーケンスを整理すると**表4-3**のようになります．

アドレスの下位2ビットが “00” のときにはどちらでも同じ動作になりますが，たとえば “01” から始まった場合には，インターリーブド・バーストでは01→00→11→10となるのに対して，リニア・バーストの場合には01→10→11→00となります．

80486やPentium系などのインテル系のプロセッサではインターリーブド・バースト・

〈表4-3〉
バースト・シーケンス

バースト・モード	A［1：0］			
	1回目	2回目	3回目	4回目
リニア・バースト	00	01	10	11
	01	10	11	00
	10	11	00	01
	11	00	01	10
インターリーブド・バースト	00	01	10	11
	01	00	11	10
	10	11	00	01
	11	10	01	00

シーケンスですが，他のRISC系マイコンなどはリニア・バースト・シーケンスを採用しています．

▶ $\overline{\mathrm{ADSP}}$（アドレス・ストローブfromプロセッサ）

クロック・エッジでアサートされていると，A_0～A_{16}が内部のアドレス・レジスタとバースト・カウンタにラッチされます．ブロック図を見てもわかるとおり，$\overline{\mathrm{GW}}$や$\overline{\mathrm{BW}_n}$などのライト信号は$\overline{\mathrm{ADSP}}$がアサートされているクロック・エッジでは無効となっていて，$\overline{\mathrm{WE}}$やライト・データは最速でも$\overline{\mathrm{ADSP}}$の次のクロックで与えることになります．これは，たとえばライトバック・キャッシュ動作をさせている場合にCPUがライト動作を行ったようなときには，いったんキャッシュの内容をメイン・メモリに書き出して(キャッシュからはリード動作)，それからCPUの出したデータを書き込むという動作になるため，CPUからのアクセスではいったんアドレスだけをラッチさせるほうが都合が良いのです．

$\overline{\mathrm{ADSC}}$もアドレス・ラッチに関しては同じ機能をもっていますが，こちらはライト関係の制御信号をマスクしません．コントローラが行う動作なので，同時に確定させたほうが1クロック時間を稼ぐことができるためです．

▶ $\overline{\mathrm{ADSC}}$（アドレス・ストローブfromコントローラ）

$\overline{\mathrm{ADSP}}$と同様，クロック・エッジでアサートされていると，A_0～A_{16}，$\overline{\mathrm{GW}}$や$\overline{\mathrm{WE}}$信号が内部のアドレス・レジスタとバースト・カウンタにラッチされます．

▶ ZZ（スリープ）

非同期の“H”アクティブの入力です．このピンが“H”になるとパワーダウン状態になって，消費電力が小さくなります．通常は“L”にして使用します．デスクトップ・パソコンなどではシンクロナス・パイプライン・バーストSRAMの消費電力が全体に影響するほど大きくないので，“L”のままにして使っている例が多いと思います．

▶ DQ_0～DQ_{31}，DP_0～DP_3（双方向データ入出力ライン））

データ・バスです．DQ_0～DQ_7とDP_0が，DQ_8～DQ_{15}とDP_1が，DQ_{16}～DQ_{23}とDP_2，DQ_{24}～DQ_{31}とDP_3がそれぞれペアとなります．

クロック・エッジでチップ・イネーブルされ($\overline{\mathrm{CE}_0}$，CE_1，$\overline{\mathrm{CE}_2}$がすべてアサート)，ライト関係の信号($\overline{\mathrm{GW}}$や$\overline{\mathrm{BW}_n}$，$\overline{\mathrm{BWE}}$)がすべてネゲートされているときに$\overline{\mathrm{OE}}$がアサートされていると，メモリ・セルへのアクセスとなり，2クロック後にデータが出力されます．

また，クロック・エッジでチップ・イネーブルされ，ライト信号がアサートされていると，DQ_n，DP_nは入力になり，データが次のクロック・エッジに同期して内部のラッチに取り込まれ，さらに次のクロックでメモリ・セルへの書き込みが行われます．

▶ MODE（バースト・オーダ選択）

バースト・オーダの選択を行います．GNDに接続するとリニア・バースト，V_{DDQ}ピンやオープン状態ならインターリーブ・バーストが選択されます．プロセッサの種別に応じてどちらのモードで動作させるのかを決めるため，このピンの状態は常に固定しておきます．デバイス動作中にこのピンの状態を変更することは禁止されています．

● **シンクロナス・パイプライン・バーストSRAMの基本動作**

シンクロナス・パイプライン・バーストSRAMの動作は基本的にすべてクロックの立ち上がりエッジに同期して行われるため，動作についてはクロック・エッジの状態を見ればよいということになります．機能的には複雑そうですが，タイミングの読み取りは非同期SRAMよりも簡単です．

▶ シンクロナス・パイプライン・バーストSRAMのサイクル定義

すべてクロックに同期して動作するので，クロック・エッジにおける各制御線の状態で次の状態が決まるということになります．

表4-4にCY7C1347Bのサイクル定義を示します．

デバイスの内部ブロック図や$\overline{CE_3}$，CE_2，$\overline{CE_1}$の欄を見てわかるとおり，これらのイネーブル・ピンは動作開始時点で使われるもので，いったんリードなりライト動作が開始されると使われなくなります．

▶ リード動作1：シングル・リード

シングル・リードというのは，読み出したいアドレスのデータを読むという，非同期SRAMと同じような扱いです．動作波形を**図4-23**に示します．最初のクロック・エッジ

〈図4-23〉
シングル・リード動作

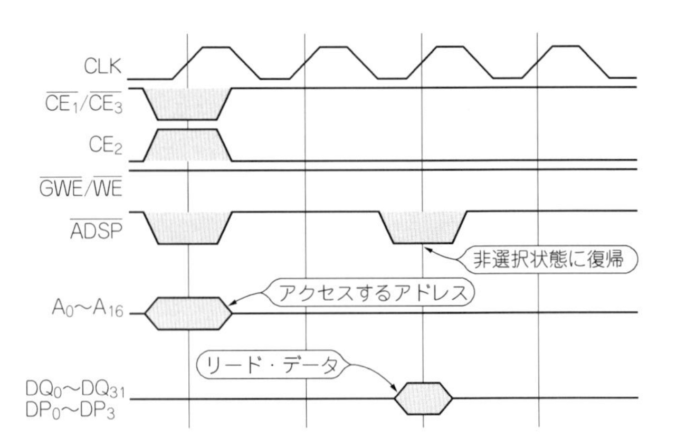

〈表4-4〉シンクロナス・パイプライン・バーストSRAMのサイクル定義

次サイクル	使用アドレス	ZZ	$\overline{CE_3}$	CE_2	$\overline{CE_1}$	$\overline{ADSP}$	$\overline{ADSC}$	$\overline{ADV}$	$\overline{OE}$	DQ	Read/Write
非選択	(使用せず)	L	X	X	H	X	L	X	X	Hi-Z	X
非選択	(使用せず)	L	H	X	L	L	X	X	X	Hi-Z	X
非選択	(使用せず)	L	X	L	L	L	X	X	X	Hi-Z	X
非選択	(使用せず)	L	H	X	L	H	L	X	X	Hi-Z	X
非選択	(使用せず)	L	X	L	L	H	L	X	X	Hi-Z	X
リード開始	外部からラッチ	L	L	H	L	L	X	X	X	Hi-Z	X
リード開始	外部からラッチ	L	L	H	L	H	L	X	X	Hi-Z	Read
連続リード	次アドレス	L	X	X	X	H	H	L	H	Hi-Z	Read
連続リード	次アドレス	L	X	X	X	H	H	L	L	DQ	Read
連続リード	次アドレス	L	X	X	H	X	H	L	H	Hi-Z	Read
連続リード	次アドレス	L	X	X	H	X	H	L	L	DQ	Read
固定リード	現アドレス	L	X	X	X	H	H	H	H	Hi-Z	Read
固定リード	現アドレス	L	X	X	X	H	H	H	L	DQ	Read
固定リード	現アドレス	L	X	X	H	X	H	H	H	Hi-Z	Read
固定リード	現アドレス	L	X	X	H	X	H	H	L	DQ	Read
ライト開始	現アドレス	L	X	X	X	H	H	H	X	Hi-Z	Write
ライト開始	現アドレス	L	X	X	H	X	H	H	X	Hi-Z	Write
ライト開始	外部からラッチ	L	L	H	L	H	L	X	X	Hi-Z	Write
連続ライト	次アドレス	L	X	X	X	H	H	L	X	Hi-Z	Write
連続ライト	次アドレス	L	X	X	H	X	H	L	X	Hi-Z	Write
固定ライト	現アドレス	L	X	X	X	H	H	H	X	Hi-Z	Write
固定ライト	現アドレス	L	X	X	H	X	H	H	X	Hi-Z	Write
スリープ	(使用せず)	H	X	X	X	X	X	X	X	Hi-Z	X

でチップ・イネーブルにしてアドレスを与えると，2クロック後にデータが出てきます．外部回路ではこのデータをラッチすればよいというわけです．

先頭アドレスは最初の$\overline{ADSP}$クロックでラッチされ，メモリ・セルへのアクセスが始まっていて，次のクロックではメモリからデータが出てきて，さらに次のクロックで出力バッファのラッチにデータが取り込まれているというイメージで良いでしょう．

▶ リード動作2：バースト・リード

バースト・リードのときの動作を**図4-24**に示します．動作開始時点ではシングル・リード動作と同じですが，2クロック目以降で$\overline{ADV}$をアサートしているところが目新しいところです．

アドレスをラッチした段階で，メモリ・セルへのアクセスはすでに始まっていますから，次のクロックでアドレスを変更してもよいわけです．そこで，$\overline{ADV}$をアサートすると，内部のバースト・カウンタによって下位2ビットのアドレスが更新されて，2クロック後にはまた新しいアドレスのデータが出てきます．

図では途中で$\overline{\text{ADV}}$をネゲートしたときの動作も示しています．$\overline{\text{ADV}}$がネゲートされてもリード動作自体は継続するので，データは出つづけます．再度$\overline{\text{ADV}}$がアサートされると，バースト・カウンタが進み，2クロック後に次のデータが出てきます．

▶ ライト動作1：シングル・ライト

シングル・ライト動作は**図4-25**のようになります．この例では$\overline{\text{ADSP}}$のほうを使っているので，ライト制御信号やデータは2クロック目で与えます．$\overline{\text{ADSC}}$を使う場合には同時に与えることが可能です．

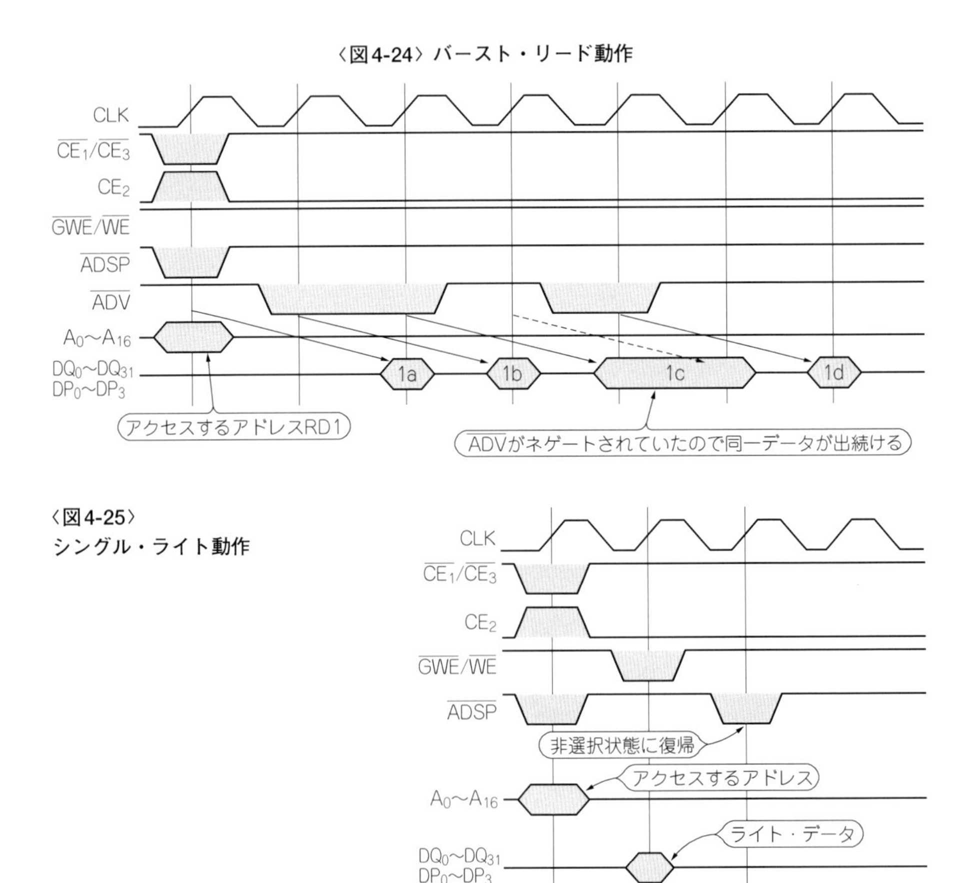

〈図4-24〉バースト・リード動作

〈図4-25〉シングル・ライト動作

▶ ライト動作2：バースト・ライト

バースト・ライト動作を示したのが**図4-26**です．最初のライト動作はシングル・ライトと同じです．2回目以降は$\overline{\mathrm{ADV}}$と同時にデータを与えることでデータの受け渡しとアドレスを進めるという動作になります．リード時と異なるのは，データと$\overline{\mathrm{ADV}}$が同時になることです．

内部ブロックを見てもわかるとおり，このときデータ側は入力ラッチに取り込まれ，アドレスはインクリメントして，次のサイクルでの書き込み動作完了を待つという形になります．

$\overline{\mathrm{ADSP}}$の次のサイクル，つまり先頭データ書き込み時点で$\overline{\mathrm{ADV}}$をアサートしてはいけません．これを行うと，まだ先頭データの書き込み動作が行われていないのにアドレスが一つ進んでしまうことになります．

図では，$\overline{\mathrm{ADSP}}$によるライト動作の直後に$\overline{\mathrm{ADSC}}$を使った書き込みサイクルも書いてあります．このクロックの時点ではシンクロナス・パイプライン・バーストSRAM内部では書き込み動作も行われているわけですが，外部ラッチはすでに次のコマンドを受け付けられる状態にあるので，$\overline{\mathrm{ADSC}}$によるアドレスやデータ・ラッチを行うことができるというわけです．

● シンクロナス・バーストSRAM

シンクロナス・バーストSRAMの内部ブロックは**図4-27**のようになっています．シンクロナス・パイプライン・バーストSRAMとほとんど同じですが，出力バッファにラッ

〈図4-26〉バースト・ライト動作

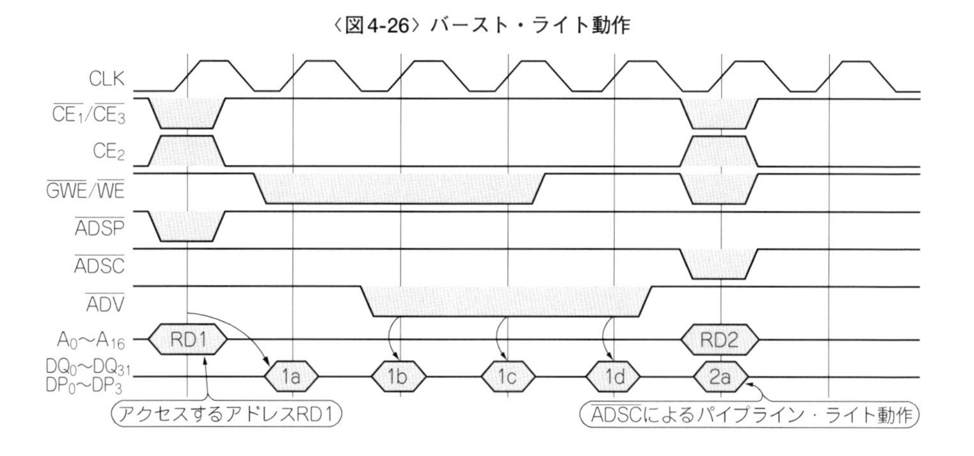

〈図4-27〉
シンクロナス・バースト
SRAMの内部ブロック

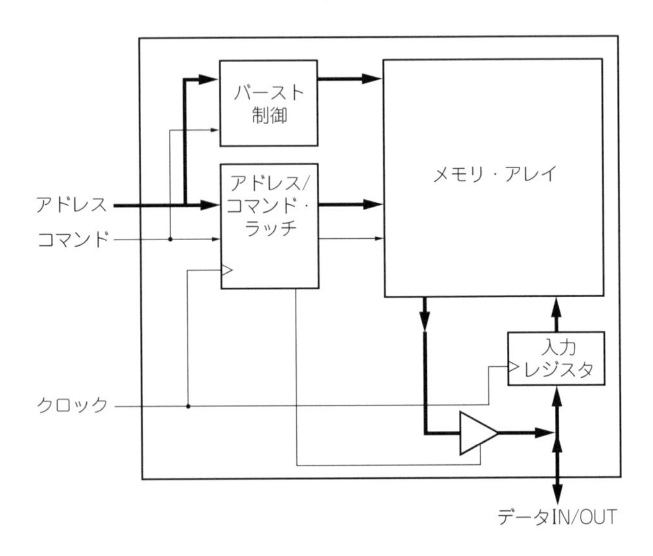

チがないという点が異なります．

ラッチがないぶん，データが出てくるのはパイプライン・バースト・タイプのものよりも1クロック早くなりますが，逆にクロック周波数は上げにくくなります．

先に取り上げたCypress社のシンクロナス・パイプライン・バーストSRAMは最高クロック166 MHzですが，同じ系列のシンクロナス・バーストSRAMは117 MHzが最高クロック周波数となっています．

かつてのパソコンの外部キャッシュで一般的に使われていたのはシンクロナス・パイプライン・バーストSRAMのほうで，シンクロナス・バーストSRAMはほとんど使われていませんでした．

● 実際のシンクロナス・バーストSRAM

シンクロナス・バーストSRAMの実例としてCypress社のCY7C1345Bを取り上げてみました．先に紹介したCY7C1347Bと同様に128 K × 36ビットという構成のもので，内部ブロックは**図4-28**のようになっています．ブロック図からもわかるとおり，CY7C1347Bと比べると出力レジスタがなくなっているほかはまったく同じといってよいでしょう．制御信号なども$\overline{BW_n}$が$\overline{BWS_n}$と名前を変えている程度で，まったく同じですので，シンクロナス・パイプライン・バーストSRAMの説明を参照してください．

また，ブロック図からもわかるとおり，シンクロナス・バーストSRAMの書き込みサイクルはシンクロナス・パイプライン・バーストSRAMと同じですので，ここではリー

〈図4-28〉(7) CY7C1345Bの内部ブロック

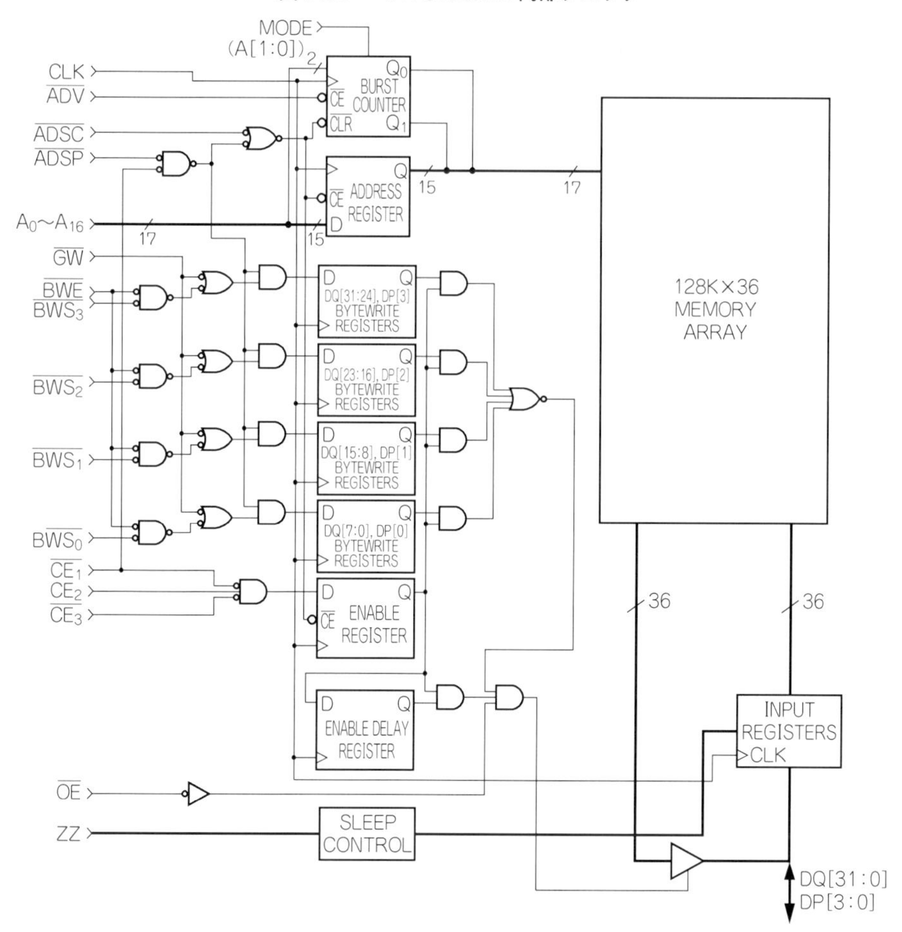

ド動作についてのみ説明を行います.

● シンクロナス・バーストSRAMのシングル・リード動作

シンクロナス・バーストSRAMのシングル・リード動作を**図4-29**に示します.シンクロナス・パイプライン・バーストSRAMと異なるのは,データが出てくるのが$\overline{\text{ADSP}}$をアサートした次のクロックになっていることです.

● シンクロナス・バーストSRAMのバースト・リード動作

シンクロナス・バーストSRAMのバースト・リード動作を**図4-30**に示します.シング

〈図4-29〉(7)
シンクロナス・バーストSRAMのシングル・リード動作

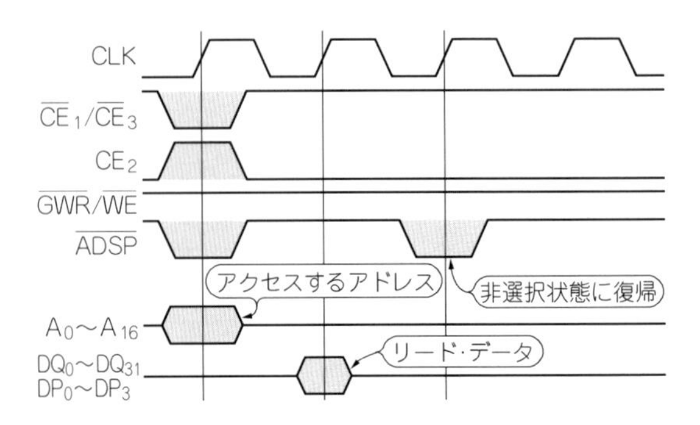

〈図4-30〉(7) シンクロナス・バーストSRAMのバースト・リード動作

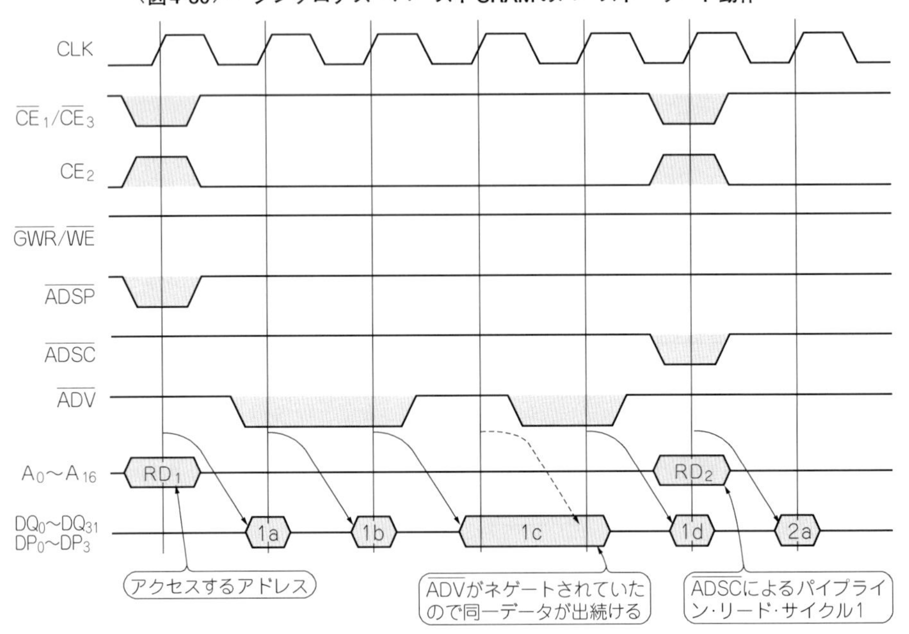

ル・リードと同様，バースト・リードでもアドレスを与えた次のクロック，また$\overline{ADV}$をアサートしたときにも次のアドレスのデータは一つあとのクロックで出てくるため，パイプライン・バースト・タイプに比べると全体として1クロックぶん詰まったような動作波形になります．

図では，$\overline{ADSP}$によるバースト・リードのあとに$\overline{ADSC}$によるシングル・リード・サイクルが追従しています．$\overline{ADV}$のアサートが不要になった(最終アドレスまで指示し終えた)

段階で，次のアドレスが与えられるので，4回目のデータのリードと次のアクセス・アドレスを与える$\overline{\text{ADSC}}$が同時に行われることになります．

4.5 SRAMボードの製作

SRAMを実際に使ってみるため，ISAバス(PC104)に接続するバッテリ・バックアップ付きの非同期SRAMボードを製作してみました．

今回製作した回路を**図4-31**(p.142)に，回路中のPLD(MEMDEC)の内部回路を**図4-32**に示します．メモリは8ビット幅で，ISAバスのD0000h～DFFFFhの64Kバイトの領域を専有するようにしてみました．ただ，最近のパソコンの場合はさまざまなオプション・カードが実装されるため，この領域が必ず空いているかどうかはわかりません．念のためWindowsを立ち上げて「マイコンピュータ→プロパティ→デバイスマネージャ→コンピュータ→プロパティ→メモリ」と選択して，表示される内容を見て空き領域となっているか確認しておいたほうがよいでしょう．

では，このボードの回路とISAバス動作について説明していくことにします．

● ISAバス・メモリ・サイクルの注意点

ISAバスは，元祖IBM PCの1Mバイト空間をもつ8ビット・バスをベースにして，16Mバイトの空間をもつ16ビット・バスに拡張したものです．互換性維持に相当気を使ったということは，カード・エッジが二つに分かれて，16ビット拡張関係の信号はすべて小さいほうの(追加された側の)カード・エッジに割り付けられていることからも伺い知ることができます．

〈図4-32〉
PLDの回路

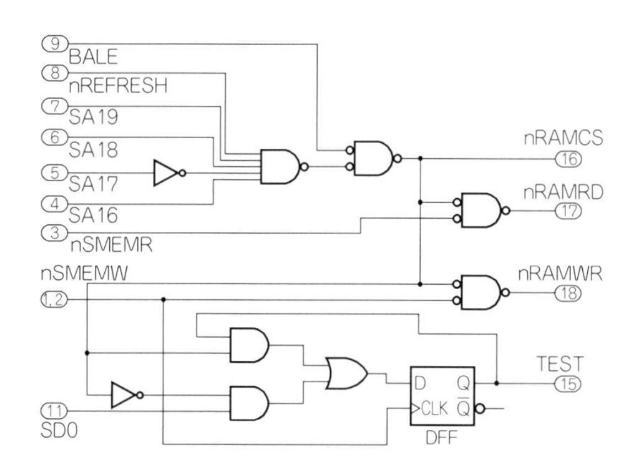

〈図4-31〉ISAバス用SRAMボードの回路

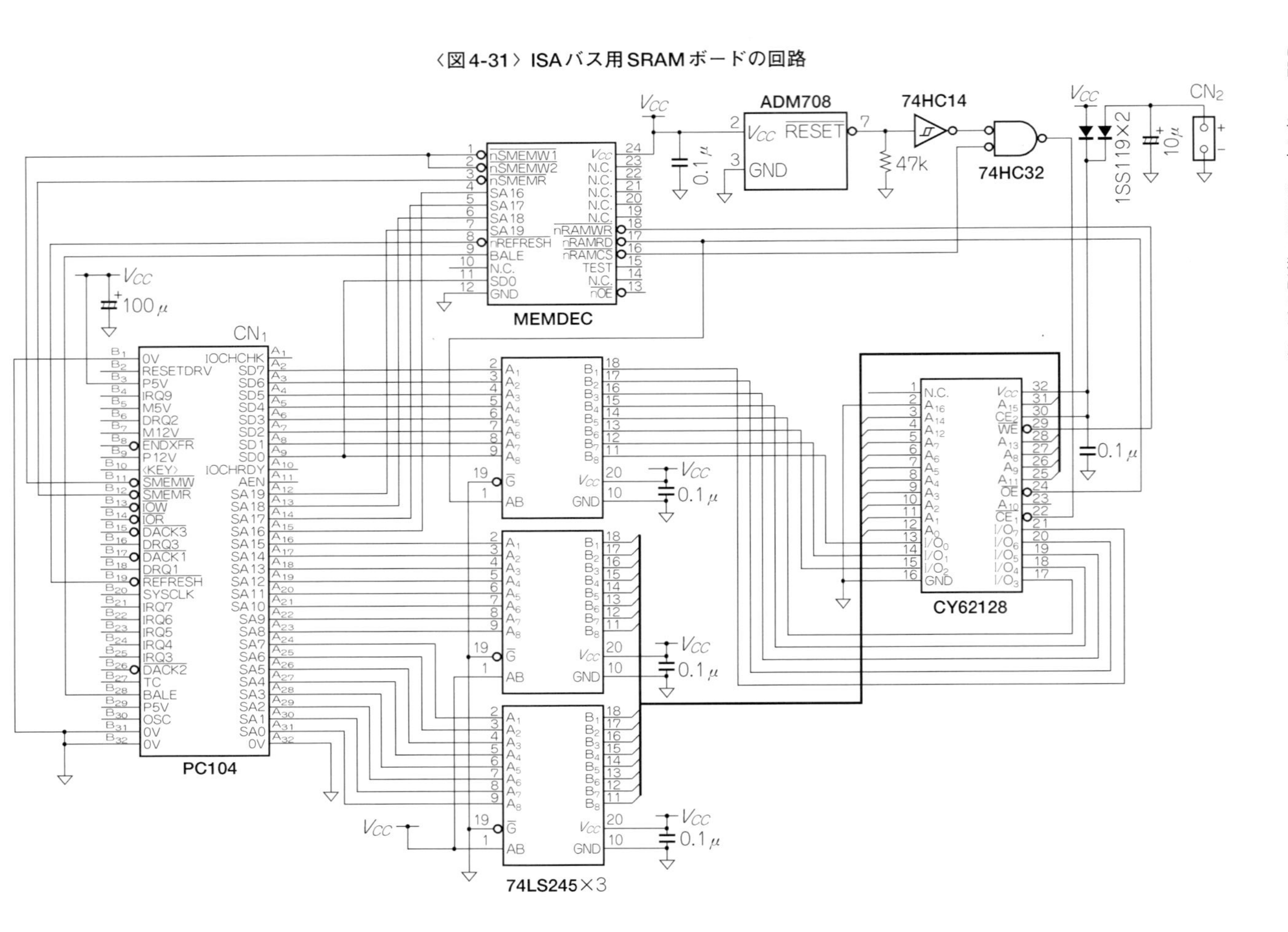

このほか,信号関係でもやはり互換性維持のための細工をいくつも見ることができます.

この拡張に伴う部分や，メモリ空間を使用するうえで気を付けなくてはならない信号について触れておきます.

なお，以下の説明ではISAバスのカード・エッジのうち，パネルに近い側(幅の広い側)を8ビット・バス部分，もう一方を16ビット拡張部分と仮に呼ぶことにします.

▶ アドレス

アドレス・バスは，8ビット・バス部分にはSA_0～SA_{19}があり，16ビット拡張部分にはLA_{17}～LA_{23}という具合に別の信号名となるうえにオーバーラップして存在しています．PC/ATの場合，メイン・メモリもISAバス上に拡張していくという思想になっていました．このため，1Mバイト(100000h番地)以上の領域に128Kバイト単位で拡張メモリ・カードを簡単に配置できるように，LA_{17}までもっていると考えればよいでしょう.

▶ メモリ・リード/ライト信号

メモリ・リード/ライト信号は，8ビット・バス部分には$\overline{\text{SMEMR}}$と$\overline{\text{SMEMW}}$という信号がある一方で，16ビット拡張部分には$\overline{\text{MEMR}}$と$\overline{\text{MEMW}}$という信号が用意されています.

両者はまったく同じ意味のようですが，アサートされる範囲が異なります．$\overline{\text{MEMR}}$，$\overline{\text{MEMW}}$はISAバスのメモリ・アクセス動作のときには必ずアサートされますが，$\overline{\text{SMEMR}}$，$\overline{\text{SMEMW}}$は1Mバイト以下の空間(000000h～0FFFFFh)をアクセスするときだけアサートされます.

これは下位互換性維持のためです．8ビット・バスのほうのメモリ空間は1Mバイトなので，アドレスは20本(SA_0～SA_{19})しかありません．このため，8ビット・バス側のアドレスを見ているだけではCPUが0番地をアクセスしたのか，100000h番地をアクセスしたのか，200000h番地なのか…といった区別がつきません．もし，旧来の8ビット・バス・カードをISAバスに入れた場合，1Mバイト以上の空間をアクセスしたときにも$\overline{\text{SMEMR}}$や$\overline{\text{SMEMW}}$がアサートされてしまうとまずいことになります．このため，$\overline{\text{SMEMR}}$や$\overline{\text{SMEMW}}$は1Mバイト以下の空間のときだけアサートされるような仕様になっているわけです.

今回のSRAMボードは0D0000h～0DFFFFh番地に置いたので，$\overline{\text{SMEMR}}$，$\overline{\text{SMEMW}}$を使用しています.

▶ リフレッシュ

ISAバスにDRAMを使ったメイン・メモリを拡張するという発想があったため，リフレッシュ・サイクルが約15.6 μsごとに発生します．この動作は，$\overline{\text{REFRESH}}$信号がアサートされるとともに，アドレスの下位8ビット(SA_0～SA_7)にリフレッシュ・アドレスが乗り，メモリ・リード・サイクルが生成されます[*1]．

これはダミーのメモリ・リード・サイクルのようなものなので，今回は念のため応答しないようにしました．

▶ ウェイト関係

ウェイト関係の信号も今回は使用しませんでしたが，一応説明しておきましょう．

ISAバスの場合，CPUのバス・サイクルを延長するためのウェイト信号(IOCHRDY)と，バス・サイクルを短縮して速度(性能)を引き上げる$\overline{\text{SRDY}}$（$\overline{\text{ZWS}}$や$\overline{\text{0WS}}$などと表記される場合もある)信号があります．

IOCHRDYは，ターゲット側がホストの要求にすぐ応答できない場合に，バス・サイクルの終了を待たせるものです．Lレベルでノット・レディ，すなわちウェイトという意味になります．ISAバスのプルアップ抵抗のおかげで通常はHレベルになっているので，何もしなければウェイトはかからず，通常のバス・サイクルが実行されるだけということになります．

$\overline{\text{SRDY}}$信号は，逆にバス・サイクルを短縮できる信号です．ISAの場合，16ビット・メモリ・アクセス($\overline{\text{MEMCS16}}$をアサートする)は3サイクルで完了できるのですが，同じように通常6サイクルかかる8ビット・メモリ・アクセスを3サイクルに短縮するために用意されたものです．

● 8ビット・メモリ・サイクル

ISAバスの8ビット・メモリ・アクセス・サイクルを**図4-33**に示します．標準サイクル，IOCHRDYを使った1ウェイト挿入例，そして$\overline{\text{SRDY}}$信号を使ったノー・ウェイト・アクセスの動作例を並べてみました．

SYSCLKは通常は8 MHzなので，1周期が125 nsとなります．今どきのSRAMではアクセス・タイム100 ns以下というものもごく普通ですので，非常にゆっくりとしたバス・サイクルであるといえます．8ビット・メモリ・サイクルは，ウェイトをかけなければ6サイクルで完了します．

＊1：リフレッシュ・サイクルは，IBM PCやPC/XTではDMAコントローラのチャネル0を定周期で稼働させることで行っていたが，PC/ATではDMAではなく専用回路でリフレッシュ・タイミングを生成するようになっている．

〈図4-33〉ISAバスの8ビット・メモリ・アクセス・サイクル

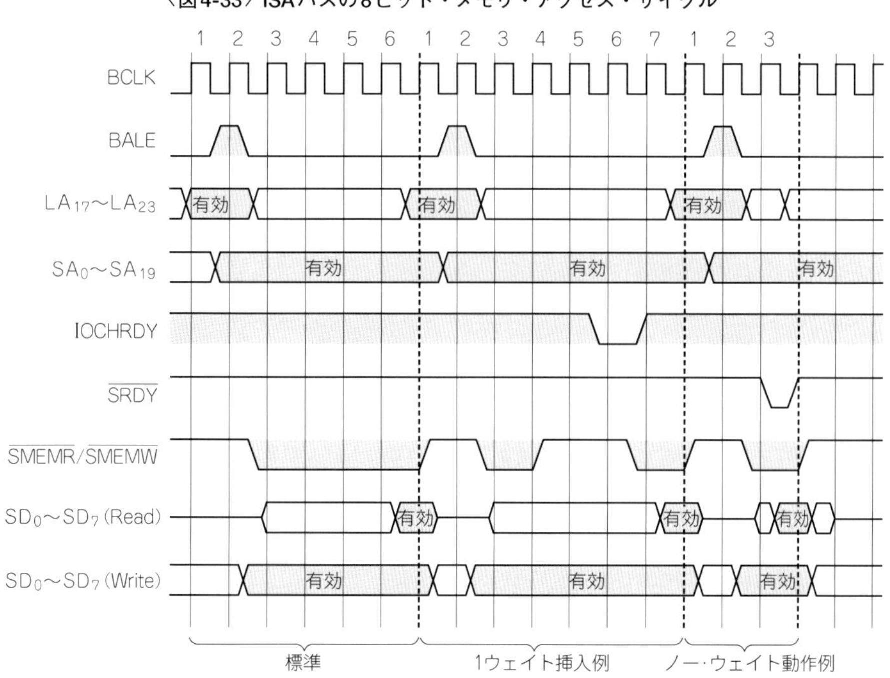

BALEが“H”の間にアドレスが変化し，アドレス(SA_0～SA_{19})が制定してから，BALEが“L”になり，コマンド($\overline{SMEMR}/\overline{SMEMW}$)がアサートされてアクセス開始です．

上位アドレスであるLA_{17}～LA_{23}は，BALEが“L”になったあとは規格上は不定となりますので，デコード結果をBALEでラッチしておくなり，LAそのものをラッチする必要があります．現実のマザー・ボードではわざわざLAを変化させるという意味はないため，実際には不定にはならず，SAと同様に出たままになっているのが普通ですが，一応気を付けておいたほうがよいでしょう．

今回は配置するアドレスが1Mバイト以下の領域(0D0000h)ですから，LAは使わないので気にしなくて大丈夫です．

ライト時には，コマンド($\overline{SMEMW}$)をアサートするのよりも早くデータを制定します．メモリ側は，$\overline{SMEMW}$の立ち上がりエッジでデータを取るので，セットアップ時間に関してはかなり余裕が期待できるといえるでしょう．

コマンドをアサートしたあと，ホストはクロックの立ち上がりに同期してIOCHRDY信号を監視します．もし“L”になっていれば，ウェイトを挿入します．

今回はとくにウェイトは必要ないので，そのままデフォルトのタイミングのまま進行します．6サイクル目の終わりでコマンドがネゲートされます．リード時には，このタイミングでデータが取り込まれます．

● SRAMメモリ・ボードの基本設計

SRAMメモリ・ボードの回路図を見ていきます．今回使用したのは1Mビット(128Kバイト)のメモリ・デバイスですが，メモリ領域としては64Kバイトぶんしか使わないので，アドレスの最上位ビット(A_{16})は“L”に固定しておきました．次に回路の各部分について説明しておきましょう．

▶ アドレス・バッファ

メモリに与えるSA_0～SA_{15}のアドレスにはバッファを入れています．バッファは74LS244でもよいのですが配線が楽になることから，74LS245を使用してディレクションを固定して使っています．

▶ データ・バッファ

データのほうは双方向にする必要があるので，74LS245で受けています．ゲートを開いたままにして，メモリへのリード信号でディレクション制御を行うというやりかたをしました．今回はPLDでメモリのリード信号は$\overline{CS_1}$がアサートされているときだけ出るようにしていますので，この方法が使えます．

▶ PLD（MEMDEC）

PLDは，メモリへのチップ・セレクト，$\overline{OE}$，$\overline{WE}$を作成するのに使っています．**図4-32**に示した内部論理でわかるとおり，チップ・セレクト信号はリフレッシュ・サイクル以外で，アドレスの上位(SA_{16}～SA_{19})がDh(D0000h～DFFFFhをSRAMボードの空間にしたため)，およびBALE＝“L”のときに選択されるようにしています．

また，メモリのリード/ライト信号はチップ・セレクトと$\overline{SMEMR}$/$\overline{SMEMW}$がアサートされたときに出るようにしています．

▶ バックアップ電源切り替え

バッテリ・バックアップのポイントとなるのは，電源切り替えとチップ・セレクト信号制御です．今回は簡単のため，単純にV_{CC}とバッテリ(CN_2に3.6Vの電池)のダイオードORを取るだけにしましたが，ダイオードの順方向降下電圧には注意が必要です．電源電圧が供給される電源電圧よりも極端に低くなると，動作電圧範囲外になったり入力ピンの電圧が電源電圧よりも高くなるといったことが起きる可能性があるためです．

▶ チップ・セレクト制御

バッテリ・バックアップのためには，メモリのチップ・セレクト信号をネゲートしなくてはなりません．また，今回は$\overline{CE_1}$だけを制御に使っていますが，消費電流を低く保つためには$\overline{CE_1}$を電源電圧に近い値（CY62128の場合にはV_{CC} − 0.2 V以上）に保たなくてはなりません．今回はこのための制御として，電源監視ICであるADM708（アナログ・デバイセズ）と74HCシリーズのCMOSゲートによる回路を組んでいます．

ADM708は本来はCPUのリセット信号生成用のデバイスです．この手の電源監視用のICにはいくつも種類があり，SRAMのバッテリ・バックアップ用に電源切り替え回路やチップ・セレクト制御機能を内蔵したものもあります．これらを使うと回路は非常に単純になるのですが，デバイスの価格が少々高いのが難点です．

今回使用したADM708のピン配置と内部のブロック図を**図4-34**に示します．電源の切り替えでは，電源電圧がどこまで落ちたらホストからの信号を無視してバックアップ状態にするかというのがポイントですが，個別部品で行うのはなかなか面倒なものです．

ADM708の場合，ブロック図でわかるとおり，内部に4.40 Vと1.25 Vの生成回路をもっていて，4.40 VのほうがV_{CC}と比較されて，リセット生成回路に入っています．電源電圧が4.40 V以下になると，RESET/$\overline{RESET}$信号がアサートされる（RESETは“H”に$\overline{RESET}$は“L”になる）というしくみです．

回路の動作を**図4-35**に示します．V_{CC}自体が低下していくので，RESETのほうの出力電圧も連動して下がってしまうため，今回は$\overline{RESET}$側の出力を使います．電源電圧が

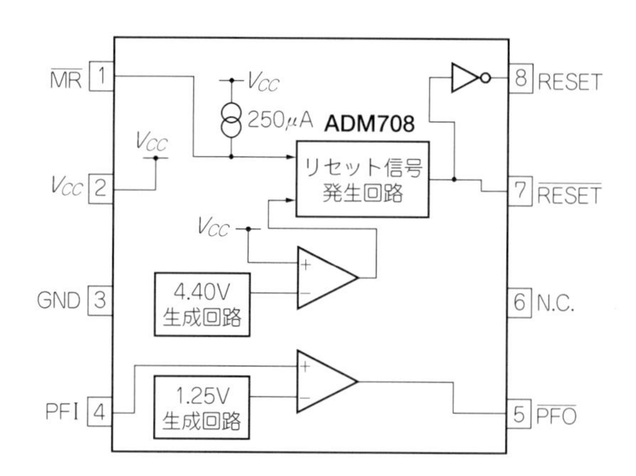

〈図4-34〉
ADM708のピン配置とブロック図

〈図4-35〉
バックアップ回路の動作

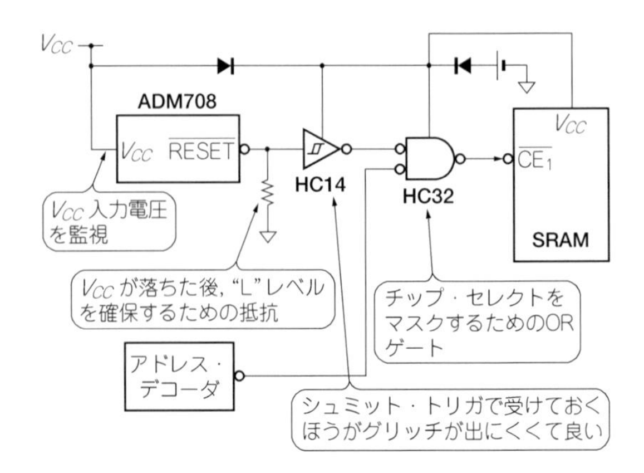

ADM708の動作範囲外になったときにもLレベルを確保するためにプルダウン抵抗を付け，これを74HC14のシュミット・トリガのゲートで受けました．74HC14と次段にある74HC32の電源ピンは，SRAMの電源ピンと共通になっています．

これにより，ADM708の$\overline{\text{RESET}}$が“L”になると74HC32の出力ピンが強制的に“H”となり，SRAMの$\overline{\text{CE}_1}$がネゲートされるため，スタンバイ状態になるというわけです．

● SRAMメモリ・ボードの動作確認

完成したSRAMメモリ・ボードを動作させてみました．MS-DOSモードで起動してDEBUGコマンドを使って，D0000hからデータをリード/ライトしてみます．正常に動くことが確認できたら，バックアップ電源コネクタ(CN_2)に電源を供給してパソコンの電源を落とします．消費電流は40 μA程度でした．再度起動して，先ほど書き込んだアドレスを読むと，書き込んだデータが読み出されるので，きちんとバックアップされていたことがわかります．

D0000hからの領域はPC/ATの拡張BIOS領域なので，SRAMにヘッダなどを付けたデータを書き込んでおくとOS起動前にCALLされます．いろいろと独自の細工をするプログラムを置いてみるというのも面白いでしょう．

フラッシュ・メモリなどと違って書き換えは簡単で，1バイト単位で書き換えできるうえ，書き換え時間もかかりません．バッテリを抜けばデータは消えるので，ROM化するまえの段階でいろいろな実験をするのにも便利でしょう．

第5章

特殊なSRAMの構造と使い方

ここでは，特殊な用途のSRAMとして，前章で簡単に触れたデュアル・ポートSRAMとFIFO(First In First Out)について解説します．

5.1　デュアル・ポートSRAM

デュアル・ポートSRAMはクロックに非同期のものと，クロック同期で動くタイプの2種類があります．同期型は単に非同期タイプのものの外部にラッチを付けたというものではなく，シンクロナス・バーストSRAMのように自動的にアドレスをインクリメントしていくような機能ももたせています．

また，非同期型では左右両ポートから同一アドレスへのアクセスが行われて衝突した場合に，$\overline{\mathrm{BUSY}}$信号によってあとからアクセスしにきた側が待たされますが，同期型の場合にはこのような制御はなく，双方のアクセスを非同期に行うことが可能です．

● 非同期型デュアル・ポートSRAM

非同期型のデュアル・ポートSRAMの例として，Cypress社のCY7C019を見ていきましょう．CY7C019の内部ブロックは**図5-1**のようになっています．

中央部分にあるのがデュアル・ポート・メモリ・アレイで，二つのアドレスを同時に受け付けられるようにした記憶素子がならんでいます．その下のブロックが両者のアクセスの衝突が起きたときのアービトレーション，および割り込みやセマフォ機能といった付録的な機能や複数接続してビット幅を拡張するための信号制御などを実現した部分です．

デュアル・ポートSRAMの場合，双方のアクセスがいつ発生するかは予想できません．片方がメモリ・セルの内容を更新しているときに同じアドレスを読み出そうとしたような場合には，あとからきたアクセスを待たせる必要が出てきます．このため，$\overline{\mathrm{BUSY}}$信号を用意しています．

複数のデュアル・ポートを接続する場合，それぞれのアクセス調停ロジックが単独でアービトレーションを行うと，きわどいタイミングで双方のアクセスが衝突した場合，あるデバイスはLEFTポートにアクセス権を与えてRIGHTポートに$\overline{\mathrm{BUSY}}$を返したが，他のデバイスは逆にRIGHTポートにアクセス権を与えてLEFTポートに$\overline{\mathrm{BUSY}}$を返すということが起きてしまいます．このために設けられたのがマスタ/スレーブ機能で，マスタ・デバイスのアービトレーション機構の判定結果にスレーブ・デバイスが追従するという形をとります．

デバイスのマスタ動作/スレーブ動作を決定するのがM/$\overline{\mathrm{S}}$信号で，“H”ならばマスタ・デバイス，“L”ならスレーブ・デバイスになります．マスタ・デバイスの$\overline{\mathrm{BUSY}}$信号は出力ですが，スレーブ・デバイスは$\overline{\mathrm{BUSY}}$信号が入力ピンになります．

● CY7C019のピン配置

CY7C019のピン配置を**図5-2**に示します．100ピンのTQFPパッケージですが，左右対称に分かれていることがわかります．

〈図5-1〉[6] CY7C019の内部ブロック

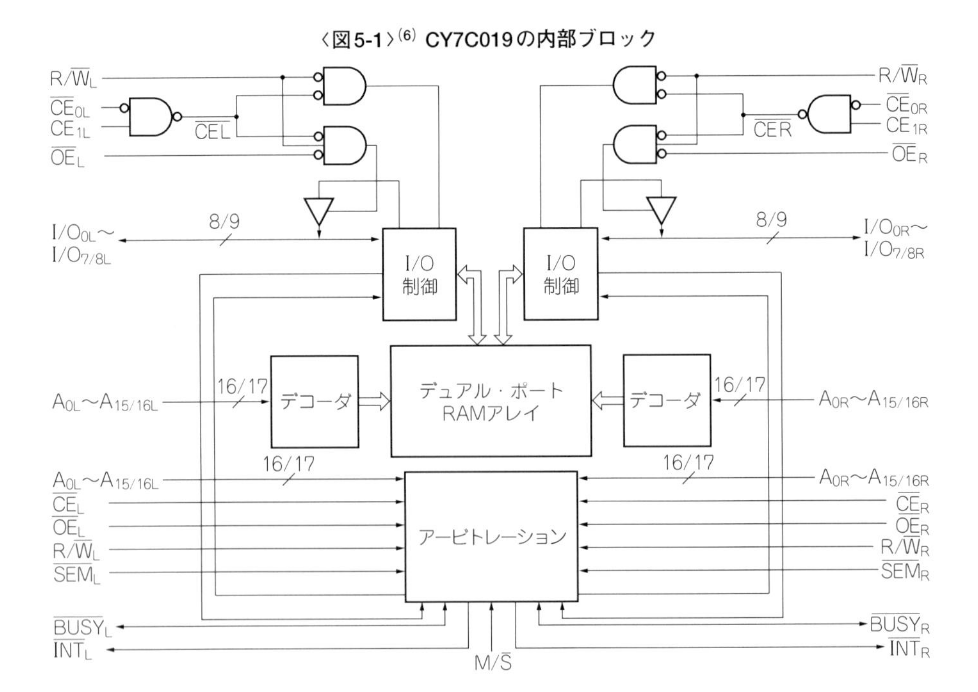

● CY7C019の信号線

デュアル・ポートSRAMはメモリ・アクセスのための信号をすべて2組ずつもっており，両方とも同等に扱われます．このため，デュアル・ポートSRAMでは便宜上，それぞれのポートをLEFTポート，RIGHTポートと呼んでいて，それぞれの信号名にもLやRの文字を付けて区別しています．ただ，機能的にはまったく等価なので，以下の説明のなかではLやRの表記は省略しています．

〈図5-2〉(6) CY7C019のピン配置

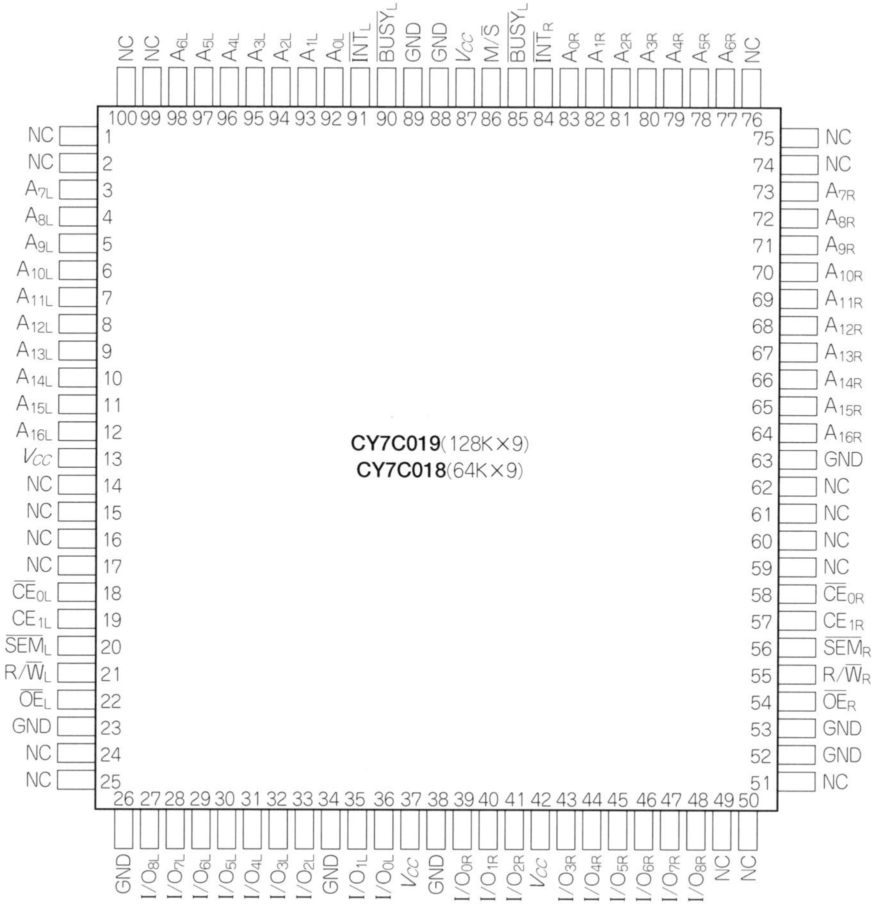

▶ A_0～A_{16}（アドレス・バス）

アドレス・バスです．CY7C019は128 K × 9ビットのデュアル・ポートSRAMなので，アドレスは17本あります．非同期SRAMと同様にバースト転送やリフレッシュなどはないので，アドレス・ピンのどれをLSBとして使うかは任意ですが，一般にはA_0をLSBとして使うことが普通でしょう．

▶ I/O_0～I/O_8（データ・バス）

双方向データ・バスです．CY7C019のデータ幅は9ビットなので9本あります．同じシリーズのCY7C018は8ビット幅ですが，I/O_9ピンが省略されているほかは同じです．

▶ $\overline{CE_0}/CE_1$（チップ・イネーブル0/1）

チップ・イネーブル信号です．$\overline{CE_0}$が“L”(V_{IL}以下)で，かつCE_1が“H”(V_{IH}以上)のときにデバイスが選択状態になり，与えられたアドレスに対するリード/ライトが行われるようになります．

▶ $\overline{OE}$（アウトプット・イネーブル）

I/O_nを出力モードにして，与えたアドレスのデータを読み出します．$\overline{BUSY}$が“L”になっているときは$\overline{OE}$をアサートしてもデータは不定です．データ・リードは$\overline{BUSY}$ = “H”まで待たなくてはなりません．

▶ $R/\overline{W}$（リード/ライト）

ライト動作を行うときに“L”にします．$\overline{CE_0}/CE_1$(以下両方まとめてCEと略す)とともに用いられて，CEがアサートされて，さらに$R/\overline{W}$ = “L”ならばライト・オペレーションになり，CEがネゲートされるか，$R/\overline{W}$が“H”になった時点でデータ・バス上のデータが書き込まれます．

$R/\overline{W}$はCEよりもあとから“L”になってもかまいません．ただし，このとき$R/\overline{W}$が“L”になるまではリード・オペレーションとなるので，データ・バスにはデータが出てきてしまいます．データの衝突が起きないようにするためには，$R/\overline{W}$を“L”にしてからデータ・バスがハイ・インピーダンス状態になるまで待ってから，外部回路がデータ・バスをドライブするように設計する必要があります．

▶ $\overline{BUSY}$（ビジー）

バス・アービトレーション用の信号です．この信号の方向は$M/\overline{S}$ピンの状態によって変化します．$M/\overline{S}$ = “H”の場合はマスタ・モードとなり，$\overline{BUSY}$ピンは出力になります．このとき，片方のポートからアクセスされているときにもう一方から同じアドレスにアクセスした場合，あとからきた側に$\overline{BUSY}$信号をアサートします．

▶ $\overline{\mathrm{SEM}}$（セマフォ・レジスタ・アクセス）

デュアル・ポート・メモリ自体の機能とは直接関係のないオマケ的な機能ですが，CY7C019にはデュアル・プロセッサ・システムを組んだときに便利なようにメモリのほかに8個のセマフォ・レジスタと呼ばれるものをもっています．

セマフォ・レジスタにアクセスするときには$\overline{\mathrm{SEM}}$端子をアサートします．このときアドレスの下位3ビットがセマフォ・レジスタ番号になります．$\overline{\mathrm{SEM}}$をアサートするときはCE信号はアサートしてはいけません（$\overline{\mathrm{CE}_0}$ = “L” でかつ，CE_1 = “H” という条件になってはならない）．セマフォ機能の詳細についてはあとで説明します．

▶ $\overline{\mathrm{INT}}$（割り込み出力）

これもデュアル・ポート・メモリ自体の機能とは直接関係のない付録的な機能です．デュアル・プロセッサ・システムなどを組んだ場合，互いに状態変化や要求などを伝えるために割り込みを使うことが多いので，CY7C019では互いに割り込みをかける機能をあらかじめ組み込んでいます．

LEFT側のポートからメモリの最上位番地（1FFFFh番地）に書き込みを行うと，RIGHTポートの$\overline{\mathrm{INT}}$がアサートされ，RIGHTポート側からこの番地をリードすると，$\overline{\mathrm{INT}}$がネゲートされます．逆にRIGHT側のポートから最上位－1番地（1FFFEh番地）に書き込みを行うとLEFTポート側の$\overline{\mathrm{INT}}$がアサートされ，LEFTポート側からこの番地をリードすると$\overline{\mathrm{INT}}$がネゲートされます．

$\overline{\mathrm{INT}}$がアサート/ネゲートされる以外は他の番地と同じように扱えるので，この番地を1バイトのコマンドを受け渡すのに使用すると便利でしょう．また，割り込み機能を使わないならば，この番地を特別扱いにせず，通常のデュアル・ポート・メモリとして使用することができます．

● **CY7C019の基本動作機能**

CY7C019の基本動作は，リード動作，ライト動作，ビジー状態，割り込み機能，セマフォ機能，マスタ/スレーブ動作の六つに分類することができます．以下ではそれぞれの動作について説明します．

▶ リード動作

図5-3にデュアル・ポートSRAMのリード動作波形例を示します．非同期SRAMと同様で，アドレスが確定し，$\overline{\mathrm{CE}_0}$ = “L”，CE_1 = “H” でデバイスが選択され，R/$\overline{\mathrm{W}}$ = “H”，$\overline{\mathrm{OE}}$ = “L” によってリード状態が確定するとデータが出てきます．ホスト側はこのデータを取り込めばよいわけです．

▶ ライト動作

図5-4にデュアル・ポートSRAMのライト動作波形例を示します．やはり非同期SRAMと同様の動作となります．この例では$\overline{OE}$はネゲートしたまま，R/$\overline{W}$信号を先に確定させて，CE信号で書き込むという動作になっています．図では$\overline{CE_0}$，CE_1が同時に変化していますが，片方をアサートしたまま，もう片方だけをアサート/ネゲートしてももちろんかまいません．ネゲートされたタイミングで書き込みが行われます．

CEを先にアサートさせておいて，R/$\overline{W}$で書き込みを行う方法ももちろん可能です．この場合には，R/$\overline{W}$の立ち上がりエッジで書き込みが行われることになります．

〈**図5-3**〉
デュアル・ポートSRAMのリード・サイクル

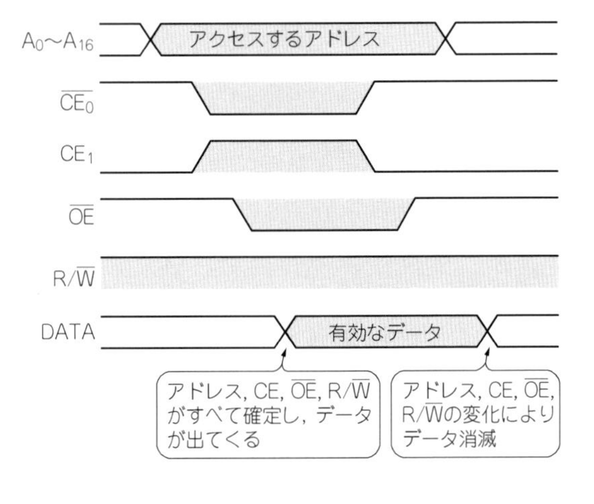

〈**図5-4**〉
デュアル・ポートSRAMのライト・サイクル

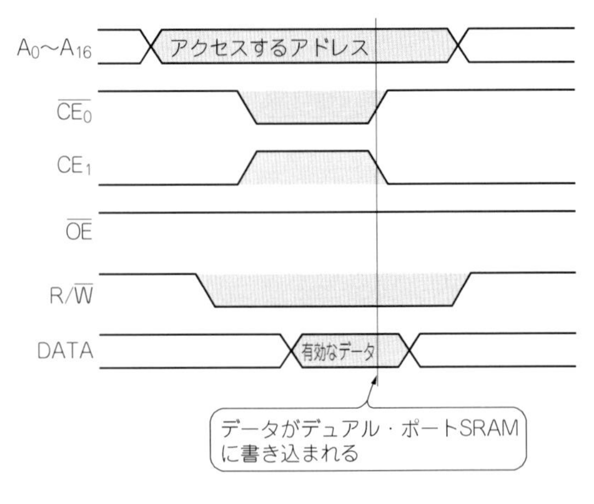

▶ ビジー

デュアル・ポートSRAMの場合，両方のポートからのアクセスを同時に行うことが可能ですが，同時に同じアドレスへのアクセスが行われた(衝突が起きた)場合だけは同時にアクセスすることができず，片方のアクセスが終了するまでもう一方を待たせなくてはなりません．このために使用されるのが$\overline{\text{BUSY}}$信号です．

基本的な動作は先着優先で，先にアクセスした側が優先され，あとからアクセスにきた側の$\overline{\text{BUSY}}$がアサートされることになります．一定時間内に両方からのアクセス要求が発生した場合，CY7C019はどちらか一方のみ$\overline{\text{BUSY}}$をアサートしますが，このときどちらの$\overline{\text{BUSY}}$がアサートされるのかは保証されていません．

図5-5に，デュアル・ポートSRAMの同一アドレスに左右から同時にアクセスされたときの動作概要を示します．この例ではLEFTポートが先にアクセスし，アクセス中にRIGHTポートからのアクセスがきたという場面を想定しています．RIGHTポートの$\overline{\text{BUSY}}$がアサートされ，LEFTポートの動作完了まで待たされます．

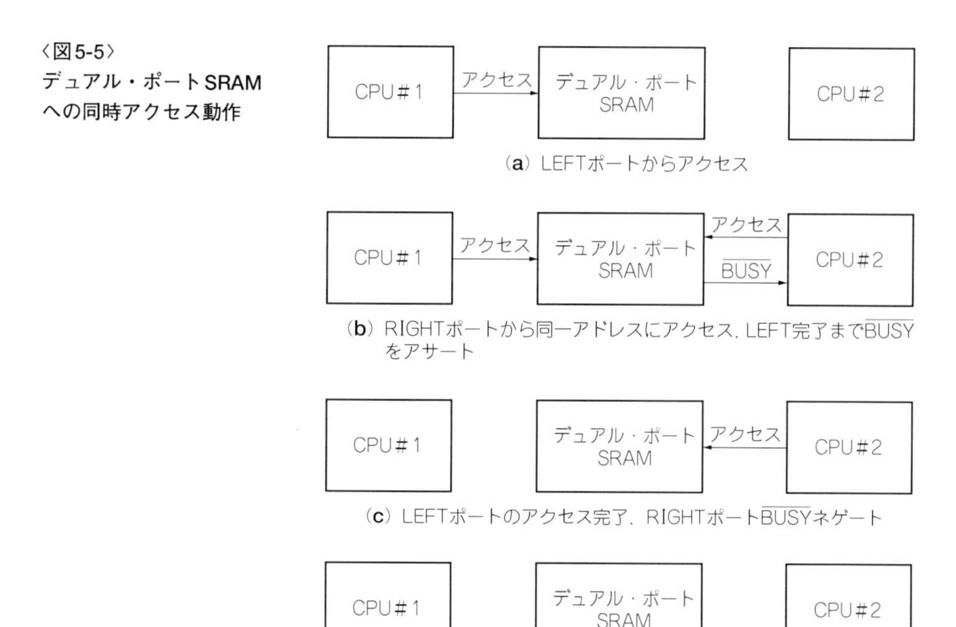

〈図5-5〉デュアル・ポートSRAMへの同時アクセス動作

もう少し具体的に波形で示したのが**図5-6**です．ここでは，先ほどの例と同じようにLEFTポートが先着となり，RIGHTポートが待たされたあとに，再度LEFTポートからアクセスがあった場合の波形を示しています．LEFT，RIGHT，LEFTと交互にアクセスされるようすがわかります．

▶ 割り込み機能

デュアル・ポートSRAMを使って複数のプロセッサ間での通信を行う場合，処理の開始依頼や完了通知などのために互いに割り込みを掛けたい場合がよくあります．これをサポートする目的で付加されているのが，CY7C019の割り込み機能です．

割り込み動作とはいっても，すでに説明したライト動作，リード動作を行うという点に変わりはありません．

図5-7に割り込み動作の例を示します．この例ではLEFTポートからRIGHTポートに割り込みを掛けています．LEFTポートから1FFFFh番地にデータを書き込むと(データは任意)，RIGHT側の$\overline{\text{INT}}$出力がアサートされます(“L” になる)．RIGHT側に接続されたCPUなどがこれを受けてRIGHTポート側から1FFFFh番地をリードすると，$\overline{\text{INT}}$出力はネゲートされます．このときRIGHT側からは，LEFT側から書き込まれたデータが読み出されます．

〈図5-6〉デュアル・ポートSRAMのアービトレーション動作

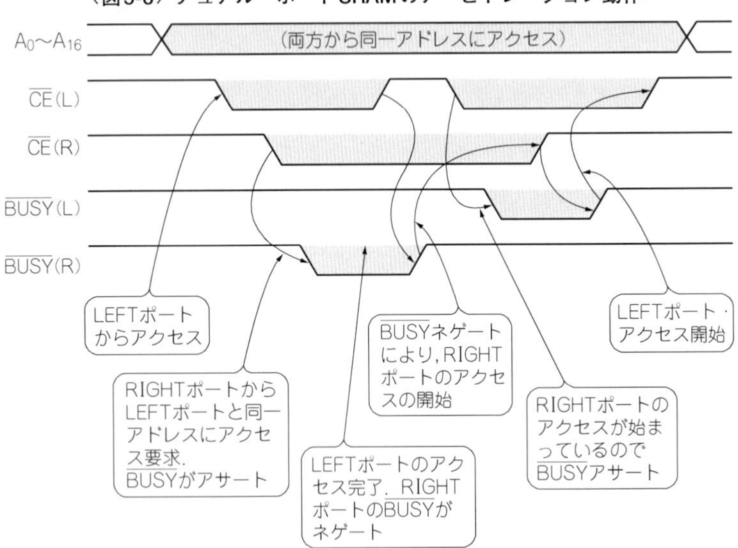

▶ セマフォ機能

デュアル・ポートSRAMの両側にCPUが接続されたときには，両方で共有しているメモリやI/Oなどへのアクセスを一定期間片方だけが専有して行いたいような場合がよくあります．

このような，排他的な処理を行うためによく使われるのがセマフォという一種のフラグです．セマフォを獲得したいときにセマフォにアクセス件を要求します．このとき，アクセス権が獲得できれば獲得を示すデータが，また獲得できなければ使用中を示すデータが返ります．そして，共有しているリソースへのアクセスが終わったら，セマフォに対して解除コマンドを送ります．

もっとも単純なセマフォは，レジスタとメモリ内容の交換命令(**XCHG**命令)によるものでしょう．ある程度の規模のシステムに配慮したプロセッサでは，**XCHG**命令の実行中(リードから次のライトまでの間)を一連の処理としてバス・ロック信号を出すようになっているものが多く見られます．このとき，バス・ロック信号がアサートされている間はほかのプロセッサなどがバスを使えないようにハードウェアを設計しておくわけです．

このときの動作を**図5-8**，**図5-9**に示します．

共有メモリの初期値を“1”にしておいて，CPUのレジスタを“0”にして**XCHG**命令を

〈図5-7〉
CY7C019の割り込み機能の動作

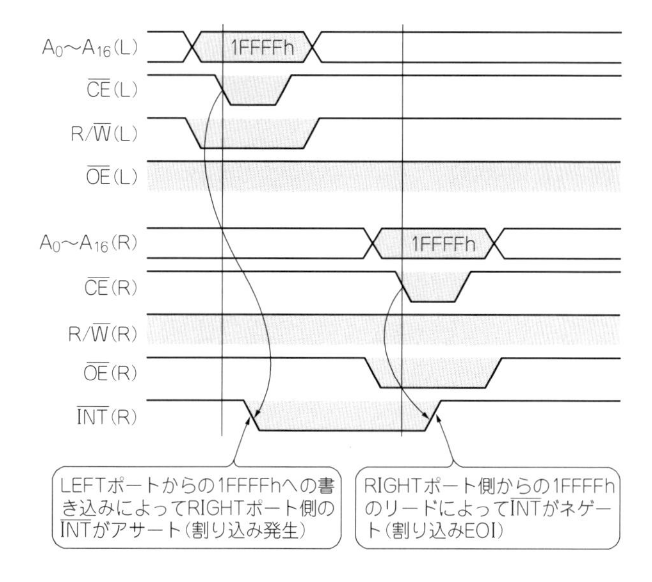

実行します．メモリが“0”になり，レジスタには“1”が入ります．レジスタが“1”になっていれば，アクセス権を獲得できた(セマフォが取れた)と判定して，共有リソースへのアクセスを行います．このときに，もう一方のプロセッサがやはりレジスタを“0”にして**XCHG**命令を実行すると“0”が読めます．“0”のときはセマフォが取れなかったということになるので，再度**XCHG**を実行するということを繰り返します．

　一方，最初にセマフォを取ったCPUは共有リソースへのアクセスが終わったらセマフォに“1”を書き込みます(セマフォを返す)．このあと，もう一方が**XCHG**命令を実行すると，今度はめでたく“1”が読み出され，(メモリは再び“0”になる)セマフォが取れたことがわかるわけです．

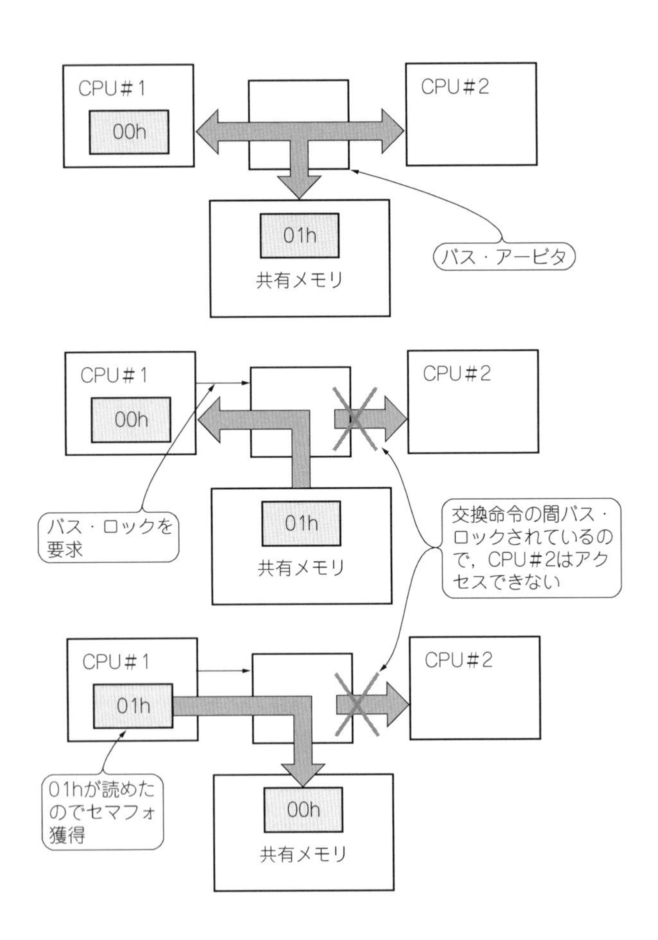

〈図5-8〉
XCHG命令によるセマフォ動作(その1)

この例では，デュアル・ポートSRAMではなく，シングル・ポート＋アービタという構成でしたので，こうした方法が取れましたが，デュアル・ポートSRAMでこれを行うにはさらにバス・ロック信号などを追加しなくてはならないことや，バス・ロックを使うとアドレスが重複しなくてもロックされてしまうのでは効率が悪くなります．また，こうしたバス・ロック機構のないCPUもあることから，CY7C019ではデュアル・ポートSRAM内部にセマフォ機能を追加しています．

図5-10に，CY7C019に組み込まれたセマフォ機能の動作を示します．内部にはLEFT用とRIGHT用にそれぞれフラグがあるというイメージです．図では，まずLEFT側(CPU#1)がセマフォを獲得し，RIGHT側がセマフォを獲得にきたが失敗し，LEFTがセ

〈図5-9〉
XCHG命令による
セマフォ動作(その2)

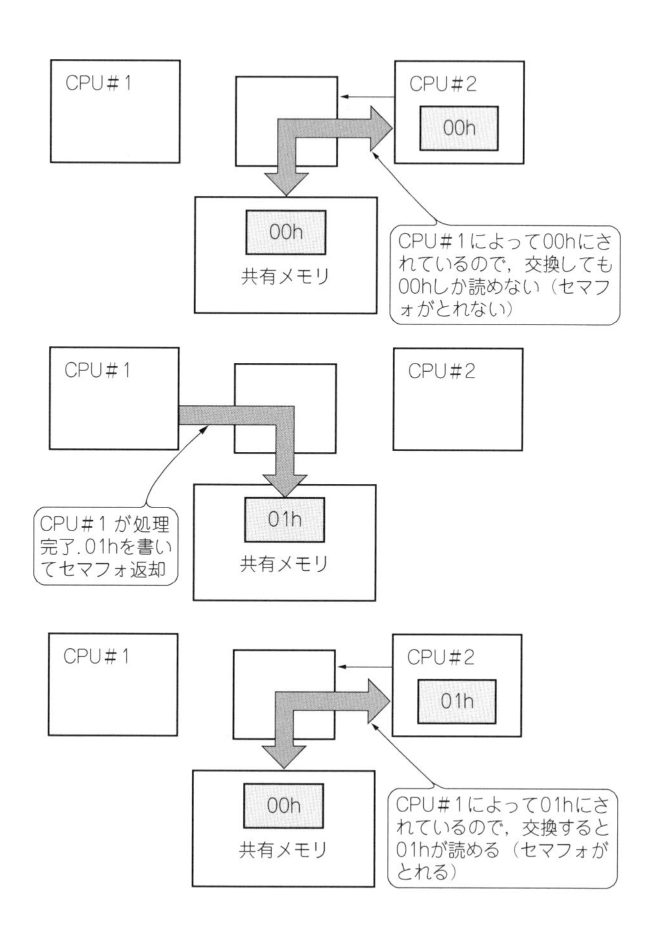

〈図5-10〉
CY7C019のセマフォ動作

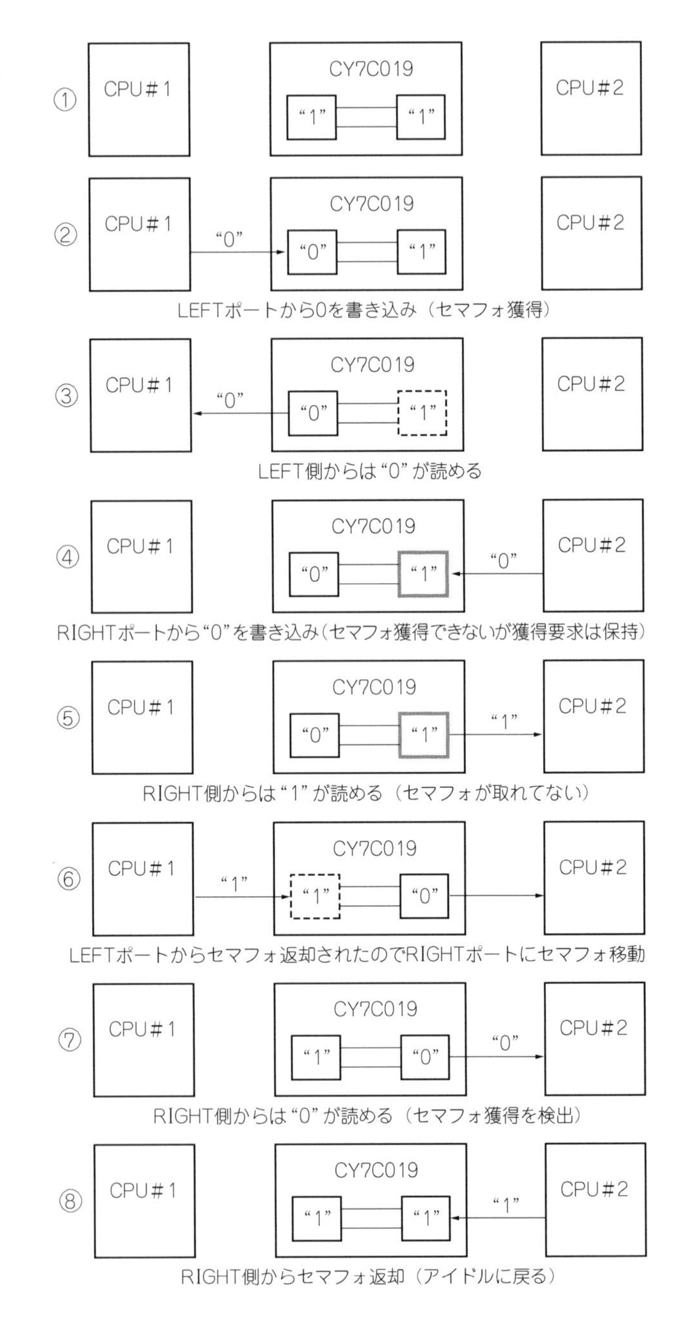

マフォを返却したあとでRIGHTがセマフォを獲得するという，一連の動作を示しました．

まず，二つのフラグは初期状態ではどちらも“1”になっています(①)．ここで，LEFT側から“0”が書き込まれるとLEFT側のセマフォ・フラグが“0”になります(②)．LEFT側からセマフォ・フラグをリードすると“0”が読み出されます(③)．RIGHT側は変化しませんが，ここで一種の書き込みロックが働いたようになって，変更が行えなくなります(③の図では点線で示した)．ただ，ここでRIGHT側から“0”を書き込むとセマフォ・フラグは更新されませんが，「セマフォ要求があった」ということは記録されます(④)．RIGHTポートのセマフォ・フラグは更新されませんから，読み出すと“1”が読み出されます(⑤)．

LEFTポート側はセマフォが必要なくなると“1”を書き込んでセマフォを返却します．このとき，④のステップでRIGHTポートからのセマフォ待ちになっているため，CY7C019は直ちにRIGHT側のセマフォ・フラグを“0”，LEFTポート側を“1”でロックします(⑥)．ここで，RIGHT側がセマフォ・フラグをリードすると“0”が読み出され，CPU#2がセマフォが獲得できたことを知ることになります(⑦)．

このあと，RIGHTポート側からセマフォを解放するまで，LEFT側からのセマフォ要求がなければ，RIGHTポート側からの解放によってアイドル状態に復帰します(⑧)．

▶ マスタ/スレーブ機能

デュアル・ポートSRAMのビット幅を拡張したい場合には，複数のデュアル・ポートSRAMを並べることになりますが，このとき**図5-11**(**a**)のように，両方の$\overline{\text{BUSY}}$のOR条件にするとCPU#1とCPU#2が微妙なタイミングでほぼ同時にアクセスされた場合，それぞれのチップごとに優先アクセスさせるポートが変わってしまう場合がでてきます．このとき，$\overline{\text{BUSY}}$のORをとっていると両方とも$\overline{\text{BUSY}}$が返るため，システムがハングアップしてしまいます．

これを避けるため，通常複数のデュアル・ポートSRAMがあったときに一つをマスタ・デバイス，他をスレーブ・デバイスとして，そのマスタ・デバイスの優先判定結果にスレーブ・デバイスが従うようにすることができるようになっています．これが図(**b**)の接続です．

CY7C019の場合，M/$\overline{\text{S}}$ピンがあり，このピンが“H”ならマスタ・デバイス，“L”ならばスレーブ・デバイスになります．図ではRAM#1がマスタ・デバイス，RAM#2がスレーブ・デバイスです．スレーブになった場合，$\overline{\text{BUSY}}$ピンが入力ピンとなり，マスタの判定結果を受け付けるようになります．

これによって，外部で特別な回路を組んだり，専用の信号ピンを追加することなしに，先ほどのような判定がバラバラになるという問題が回避されるというわけです．

● 同期型(シンクロナス)デュアル・ポートSRAM

シンクロナス・デュアル・ポートSRAMの例として，CY7C09199を取り上げてみます．CY7C09199は，CY7C019と同様128 K × 9ビット構成のデュアル・ポート・メモリです．ブロック図は**図5-12**のようになっています．各信号ピンともクロックでサンプリングされて動作することがわかります．

デュアル・ポート・メモリとしての機能はそのままですが，クロックに同期して動くため，非同期型にあったようなアービトレーション機構はありません．また，セマフォ機能も削除されています．かわりに，最初に与えたアドレスから連続リード/ライトできるようなカウンタ機構が組み込まれています(Counter/Address Register Decode)．$\overline{\mathrm{FT}}$/Pipeというピンは，シンクロナス・パイプライン・バーストSRAMとシンクロナス・バーストSRAMの違いのようなもので，データ・リード時にデータを1回ラッチして次のクロックで出力するか(パイプライン動作)，直接出力するか(フロー・スルー動作)を選択する

〈図5-11〉
デュアル・ポートSRAMのマスタ/スレーブ動作

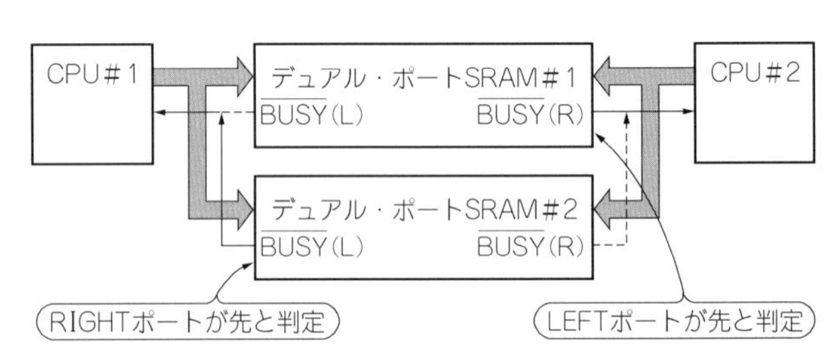

(a) デュアル・ポートSRAMを単に複数つなぐと判定が食い違うことがある

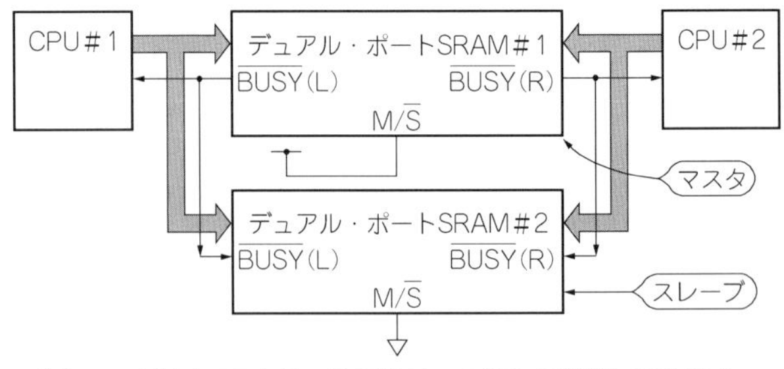

(b) 一つだけをマスタに，ほかはスレーブにして連動して動かす

〈図5-12〉(5) CY7C09199の内部ブロック

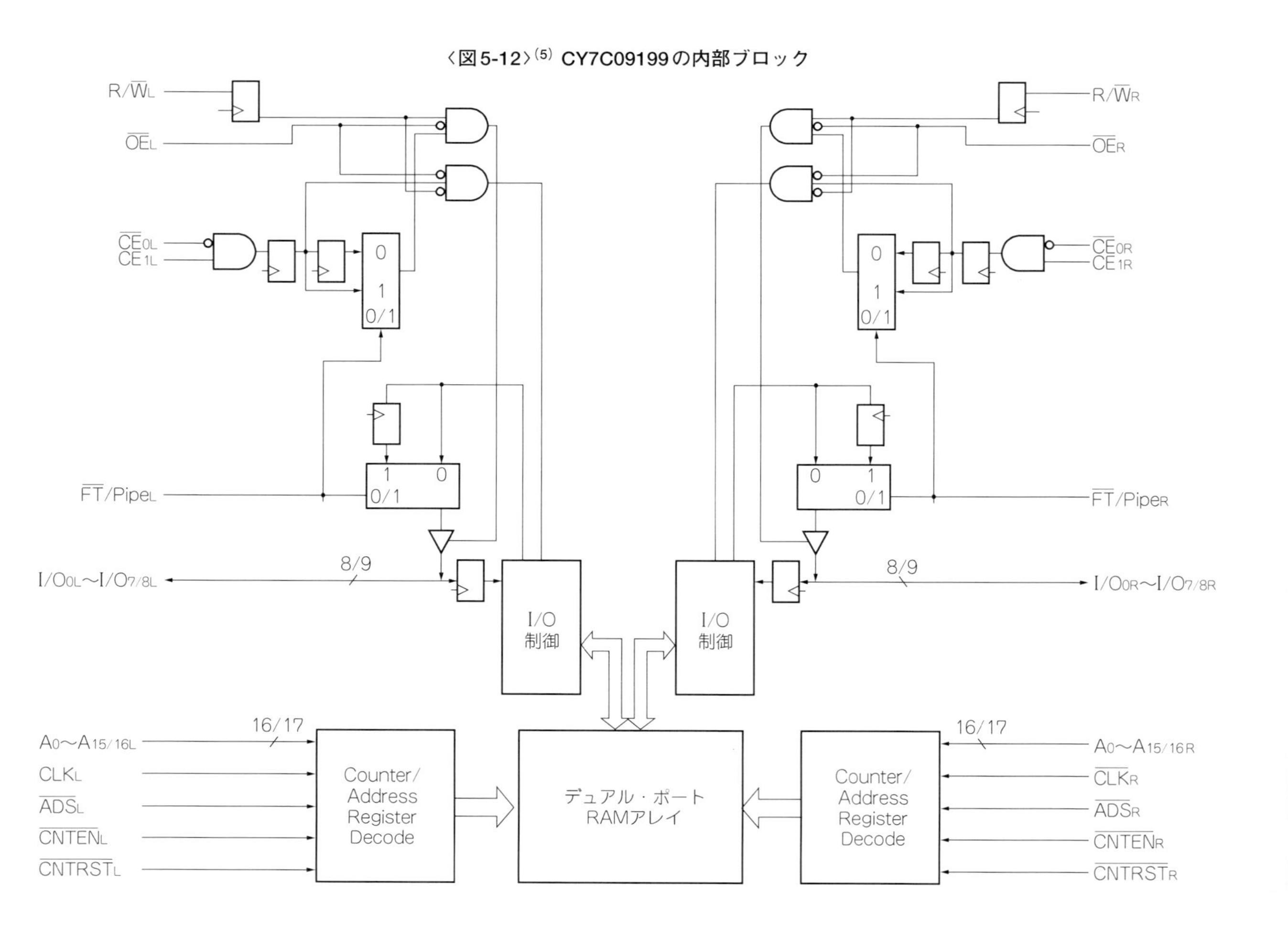

ものです．シンクロナスSRAMのときと同様に，パイプラインのほうが最高クロックを高くとることができます．

● CY7C09199のピン配置

CY7C09199のピン配置を**図5-13**に示します．CY7C019と同様，100ピンのTQFPパッケージで，左右対称に分かれていることがわかります．

● CY7C09199の信号

CY7C09199の信号もCY7C019と同様，左右両ポート対象に2組の信号をもっています．

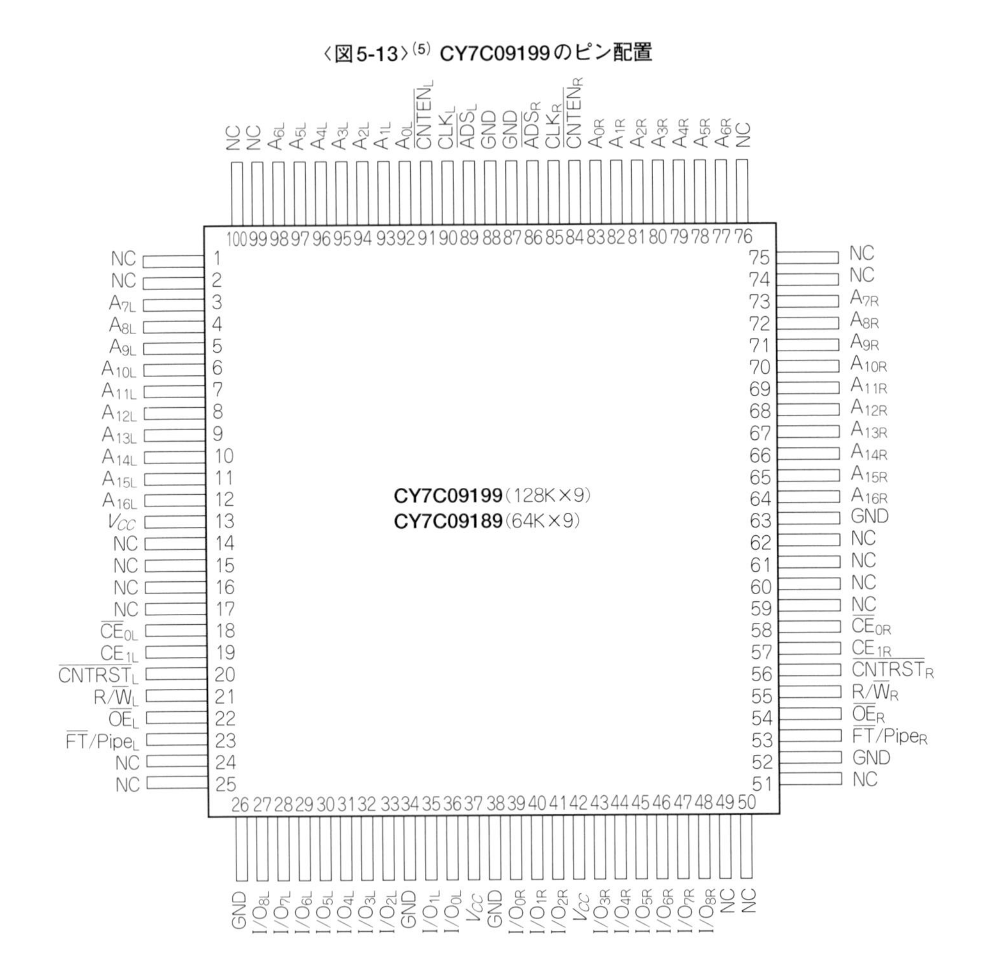

〈図5-13〉[5] CY7C09199のピン配置

ここではとくに断りのないかぎりLEFT，RIGHTの区別はしないで記載します．

CY7C09199の各信号タイミングは，クロック(CLKピンに入力)の立ち上がりエッジから規定されます．なお，以下ではとくに断わらないかぎり，クロック・エッジは立ち上がりエッジを指します．

▶ A_0～A_{16}（アドレス・バス）

アドレス・バスです．先に触れたとおり，CY7C09199は128 Kワード×9ビットのデュアル・ポート・メモリですので，アドレスは17本あります．

$\overline{CE_0}$，CE_1信号，および$\overline{ADS}$がアサートされているときのクロック・エッジでアドレスがラッチされます．

▶ I/O_0～I/O_8（データ・バス）

データ・バスです．データ・ライト時はクロック・エッジでデータが取り込まれ，データ・リード時はクロック・エッジからデータが出はじめるので，外部回路は次のクロック・エッジでデータを取り込みます．リード時，$\overline{FT}$/Pipeピンによって，データが出てくるタイミングが変わることに注意が必要です．

▶ $\overline{CE_0}$/CE_1（チップ・イネーブル0/1）

チップ・イネーブル信号です．クロック・エッジがきたときに$\overline{CE_0}$が“L”(V_{IL}以下)で，かつCE_1が“H”(V_{IH}以上)のときにデバイスが選択状態になり，リード/ライトが行われるようになります．リードになるか，ライトになるかは同じクロック・エッジで与えられるR/$\overline{W}$信号の状態によって決まります．また，アクセスするアドレスは$\overline{ADS}$や$\overline{CNTEN}$によって決まってきます．

▶ $\overline{OE}$（アウトプット・イネーブル）

I/O_nを出力モードにして，与えたアドレスのデータを読み出します．データが出てくるタイミングで$\overline{OE}$が“L”になっていれば，データが出てきますが，“H”になっていればデータ・バス(I/O_0～I/O_8)はドライブされず，ハイ・インピーダンス状態のままです．

▶ R/$\overline{W}$（リード/ライト）

ライト動作を行うときに“L”にします．$\overline{CE_0}$/CE_1(以下両方まとめてCEと略す)とともに用いられて，クロック・エッジでCEがアサートされてさらにR/$\overline{W}$＝“L”ならばライト・オペレーションになり，CEがアサートされてR/$\overline{W}$＝“H”ならリード・オペレーションになります．非同期デュアル・ポートSRAMと違って，クロック・エッジでサンプリングされるので，必ずCE信号と同じクロック・エッジで確定させなくてはなりません．

▶ $\overline{\text{CNTEN}}$（カウンタ・イネーブル）

CY7C09199のアドレス・ラッチはカウンタとしての機能ももっていて，最初にアクセスしたアドレスから順に連続領域をアクセスできるようになっています．シンクロナス・バーストSRAMのバースト転送と似ていますが，シンクロナス・バーストSRAMが下位2ビットしかカウントできないのに対して，CY7C09199の場合には全アドレスがカウント可能である点が異なります．

この機能を使うときに使われるのが$\overline{\text{CNTEN}}$です．クロック・エッジでCE($\overline{\text{CE}_0}$，CE_1)がアサートされている状態で$\overline{\text{CNTEN}}$がアサートされているとこのモードになり，クロック・エッジがくるたびにアドレスがインクリメントされ，次のアドレスのデータが出てきます．$\overline{\text{CNTEN}}$をネゲートしておくとアドレスは進みません．

なお，$\overline{\text{ADS}}$がアサートされているときには，$\overline{\text{CNTEN}}$は無効になります．

▶ $\overline{\text{ADS}}$（アドレス・ストローブ）

A_0～A_{16}に与えたアドレスをアクセスするアドレスとして与えるための信号です．クロック・エッジでCEがアサートされ，さらに$\overline{\text{ADS}}$もアサートされていると，デュアル・ポートSRAMはA_0～A_{16}をアクセス・アドレスとして内部にラッチします．

もしCEがアサートされたクロック・エッジで$\overline{\text{ADS}}$がネゲートされていると，現在のアドレスがアクセス対象となります．また，このとき$\overline{\text{CNTEN}}$信号がアサートされていれば，アドレスが自動的にインクリメントします．

▶ $\overline{\text{CNTRST}}$（カウンタ・リセット）

クロック・エッジでCEがアサートされて，さらに$\overline{\text{CNTRST}}$がアサートされていると，アクセス・アドレスがゼロに戻ります．$\overline{\text{CNTRST}}$は$\overline{\text{ADS}}$や$\overline{\text{CNTEN}}$とは関係なく動作し，アドレスを強制的にゼロにします．これにより，たとえばCEや$\overline{\text{CNTEN}}$をアサートしたままにして$\overline{\text{CNTRST}}$を定期的にアサートすれば，巡回バッファのように同一箇所をグルグルと連続アクセスすることができます．

▶ $\overline{\text{OE}}$（アウトプット・イネーブル）

リード時には必ずアサートする必要のある信号です．ブロック図を見てもわかるとおり，この信号はクロックに非同期です．リード/ライトが交互に発生するような場合に，アサート/ネゲートするタイミングに気を付ける必要があります．

▶ $\overline{\text{FT}}$/Pipe（フロー・スルー/パイプライン）

ブロック図を見るとわかりますが，CY7C09199はリード時にメモリ・セルから出てきたデータをそのままI/Oピンに出力することで，アドレスを与えられた次のクロックでデータを出力するフロー・スルー(Flow-Through)モードと，メモリ・セルから出たデータをいったん内部のラッチに取り込んで出力するパイプライン(pipelined)モードの二つの動作モードをもっています．

データが出てくるタイミングは内部ラッチを通るぶん，パイプライン・モードのほうが1クロック遅くなりますが，タイミング上はパイプライン・モードのほうが厳しく，フロー・スルー・モードのほうが楽になります．アクセス速度の面では，単発アクセスの場合にはフロー・スルーの1クロックに対して，パイプラインは2クロックかかり不利ですが，$\overline{\text{CNTEN}}$機能を使ってある領域を連続アクセスさせる場合にもその差は1クロック(たとえば16バイト転送するならフロー・スルーの16クロックに対してパイプラインは17クロック)ですので，全体として見たときの性能差は小さくなっていきます．

● CY7C09199のアクセス動作

CY7C09199の動作は，$\overline{\text{OE}}$以外についてはクロック・エッジで各信号がどの状態になっているかによって決まります．

表5-1にリード/ライト・オペレーションを，**表5-2**にアドレスのラッチ/インクリメント機構の動作条件を示します．

〈表5-1〉CY7C09199のリード/ライト動作モード

入力ピン					入出力ピン	動作モード
$\overline{\text{OE}}$	CLK	$\overline{\text{CE}_0}$	CE_1	$\text{R}/\overline{\text{W}}$	I/O_0～I/O_8	
X	↑	H	X	X	ハイ・インピーダンス	非選択
X	↑	X	L	X	ハイ・インピーダンス	非選択
X	↑	L	H	L	データ入力	ライト
L	↑	L	H	H	データ出力	リード
H	X	L	H	X	ハイ・インピーダンス	出力ディセーブル

〈表5-2〉CY7C09199のアドレス・カウンタ・コントロール

入力ピン						入出力ピン	モード	動作状態
A_0～A_{16}	前回のクロック・エッジでのA_0～A_{16}	CLK	$\overline{\text{ADS}}$	$\overline{\text{CNTEN}}$	$\overline{\text{CNTRST}}$	I/O_0～I/O_8		
X	X	↑	X	X	L	D(0)	リセット	アドレス・カウンタを0にする
A(n)	X	↑	L	X	H	D(n)	ロード	外部アドレスをラッチ
X	A(n)	↑	H	H	H	D(n)	ホールド	前回のアドレスのまま保持
X	A(n)	↑	H	L	H	D(n+1)	インクリメント	カウンタ・イネーブル

リード/ライト動作の出力ディセーブルというのは，内部的にはリード動作は行われているものの，外部への出力バッファが閉じるためデータが出てこないということを示します．

また，アドレス・カウンタ・コントロールの表のD(*n*)はアドレスA(*n*)のデータであることを示しています．この表では，フロー・スルー・モードでの動作を示しているので，パイプライン・モードの場合には「前回のクロック・エッジでのA_0～A_{16}」を「前々回のクロック・エッジでのA_0～A_{16}」と読み替えてください．

▶ リード/ライト動作

図5-14にアクセス動作の一例を示します．この例はパイプライン・モード($\overline{FT}$/Pipeピンを“H”)にしたときの動作で，リード/ライト/リードという順番でのアクセスを行っています．

フロー・スルー・モードで動作させた場合にはデータが出てくるのが1クロックずつ前倒しされるので，アドレスを与えた次のクロック・エッジでデータが確定します．

まず，最初のクロックではCEがアサートされ，デバイスが選択されます．R/$\overline{W}$が“H”なのでリード・モード，$\overline{ADS}$がアサートされているのでA_0～A_{16}をアクセスするアドレスとして取り込みます．この例では次のクロックでアドレスを変えていますが，これはパイプライン動作を示したかったために書いたものです．

〈図5-14〉[5]
シンクロナス・デュアル・ポートSRAMのアクセス動作例

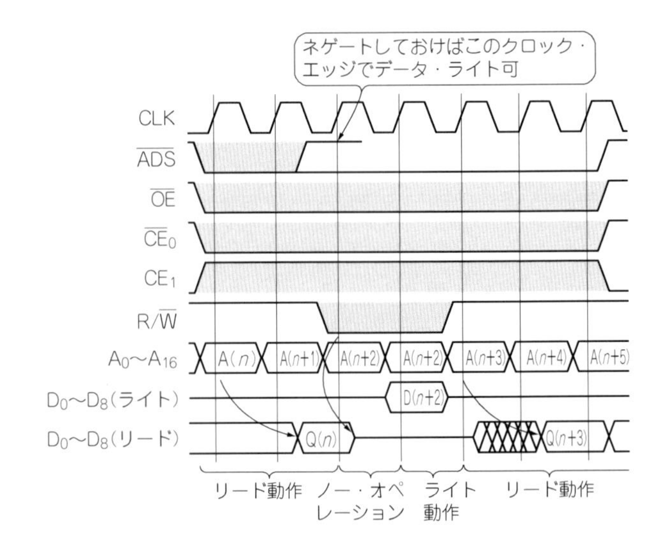

アドレスが与えられた次のクロック・エッジからデータが出はじめるので，外部回路はアドレスを与えた2クロック後のクロック・エッジでデータを取り込みます．

今回の例では，この2クロック後のタイミングでR/$\overline{\text{W}}$を“L”にしてライト・モードに切り替えています．このクロック・エッジよりもまえに$\overline{\text{OE}}$がネゲートされていれば，Q(n)のデータは出力されないので，外部回路でI/O_0～I/O_8をドライブしてこのクロック・エッジでデータを書き込むことができるのですが，この例では$\overline{\text{OE}}$はアサートしたままなので，デュアル・ポートSRAMからのデータが出てきているためデータを書き込むことができません．そこで，ここでは1クロック待って，次のクロック・エッジでデータを書き込んでいます．

ライト完了後，R/$\overline{\text{W}}$を再び“H”に戻すとリード・モードになります．R/$\overline{\text{W}}$ = “H”がサンプリングされたクロック・エッジから2クロック後にデータが確定します．

▶ アドレス・カウンタ・モード

前述したように，CY7C09199のアドレス・ラッチはカウンタとしても動作するようになっています．デバイスがリード・モードにあり，$\overline{\text{ADS}}$が“H”のとき$\overline{\text{CNTEN}}$がアサートされていると，アドレスが進み，次のアドレスが自動的にアクセスされます．

これを図示したのが**図5-15**です．この図はCY7C09199をパイプライン・モード($\overline{\text{FT}}$/Pipe = “H”)で動作させたときの例です．

まず最初のクロックでは$\overline{\text{ADS}}$がアサートされ，アドレスの初期値(n番地)を与えてい

〈図5-15〉(5) CY7C09199の連続領域リード

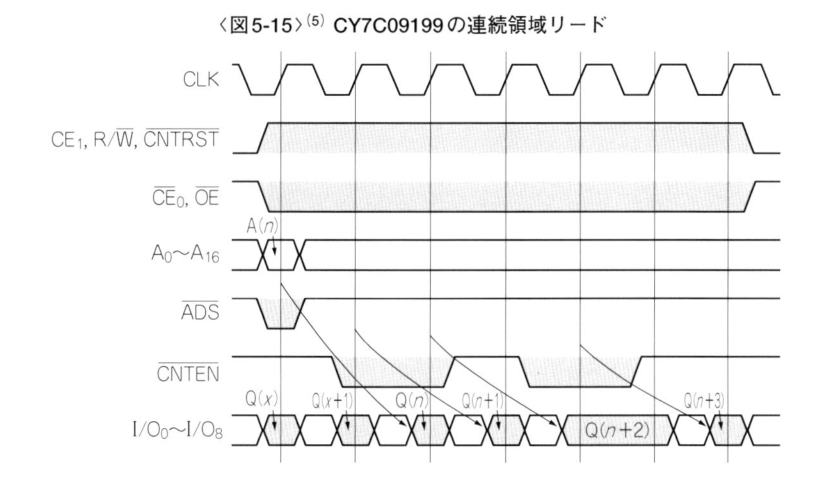

ます(もし，ここで$\overline{\text{CNTRST}}$がアサートされていれば，アドレスは自動的にゼロになる)．ここで与えたアドレスのデータは2クロック後に外に出てきます．

次のクロックで$\overline{\text{CNTEN}}$がアサートされているので，次のアドレス($n+1$番地)がアクセス対象になり，その次のクロックでは($n+2$)番地のアクセスを指示しています．

ここで，いったん$\overline{\text{CNTEN}}$を引き上げると，アドレスのインクリメントが止まるので，図のように($n+2$)番地のデータが出つづけることになり，再度$\overline{\text{CNTEN}}$をアサートすれば，2クロック後から($n+3$)番地のデータが出てくるという動作になります．

5.2 FIFO

FIFOは，First-In/First-Outの略です．日本語に直訳すれば「先入れ先出し」となります．FIFOは入出力を独立して行える，一種のデュアル・ポート・メモリと見ることもできます．確かにデュアル・ポート・メモリと同じように二つのポートをもっていますが，大きく異なるのは片方は書き込み専用，もう一方は読み出し専用となっていることです．また，データは書き込んだ順に読み出されるので，アドレス・ピンというものをもたないということも，デュアル・ポート・メモリとは異なります．

ソフトウェア的な視点から見たときのイメージとしては，**図5-16**のようなものを考えればよいでしょう．底に蛇口のついたタンクのようなものがあって，上からデータを入れ，下から出すというものです．タンクが空になったり，満杯になったときにはそれぞれフラグがあって，外部からそれとわかるようになっています．

ただ，現実のハードウェアとしてはこうしたシフトレジスタのようなものではなく，**図5-17**のようなリング状になっていると考えるほうがよいでしょう．リード・データを取り出す位置を示すポインタと，ライト・データを格納する位置を示すポインタの二つがあ

〈図5-16〉
FIFOのイメージ（その1）

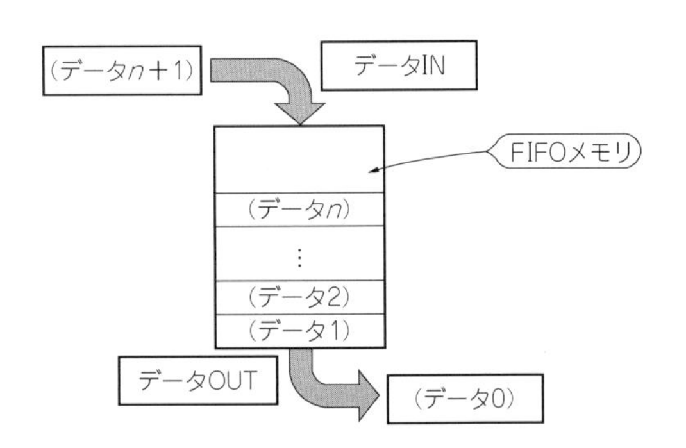

り，それぞれ1回アクセスし終わると一つアドレスが進むようにしておきます．当然，リード・ポインタがライト・ポインタを追い越してしまったり，ライト・ポインタが1周してリード・ポインタを追い抜いたりするとおかしくなるので，そこはブロックすることになります．

● 実際のFIFOメモリ

実際のFIFOメモリとして，Cypress社のCY7C419を取り上げてみました．CY7C419は256ワード×9ビット構成のFIFOです．ピン配置は**図5-18**のようになっています．CY7C419と同じシリーズで，内部が512ワード×9ビット(CY7C421)や1Kワード×9ビット，2Kワード×9ビット，4Kワード×9ビット(それぞれCY7C425/429/433)といったものもあります．FIFOはアドレス・ピンをもたないので，どれもまったく同じピン配

〈図5-17〉
FIFOのイメージ（その2）

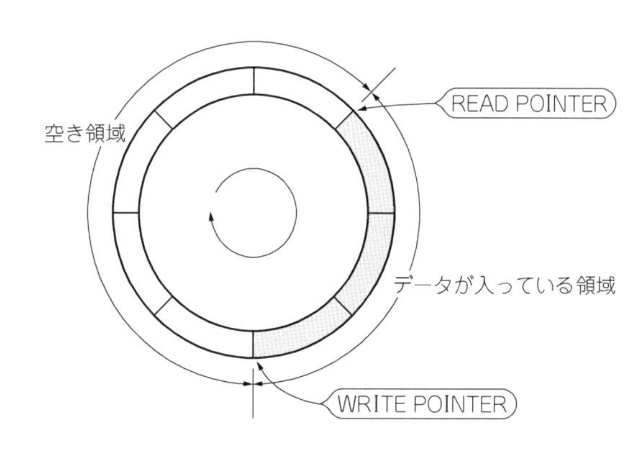

〈図5-18〉
CY7C419のピン配置

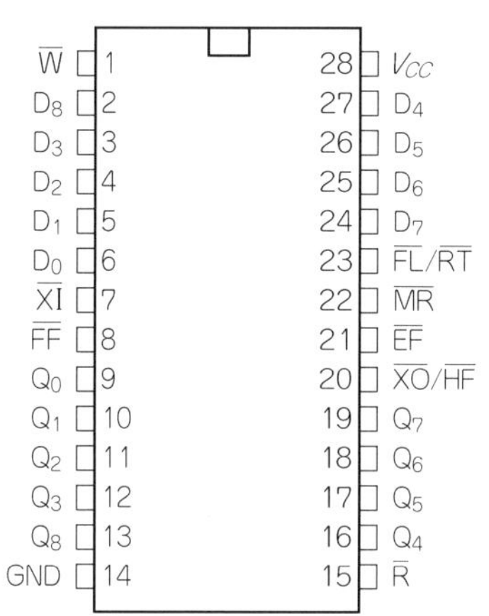

置になるため，そのまま差し換えることも可能です．

CY7C419のブロック図を**図5-19**に示します．先ほどのFIFOのイメージ図とよく似た形になっていることがわかります．先ほどまでの図に出てこなかったのは，下半分のところにあるリセット・ロジック，フラグ制御回路，拡張ロジックの三つです．これらについて簡単に説明を補足しておきましょう．具体的な信号動作についてはあとで説明します．

▶ リセット・ロジック

先に触れたとおり，FIFOメモリにはアドレス・ピンがありません．アクセスするアドレスはメモリ内部のリード・ポインタやライト・ポインタによって管理されており，外部からこのポインタを読み出したり書き換えることはできません．

このため，電源投入後やシステムがリセットされた場合にFIFOの初期状態を決定するために使われるのがリセット・ロジックで，$\overline{MR}$（マスタ・リセット）や$\overline{FL}/\overline{RT}$（First Load/Retransmit）ピンによって各ポインタの初期化を行います．

▶ フラグ制御回路

FIFOメモリのリード・ポインタやライト・ポインタなどは読み出せませんが，データが入っているのか，またデータが満杯になっているのかといったことがわからないと，データを読み出す側はありもしないデータを読みにいってしまったり，書き込む側もすでに満杯の上からさらに書き込もうとすることになってしまいます．

このため，FIFOメモリにはバッファ・エンプティ/バッファ・フルを示すための信号

〈**図5-19**〉
CY7C419の内部ブロック

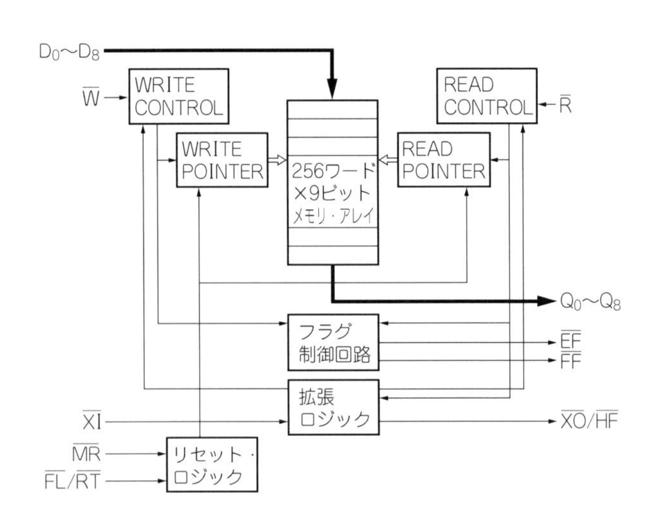

が設けられています．これらの信号をコントロールしているのがフラグ制御回路です．

▶ 拡張ロジック

FIFOメモリを複数接続して，より多くのデータを格納できるようにするために設けられているのが拡張ロジックです．CY7C419の場合には，$\overline{\mathrm{XI}}$（Expansion IN），$\overline{\mathrm{XO}}$（Expansion OUT），$\overline{\mathrm{FL}}$（First Load）信号によって制御されます．$\overline{\mathrm{XO}}$出力は隣のデバイスの$\overline{\mathrm{XI}}$入力に接続され，最後のデバイスの$\overline{\mathrm{XO}}$出力が先頭のデバイスの$\overline{\mathrm{XI}}$出力と接続されるという形で，リング・バッファを構成します．

● CY7C419の信号

それでは，CY7C419の各信号を見ていきましょう．

▶ D_0～D_8（データIN）

データ入力ピンです．FIFOは単方向のバッファ・メモリのようなものなので，入力専用です．D_0～D_8に与えたデータは$\overline{\mathrm{W}}$の立ち上がりエッジでFIFOに格納されます．

▶ $\overline{\mathrm{W}}$（Write）

FIFOへのデータ・ライト信号です．$\overline{\mathrm{W}}$の立ち上がりエッジ（“L”から“H”への変化時）にD_0～D_8に与えられたデータがFIFOバッファの有効データの末尾に追加されます．このとき，WRITE POINTERやフラグ類（$\overline{\mathrm{EF}}$や$\overline{\mathrm{FF}}$，$\overline{\mathrm{HF}}$）の更新も行われます．$\overline{\mathrm{EF}}$は立ち上がりエッジ，$\overline{\mathrm{HF}}$や$\overline{\mathrm{FF}}$の更新は立ち下がりエッジで更新されます．

なお，$\overline{\mathrm{FF}}$（Full Flag）フラグがアサートされているときには新たなデータを書き込むことはできません（書き込みデータは無視される）．

▶ Q_0～Q_8（データOUT）

データ出力ピンです．出力専用です．$\overline{\mathrm{R}}$がアサートされると，FIFOの先頭のデータがQ_0～Q_8に現れます．

▶ $\overline{\mathrm{R}}$（Read）

FIFOリード信号です．$\overline{\mathrm{R}}$をアサートすると，FIFOの先頭のデータがQ_0～Q_8に現れます．このとき，デバイス内部のREAD POINTERや，外部出力されるフラグ類（$\overline{\mathrm{FF}}$や$\overline{\mathrm{EF}}$，$\overline{\mathrm{HF}}$）の更新も行われます．$\overline{\mathrm{HF}}$や$\overline{\mathrm{FF}}$は$\overline{\mathrm{R}}$の立ち上がりエッジで，$\overline{\mathrm{EF}}$は立ち下がりエッジで更新されます．

▶ $\overline{\mathrm{MR}}$（Master Reset）

FIFO内部の各ポインタやフラグ類などをすべて初期化します．FIFOは空になるので，$\overline{\mathrm{EF}}$はアサートされ，$\overline{\mathrm{FF}}$はネゲートされます．CY7C419には，スタンドアロン・モード（Standalone/Width Expansion Modes）と深さ拡張モード（Depth Expansion mode）の二つがありますが，どちらのモードで動作するかは$\overline{\mathrm{MR}}$アサート中の$\overline{\mathrm{XI}}$や$\overline{\mathrm{FL}}$ピンの状態で決まります．

▶ $\overline{\mathrm{FL}}/\overline{\mathrm{RT}}$（First Load/Retransmit）

動作モードによって機能が切り替わるピンです．深さ拡張モードの場合には$\overline{\mathrm{FL}}$ピンとなり，連結した複数のデバイスのうちどれが先頭になるのか(リセット後，最初にデータが格納される先になるのか)を決定します．スタンドアロン・モードの場合には$\overline{\mathrm{RT}}$(Retransmit；再送信)ピンになり，リード・ポインタが物理的な先頭位置に戻され，データを再出力可能となります．

▶ $\overline{\mathrm{EF}}$（Empty Flag）

FIFOの状態を示すフラグ・ピンです．$\overline{\mathrm{EF}}$はFIFOが空になったときにアサートされる信号です．最後のデータをリードするときの$\overline{\mathrm{R}}$の立ち下がりでアサートされ，その後$\overline{\mathrm{W}}$の立ち上がりでネゲートされます．

▶ $\overline{\mathrm{FF}}$（Full Flag）

$\overline{\mathrm{FF}}$はFIFOが満杯になったときにアサートされる信号で，最終データを書き込むときの$\overline{\mathrm{W}}$の立ち下がりでアサートされ，その後のデータ・リード時の$\overline{\mathrm{R}}$の立ち上がりでネゲートされます．

▶ $\overline{\mathrm{XI}}$（Expansion IN）

深さ拡張モード時に下位メモリの$\overline{\mathrm{XO}}$信号を受け取るために使われるほか，リセット時

〈図5-20〉FIFOメモリへのアクセスとフラグ動作

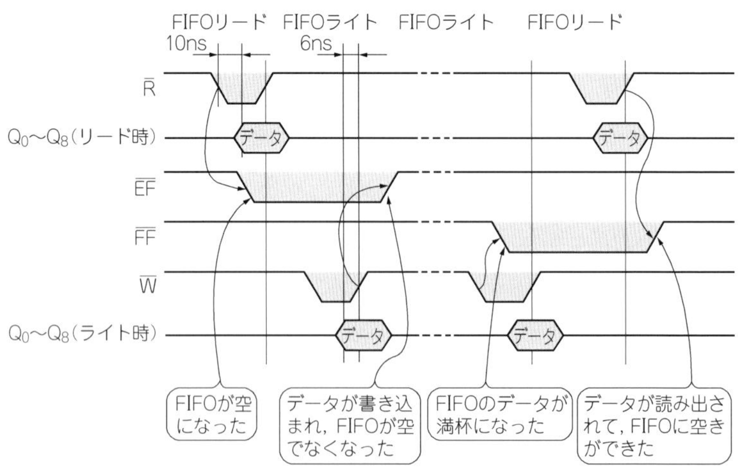

には動作モード決定用のピンになります．$\overline{\mathrm{XI}}$が“L”，$\overline{\mathrm{FL}}$が“H”になるようにしておくとスタンドアロン・モードになります．

▶ $\overline{\mathrm{XO}}$/$\overline{\mathrm{HF}}$ (Expansion OUT/Half Full)

動作モードによって機能が切り替わります．深さ拡張モードの場合には$\overline{\mathrm{XO}}$出力となり，データ・アクセス対象となるデバイスを一つ隣のデバイスに移動させるためのアクセス権受け渡し信号として動作します．たとえば，ライト方向のとき，自分が今アクセス対象である場合，バッファがフルになったときには一つ隣のデバイスがライト先になるように切り替えを行わなくてはなりません．このためバッファの最終アドレスに対するライトが行われたときに$\overline{\mathrm{W}}$と連動して$\overline{\mathrm{XO}}$出力が変化し，隣のデバイスに引き渡しを行います．

スタンドアロン・モードのときには$\overline{\mathrm{HF}}$となり，メモリの容量÷2＋1バイト目への書き込みが行われたときの$\overline{\mathrm{W}}$の立ち下がりエッジでアサートされ，メモリ容量÷2＋1バイトぶんのデータが入っているときのリード(リード後にメモリ容量÷2になる)時の$\overline{\mathrm{R}}$の立

〈図5-21〉深さ拡張時の接続

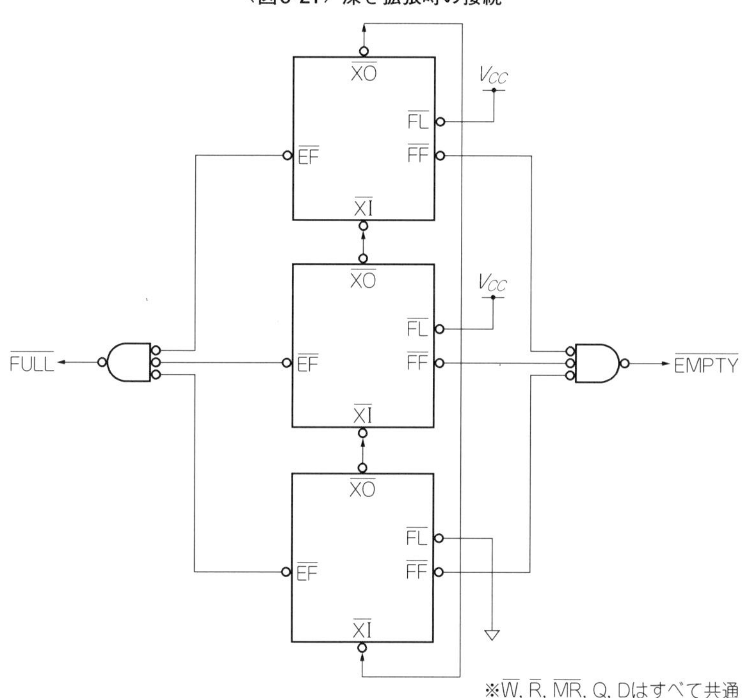

ち上がりエッジでネゲートされます.

● CY7C419の動作

次にCY7C419のアクセス動作を見ていくことにしましょう.

▶ リード/ライト動作

CY7C419のリード/ライト動作波形を**図5-20**に示します. リード時のアクセス・タイム(10 ns)とライト時のデータ・セットアップ・タイム(6 ns)は, CY7C419-10というデバイスのものです.

図は, 左半分はリードによってバッファ・エンプティになったあと, データ・ライトがきたときの図で, 右半分はライトによってバッファ・フルになったあとにリードがきたときの図です. $\overline{EF}$や$\overline{FF}$フラグの動作がよくわかると思います. リード動作は, 単に$\overline{R}$がアサートされるとFIFOの先頭データがQ_0～Q_8ピンに出てくるということ, ライト時は$\overline{W}$の立ち上がりエッジでD_0～D_8のデータが取り込まれること(セットアップ・タイム以上まえにデータを確定させておく必要がある)が読みとれます. なお, スタンドアロン・モードのときの$\overline{HF}$ (Half Full)信号はアサート/ネゲートされるタイミングがバッファの容量の半分の位置であるほかは$\overline{FF}$フラグと同様の動きかたをします.

▶ 深さ拡張モードの動作

CY7C419の深さ拡張時の接続は**図5-21**のようになります. $\overline{XO}$出力が隣の$\overline{XI}$入力と接続され, リセット後FIFOの先頭となるデバイスの$\overline{FL}$ピンだけを“L”, 他を“H”にし

〈図5-22〉 FIFOメモリの深さ拡張モード動作

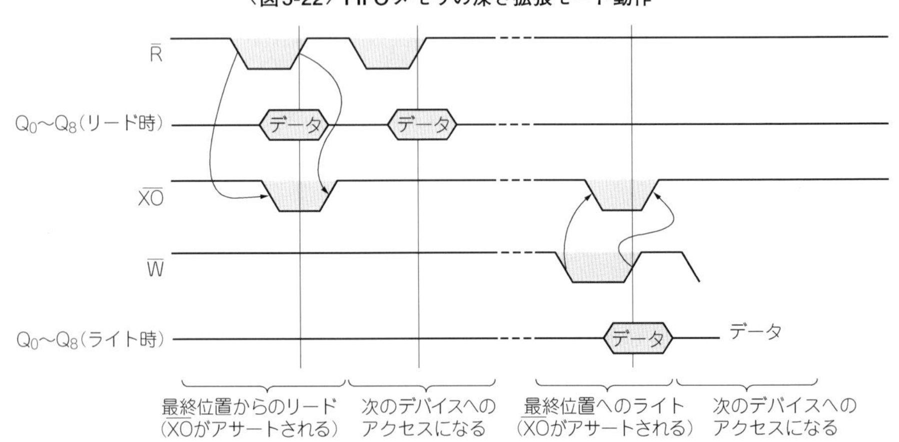

ておきます．このほかのデータや$\overline{\mathrm{R}}/\overline{\mathrm{W}}$などの信号はすべて共通になります．CY7C419はリセット中($\overline{\mathrm{MR}}$アサート中)にスタンドアロン・モードになるか，深さ拡張モードになるかが決まります．

リセット時に$\overline{\mathrm{XI}}$が“L”，$\overline{\mathrm{FL}}$が“H”になっているとスタンドアロン・モードになり，$\overline{\mathrm{XI}}$が“H”のときには深さ拡張モードになります．

深さ拡張モード時の$\overline{\mathrm{XO}}$信号の動作を示したのが**図5-22**です．最初のリードは現在アクセスされているデバイスの最終領域からのリードが行われたときの波形で，$\overline{\mathrm{XO}}$出力が$\overline{\mathrm{R}}$と連動していることがわかります．この$\overline{\mathrm{XO}}$出力を隣のデバイスが$\overline{\mathrm{XI}}$入力で受けて，アクセス対象となるデバイスを移行させます．

ライトのときも同様で，最終領域へのライトが行われたときに$\overline{\mathrm{XO}}$出力がアサートされ

〈図5-23〉
FIFOの深さ拡張動作(ライト)

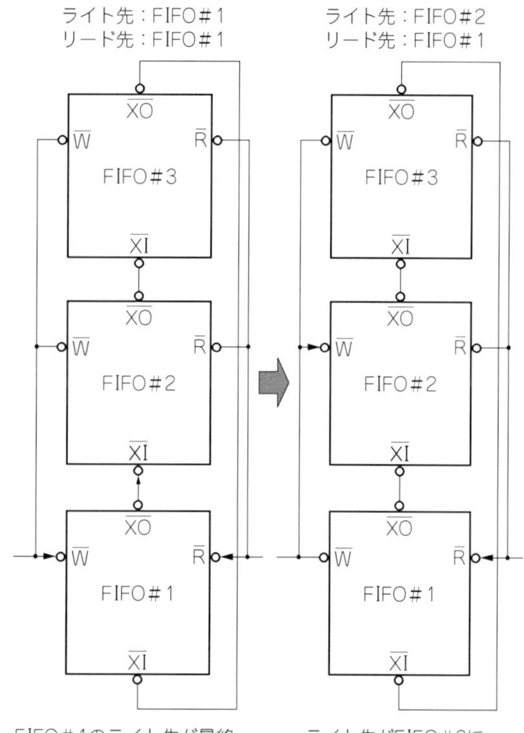

〈図5-24〉
FIFOの深さ拡張動作（リード）

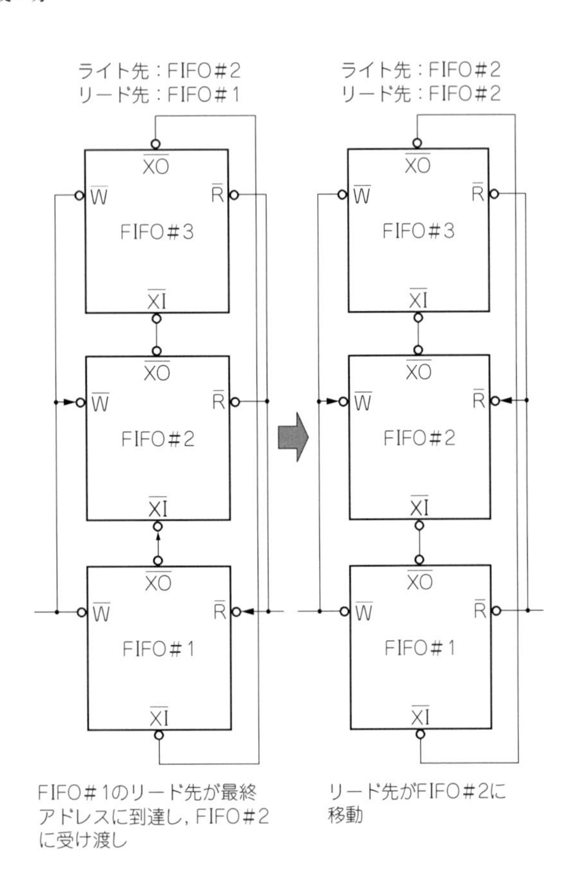

て，ライト次のライト・アクセスからは隣のデバイスが対象になっていることを伝えます．

$\overline{\mathrm{XO}}$はライト/リードとも共通で使われますが，各デバイスの$\overline{\mathrm{R}}$と$\overline{\mathrm{W}}$は共通になっているので，$\overline{\mathrm{XI}}$ピンと$\overline{\mathrm{R}}$，$\overline{\mathrm{W}}$を見ていれば，次からアクセス対象になるのが自分であるか否かは判断可能となります．当然，リード対象になっているか，ライト対象になっているかは別個に記録されています．

このようなしくみにより，たとえば一つのFIFOメモリの容量が512ワードだったとき，ライト/リード/ライト/リード…と連続して行ったときは最初の512回ぶんは先頭デバイスが，次の512回は一つ隣のデバイス…とアクセス先が変わっていき，最終デバイスの512回目が終わると，その次からは先頭のデバイスがアクセス対象になるという動作が行われることになります．DやQなどがすべて共通になっているので，外部からは深さがN

倍になったFIFOメモリがあるものとして扱うことができるわけです．

このときの動きを示したのが**図5-23**，**図5-24**です．まず，リード先，ライト先ともFIFO#1にあるとします．FIFOへの書き込みが行われるたび，FIFO#1のライト・ポインタは進んでいき最終位置(FIFO-FULLとは関係なく単にFIFOバッファの末尾位置までライト・ポインタが進んだ状態)への書き込みに同期して，$\overline{XO}$出力がアサートされます．これが図の左側です．ここで，FIFO#1がアサートした$\overline{XO}$信号がFIFO#2の$\overline{XI}$に伝わります．FIFO#2も$\overline{W}$信号を受けているので，ライト・ポインタが自分の所に回ってきたことがわかります(リード・ポインタはまだ回ってこない)．これによって，次のFIFOライトはFIFO#2が受け取ることになるわけです(図の右側)．

リード時も同じように，リード・ポインタが進んでFIFO#1の最終位置まで達すると(必ずしもFIFOエンプティではない．FIFO#2，FIFO#3ともフル状態で，FIFO#1の先頭位置からデータが入っている場合もある)，ライト時と同じように$\overline{XO}$がアサートされ，FIFO#2はリード・ポインタが受け渡されたことを知ります．これが**図5-24**の左側です．次のリードからは図の右側のようにFIFO#2がアクセス対象となるわけです．

第6章

DRAMの構造と使い方

DRAMはDynamic RAMの略です．DRAMは後述するように，セルのサイズがSRAMなどに比べて小さく，また構造も単純で集積度を上げやすいことから，コンピュータの主記憶用など，大容量を必要とする用途に広く利用されています．

Dynamicの名のとおり記憶は揮発性であり，電源を切った場合にはもちろんのこと，一定時間アクセスされないと内容が消えてしまうため，一定周期で記憶内容の更新(リフレッシュ)を行う必要があります．SRAMやフラッシュ・メモリなどにはない，このリフレッシュ動作を必要とするという点がDRAMの大きな特徴の一つでもあり，また使ううえで注意を要する点です．

DRAMと外部のインターフェース部分は時代の推移とともに次第に変化してきています．詳細は後述しますが，当初は非同期であり，連続領域を高速にアクセスする手段としてはスタティック・カラム・モードやページ・モードといった方式があったものが，高速ページ・モードや，さらにハイパーページ・モード(EDOモード)となり，最近ではクロックに同期して，コマンド・コードを与えながら動くシンクロナスDRAMなどに移行しています．

クロック同期で動くシンクロナスDRAM(SDRAM)のファミリのなかでも，アクセスの高速化のためDRAM内部のI/O部分にバッファ・メモリ(チャネル)を設けたバーチャル・チャネル・メモリや，外部バスのクロックを立ち下がり/立ち上がりの両エッジを使うようにしたDDR-SDRAM(ダブル・データ・レートSDRAM)などが登場しています．

またこの一方で，メモリ・バス自体を一種のシステム・バスのように考えて，プロトコルを用意しパケットでコマンドやデータの受け渡しをするようにしたRambus DRAMやSLDRAMなども登場するなど，DRAMと周辺回路のインターフェース部分の改良は次々に進んでいます．

外部バスの電圧レベルも高速化のために低減方向にあるほか，クロックのスキュー対策を行うなどさまざまな工夫が行われており，DRAM接続の信号は，高速システム・バスの様相を呈してきていると言えるでしょう．

外部バスの改良に比べて，DRAMの内部の基本構造のほうには大きな変化はないため，完全にランダムにアクセスされたような場合には内部動作がボトルネックになり，性能の限界が目立ってきます．現在，DRAMの外部バスの動作速度は100 MHz～数百MHzと非常に速くなってきていますが，DRAM内部のセル自体へのアクセス動作は70 ns程度はかかっているのが実状です．

最近になって富士通の開発したFCRAM（ファスト・サイクルDRAM）は，従来2回に分けて与えていたアドレスを1回で与えるようにしたり，リード/ライト完了後の内部動作リセットの時間などを隠蔽するという技術でアクセスの高速化を図るというもので，今後の展開が期待されます．

6.1　DRAMのセル構造

DRAMセルの基本的な構成は**図6-1**のようになっています．データ記憶を受け持っているのは図の中にあるコンデンサで，ここに電荷を蓄えるか否かによってデータの“0”，“1”を判定します．図ではコンデンサの片側が接地されていますが，これは交流的に接地されているということで，GNDレベルになっているという意味ではありません．コンデンサのもう一方の端はアクセス用のスイッチとなるFETのドレインと接続されています．

リード時はこのFETのゲートに接続されたワード線によってFETをON状態にして，コンデンサとデータ線を接続します．コンデンサとデータ線の間で電荷の移動が起きて，データ線の電圧が変化するので，この変化を検出すればデータ（“1”か“0”か）が判定できるという仕組みです．コンデンサに蓄えていた電荷を移動させてしまうため，リードを行うと記憶内容は消滅してしまいます．アクセス動作の詳細については後述しますが，こ

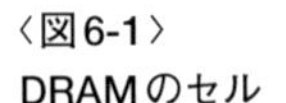
〈図6-1〉
DRAMのセル

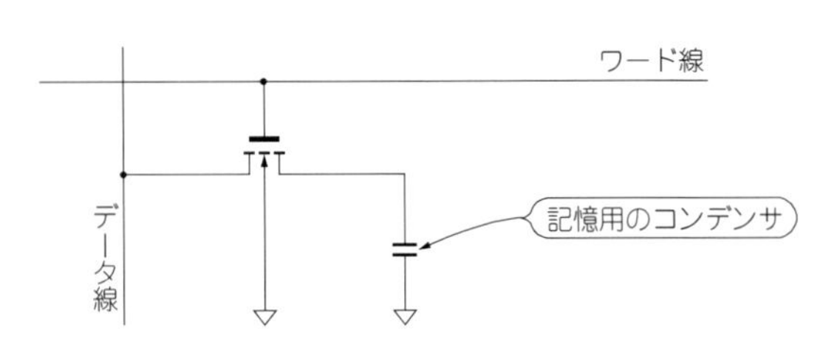

のようにアクセスによって記憶状態が失われること，すなわち破壊読み出しをするということもDRAMの特徴の一つです．データ・リードしたあとには必ず同一データを書き戻さなくてはなりませんが，この動作はDRAM内部で自動的に行われるので，通常は特に気にしなくてもかまいません．

● DRAMのセルの構造の概略

DRAMセルの構造をもう少し詳しく描いたのが**図6-2**です．これは，もっとも基本的なプレーナ型と呼ばれるもので，1MビットDRAMが主力であった頃まではこのような構造が一般的でした．先ほどの図と対比させてみるとわかりやすいと思いますが，図の左側がFET部分，右側がコンデンサ部分です．酸化膜が誘電体，ポリシリコンが電極となってコンデンサを形成しています．

● リフレッシュ

DRAMのコンデンサ部分に電荷を蓄えた場合，FETにとっては逆バイアス状態になるため，どうしてもリークが発生します．これを図示したのが**図6-3**です．図で示したよう

〈図6-2〉
DRAMのセル構造

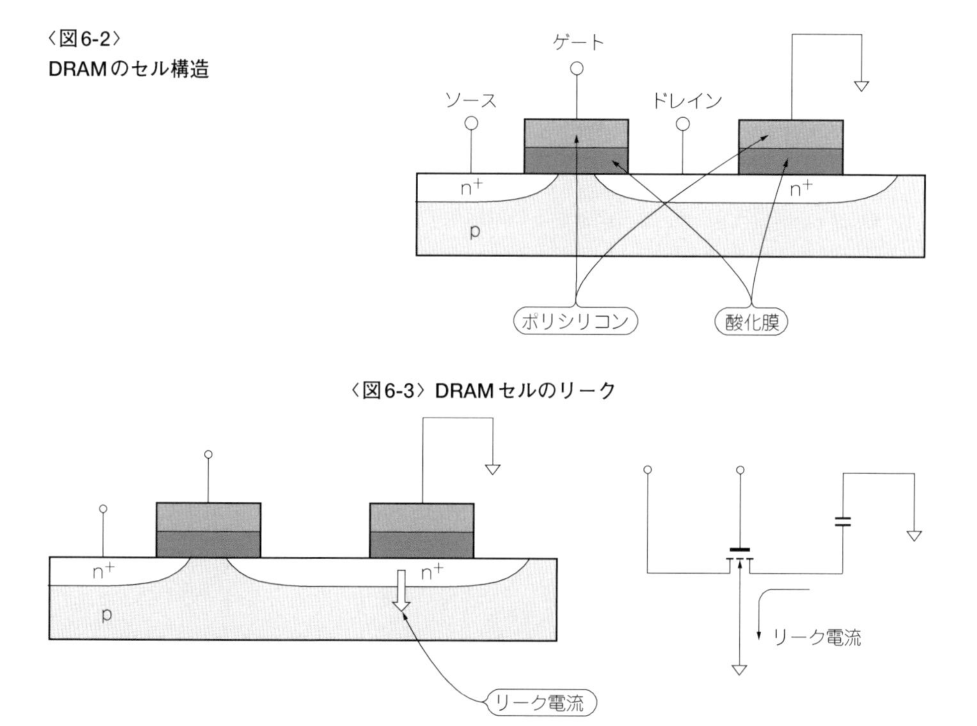

〈図6-3〉DRAMセルのリーク

な方向に電流が流れ出すため，どうしてもDRAMのセルのコンデンサは放電していってしまいます．このため，定期的にセルの状態を元に戻す必要があります．これをリフレッシュ動作といいます．

リフレッシュ動作の考え方を時間経過とセルの電圧の関係で示したのが**図6-4**です．放っておくと，コンデンサの端子間電圧は図の点線のように指数関数的に下がっていき，スレッショルドを越えると，記憶状態が反転してしまいます．このため，スレッショルドを越えるまえに定期的に記憶状態を元のレベルに戻すリフレッシュ動作が必須となるわけです．リフレッシュ動作の行わせかたは何通りかありますが，これらについては後述します．

● ソフト・エラー

DRAMの記憶容量を上げるために集積度を上げていくと，当然FETに加えてコンデンサ部分の容量も少なくなるため，記憶用に使用している電荷の量も減少していきます．容量の減少とともにデータを正しく読み出すのが難しくなるということのほかに，α線による記憶の破壊ということが問題になってきます．放射線のうち，α線はヘリウムの原子核ですが，これがDRAMのキャパシタ部分に飛び込むと電荷が消滅してしまい，記憶が消失することになります．これをソフト・エラーと言います．α線は紙1枚でも防げるため，パッケージに封入されている状態で外界からのα線に気を付ける必要はなく，問題はパッケージに使われている材料に含まれる放射性同位元素から放射されるα線ということになります．

一般的に，同位元素を完全に除去するのは困難ですので，ソフト・エラーの確率を下げるためにはどうしてもDRAMセル側である程度以上の容量を確保する必要があります．ただ，それでもソフト・エラーの確率をゼロにすることはできません．このため，ワーク

〈**図6-4**〉
リフレッシュ動作

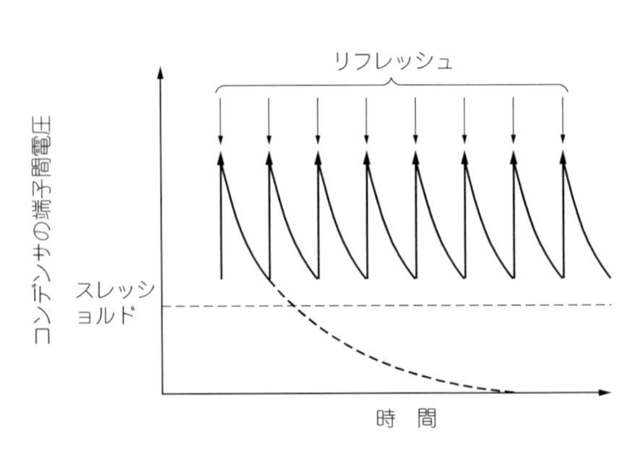

ステーション以上の計算機で，大量のメモリ素子を使い，また信頼性を要求されるようなシステムではDRAMにはECCチェックを行い，ソフト・エラーが発生しても自動訂正できるような仕組みをもたせています．パソコンなどではそこまでの信頼性は必要ないため，DRAMのエラー・チェックを行っていることはほとんどありません．

● キャパシタ部の工夫

コンデンサの容量をむやみに小さくできないことから，いかに小型化しながら容量を維持するかということがDRAMの高集積化のポイントとなってきます．基本的に誘電体の誘電率ε，電極面積S，電極間距離d，コンデンサの容量をCとすれば，

$$C = \varepsilon \times S \div d$$

が成り立ちますので，容量を大きくするにはεを大きくする(誘電率の大きな絶縁体を使う)，dを小さくする(電極間の誘電体層を薄くする)，あるいはSを大きくする(面積を広げる)ということになります．

誘電率は材料によって決まります．当初は酸化膜のSiO_2が使われてきましたが，1Mビット DRAMの頃からはNO(Si_3N_4-SiO_2)という窒化膜が使われています．その後はもっぱら電極面積Sを拡大する方向に進んできましたが，そろそろ限界に達しつつあることから，さらに誘電率の高い材料の使用が進められており，Ta_2O_5(比誘電率約50)，BST (同250)などが利用される方向です．

面積Sを引き上げるということは，4Mビット DRAMから積極的に進められてきました．平面的に面積を稼ぐのは限界があることから，立体的な構造をとるようになっています．これらのなかにはかなり複雑なものもありますが，**図6-5**にいくつか例を示します．

キャパシタ部の構造は大きく分けると，基板の上にキャパシタ構造を積み上げるスタック構造と，基板に穴を空けて穴の側面を利用するトレンチ型の2種類があります．スタック型は図(**a**)のように凹凸を作るシリンダ型と，図(**b**)のように水平方向に凹凸を付けるフィン型があります．最初は凹凸は一つだけでしたが，さらに面積を稼ぐため双方とも凹凸を複数にしたマルチシリンダ型，マルチフィン型が登場していますので，図でもこれらについて示しました．先ほど示したような誘電率の高い材料の利用によって面積を減らしても同じ容量が得られるようになることから，この導入によってスタック型の凹凸の数が減少し，いったんフラットな皿状のキャパシタになると思われます．

穴をあけるトレンチ型は図(**c**)のような構造になっています．穴の深さ方向はあまり変わっていませんが，アスペクト比(深さ/幅)は大きくなる方向にあります．アスペクト比は現状では30程度というところのようです．

〈図6-5〉DRAMキャパシタ部の工夫

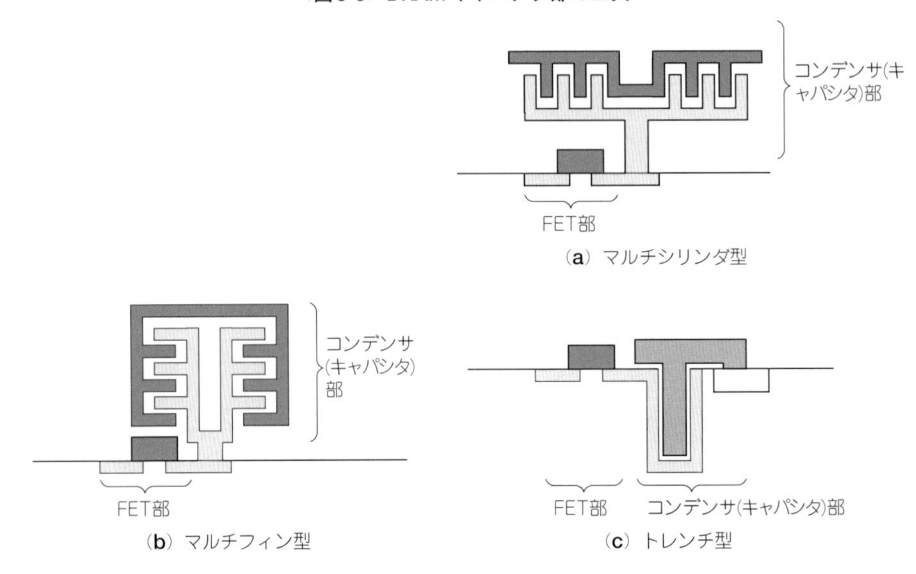

トレンチ型では誘電体材料の利用はまだあまり進んでいませんが，こちらも将来は導入される方向でしょう．

6.2 DRAMの内部回路

DRAMのセル部分の配線を図示したのが**図6-6**です．セル選択用のワード線があり，各セルはデータ線と繋がっています．このデータ線は列選択スイッチを通して共通データ線に，またプリチャージ・スイッチを通してプリチャージ電源に繋がっています．プリチャージ電源の電圧はデバイスの電源電圧(V_{DD})の半分程度に取られることが多いようです．

データ線にはセンス・アンプがあり，ここでデータ線の状態の“1”／“0”判定や，データ線の電圧レベルの増幅を行います．

図で点線で書いたコンデンサのシンボルはデータ線の寄生容量です．後述するように，DRAMでデータを読み出すときに，この寄生容量が大切な役目を果たします．

● DRAMセルのリード動作の考え方

DRAMセルへの書き込みは，データ線の状態を確定してFETをONにし，コンデンサを充放電することになりますが，リードのほうは少々面倒です．記憶に使っているコンデンサの容量が極めて小さいため，いきなり共通データ線をドライブするわけにはいかない

〈図6-6〉
DRAMの基本構造

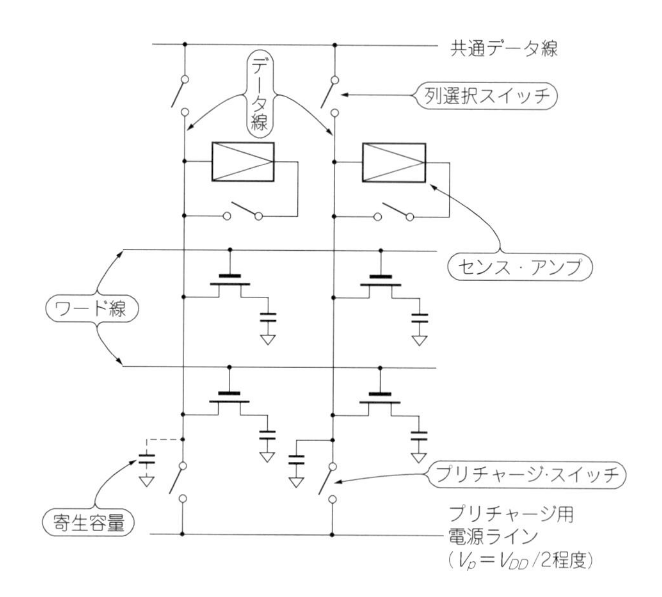

のです．

このリード動作に欠かせないのが，データ線の寄生容量の存在とセンス・アンプで，次のようなステップでリード動作が行われます．

▶ データ線のプリチャージ

DRAMを読み出すまえの準備ともいえる状態が**図6-7**です．データ線とプリチャージ電源を接続して，データ線の電圧をプリチャージ電圧にセットします．データ線に寄生容量があるおかげで，プリチャージ・スイッチをOFFにしても，データ線の電圧はプリチャージ電圧に保持されます(むろん，リークはあるので徐々に低下する)．この動作をプリチャージと言います．

▶ データの取り出しと増幅

プリチャージが完了したら，プリチャージ・スイッチをOFFにします．このあと，ワード線を選択して，FETがONになると特定のセルのコンデンサと寄生容量が並列に接続された格好になりますので，データの“1”／“0”によってプリチャージ電圧が上下します．この変化はそれほど大きなものではありませんので，センス・アンプで増幅します．

センス・アンプはいわゆるオーディオ・アンプのような増幅器というよりも，ディジタルICのバッファのようなものと考えたほうがわかりやすいでしょう．プリチャージ電圧を基準にして，電圧の上下によって出力がHレベル/Lレベルのいずれかに確定します．

〈図6-7〉
DRAMの読み出し（プリチャージ）

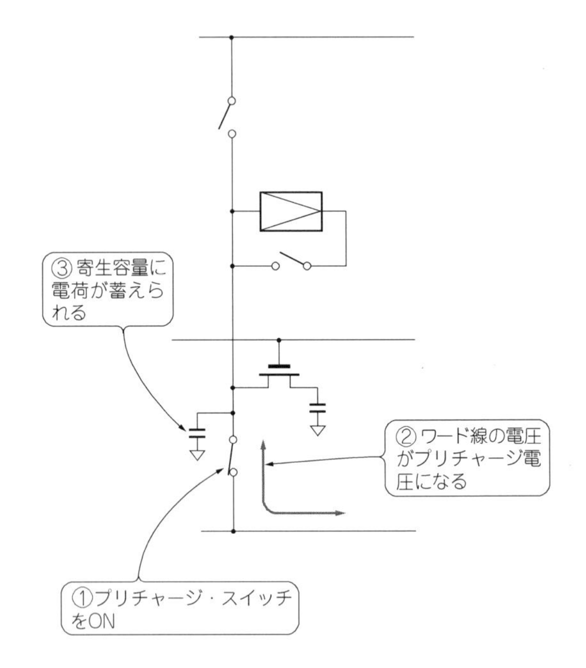

これを図示したのが**図6-8**です．

▶ センス・アンプの接続と読み出し

センス・アンプによる増幅が終わった段階で，センス・アンプの出力をデータ線に接続します．これを示したのが**図6-9**です．センス・アンプの出力が接続されるので，データ線の電圧はセンス・アンプの出力電圧まで変化します．センス・アンプの入力もセンス・アンプ自身の出力でドライブされる格好になるので，いわば自己保持回路のようになります．

データ線をドライブしているのはDRAMセルのコンデンサではなくセンス・アンプなので，共通データ線を充分ドライブ可能です．ここで共通データ線のスイッチもONにします．これで共通データ線がドライブされ，外部とのインターフェース部分にデータが送られることになります．

また，このときDRAMセルのほうはワード線が選択されFETがON状態なので，データ線とセルのコンデンサが接続された状態になっています．これによって，コンデンサの状態が初期状態に復旧します．リフレッシュ動作は，データ線が共通データ線と接続されないことが違う程度で，ほぼこれと同じようなことを行っています．

〈図6-8〉
DRAMの読み出し
(データの取り出しと増幅)

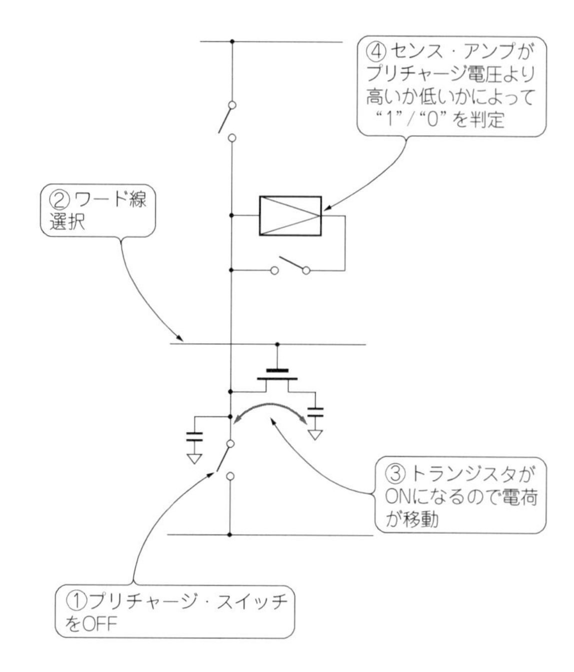

〈図6-9〉
DRAMの読み出し
(センス・アンプの接続と読み出し)

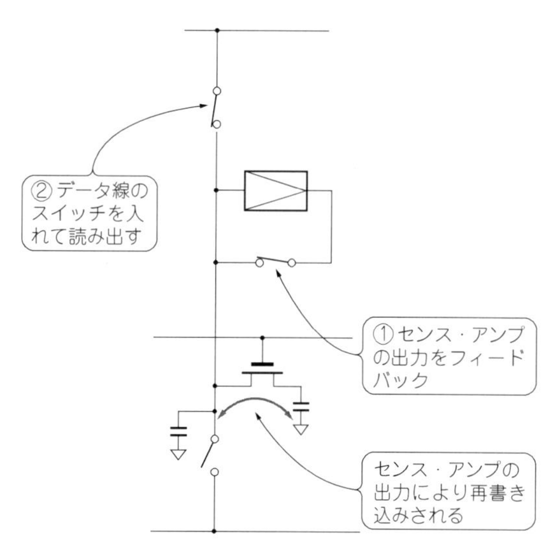

6.3　DRAMの外部インターフェース

●DRAMの基本信号

DRAMのごく初期段階から使われてきた信号類を図にしたのが**図6-10**です．DRAMの主力はクロック同期のシンクロナスDRAMやDirect Rambus DRAMに移ってしまっていますので，このタイプのDRAMを見る機会は少なくなってきていると思いますが，一応基本ということで取り上げることにしました．

▶ アドレス（A_0～A_n）

DRAMに与えるアドレスです．DRAMの場合，あとで説明する$\overline{\text{RAS}}$，$\overline{\text{CAS}}$信号を使って2回に分けてアドレスを与えるので，もっているアドレス・ピンの数はアドレッシングに必要な本数の半分程度となっています．たとえば，1M×1ビットのDRAMの場合にはアドレスは20ビット必要ですが，これを10ビットずつ2回に分けて与えます．大きな容量のDRAMでは必ずしも半分ずつにはなっていないので，実際のピンの本数はアドレスに必要なビット数の半分よりも多くなっているものもあります．

▶ $\overline{\text{RAS}}$（ロウ・アドレス・ストローブ）

DRAMのセルを指定する場合，ロウ(行)アドレスとカラム(列)アドレスによってアクセスするセルを選択します．$\overline{\text{RAS}}$の立ち下がり（“H”から“L”への変化時点）で，アドレス・ピンがロウ・アドレスとしてDRAM内部にラッチされ，先ほどの**図6-6**のワード線の一つがロウ・アドレスで選択されます．

▶ $\overline{\text{CAS}}$（カラム・アドレス・ストローブ）

ロウ・アドレスにつづいて，$\overline{\text{CAS}}$がアサートされると，DRAMはアドレス・ピンの状態をカラム(列)アドレスとして内部に取り込みます．列アドレスによって，先ほどの**図6-6**に書いた列選択スイッチの一つが選択されてONになり，共通データ線にデータが出

〈図6-10〉
DRAMの基本信号

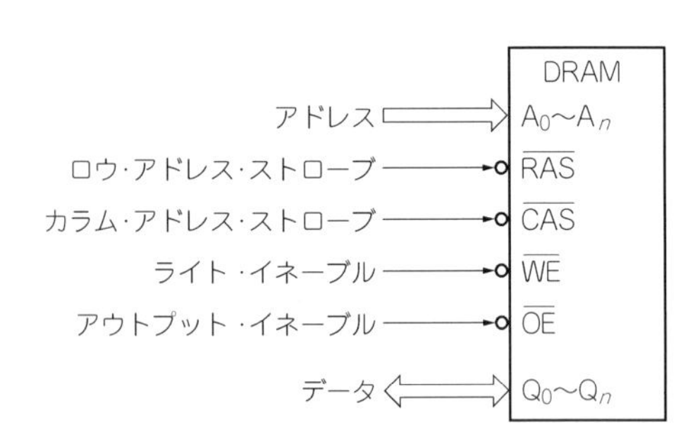

てくるということになります．

このように，ロウ・アドレスとカラム・アドレスの二つを使用してアクセスするセルを指定するというのがDRAMの基本的なアクセス方法です．

▶ $\overline{\mathrm{WE}}$（ライト・イネーブル）

データをリードするのか，ライトするのかを指定する信号です．ライト動作時にはアサートします．

▶ $\overline{\mathrm{OE}}$（アウトプット・イネーブル）

DRAMのデータ出力バッファをイネーブルします．$\overline{\mathrm{WE}}$がアサートされない場合，DRAM内部はリード・モードで動作しますが，$\overline{\mathrm{OE}}$がアサートされないとデータ・ピン（DQ_0～DQ_n）がドライブされず，ハイ・インピーダンス状態のままになります．

▶ DQ_0～DQ_n（データ）

データ入出力ピンです．双方向で使用されます．

● **DRAMのリード/ライト動作**

DRAMの基本的なアクセス動作を図にしたのが**図6-11**です．$\overline{\mathrm{RAS}}$，$\overline{\mathrm{CAS}}$のアサートに合わせてロウ・アドレス，カラム・アドレスに分割してアドレスを与えます．リード時は，

〈図6-11〉DRAMのアクセス動作

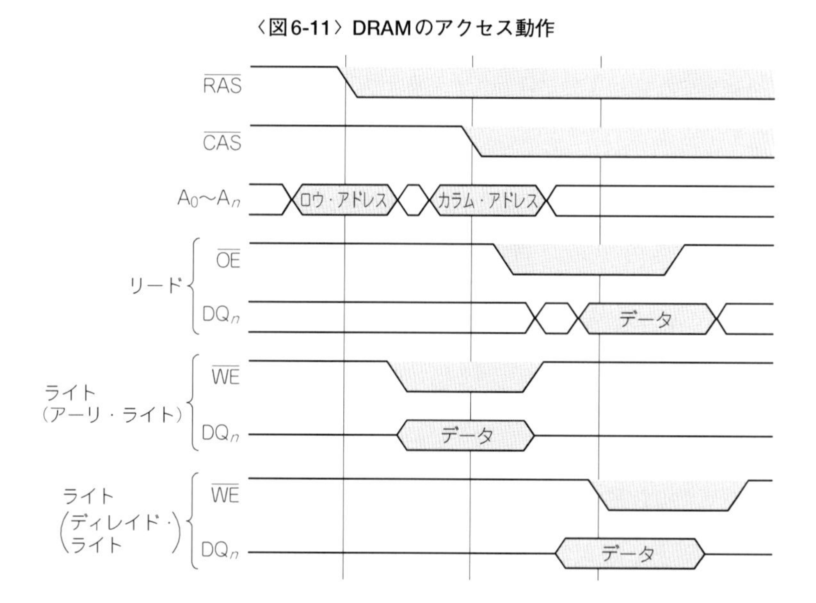

ここで$\overline{\mathrm{OE}}$をアサートするとDQ$_n$ピンがドライブされてデータが出てきます．一方，ライト時は，$\overline{\mathrm{CAS}}$のアサートまえに$\overline{\mathrm{WE}}$をアサートして，DQ$_n$にデータをセットしてから，$\overline{\mathrm{CAS}}$をアサートすると，この立ち下がりエッジでデータが書き込まれます．

これがアーリ・ライトと言って一般的な方法ですが，このほかに$\overline{\mathrm{RAS}}$，$\overline{\mathrm{CAS}}$をアサートした状態でデータをセットし（$\overline{\mathrm{OE}}$はネゲートしているのでDQ$_n$はドライブされない），$\overline{\mathrm{WE}}$の立ち下がりエッジでデータを書き込むディレイド・ライトと呼ばれる方法もあります．こちらは，メモリからデータを読み出したあと，一部のビットを変更して同じ番地に書き戻すリード・モディファイ・ライトを行うときに便利な方法です．

$\overline{\mathrm{RAS}}$，$\overline{\mathrm{CAS}}$をアサートして$\overline{\mathrm{OE}}$をアサートして，データが出てきたらそれを取り込んで，$\overline{\mathrm{OE}}$をネゲートして，新しいデータをDQ$_n$にセットして，$\overline{\mathrm{WE}}$をアサートするわけです．$\overline{\mathrm{RAS}}$，$\overline{\mathrm{CAS}}$をホールドしたままでよいので，リード・サイクルとライト・サイクルを連続して生成するよりも効率よくデータの変更が行えるという理屈です．

● DRAMのリフレッシュ動作

先に触れたように，DRAMの場合はリフレッシュ動作というものが必要です．リフレッシュは一般に同一ロウ・アドレス(ワード線)上のセルを一度に処理することになります．リフレッシュをどの程度の頻度で行うかということはDRAMの設計次第ですが，約15.6 μsやその半分程度の周期でリフレッシュされるようにすれば良いようにしているのが一般的です．リフレッシュのときに外部からロウ・アドレスを与える場合(RASオンリ・リフレッシュの場合)に，どれだけのアドレスを与えるかということはデータシートに書いてあります．

たとえば，データシートに4Kサイクル/64 msと書いてあった場合，これは4096(10ビット分)のアドレスすべてに対して64 ms以内にリフレッシュ動作を行うということになります．リフレッシュ動作が何をしているか考えるとわかるとおり，リフレッシュは等間隔で行わなくてはならないということはありません．たとえば，この例であれば，64 ms経過する直前に4096アドレスをまとめてリフレッシュするということをやってもかまいません．ある間隔をあけながらリフレッシュ・アドレスを切り替えながら行うのを分散リフレッシュ，まとめて行うのを集中リフレッシュと呼ぶこともあります．

DRAMの具体的なリフレッシュの方法にはRASオンリ・リフレッシュ，CASビフォアRASリフレッシュ，セルフ・リフレッシュがあります．また，変形として，通常アクセスの後ろにCASビフォアRASリフレッシュを埋め込んでしまう，ヒドン・リフレッシュというものもあります．これらについて簡単に説明しておきましょう．

▶ RASオンリ・リフレッシュ

DRAMのアクセス動作で説明したとおり，DRAMのリードを行うと，センス・アンプの出力がコンデンサに戻される形になるため，リフレッシュ動作を兼用することになります．しかし，リフレッシュ動作だけを考えるなら，カラム・アドレスを与えてデータを読み出す必要はないため，カラム・アドレスを与えるのをやめてロウ・アドレスだけを与えるというのがRASオンリ・リフレッシュです．

RASオンリ・リフレッシュ動作は**図6-12**のようになっています．ロウ・アドレス(リフレッシュ・アドレス)を設定してから$\overline{\text{RAS}}$をアサートします．このあと，カラム・アドレスを設定して$\overline{\text{CAS}}$をアサートすればリード動作になるのですが，アサートせずに$\overline{\text{RAS}}$をネゲートしてしまうことで，リフレッシュとするわけです．

DRAM内部にも特別な細工は必要ありませんし，DRAMコントローラ側としても，リフレッシュ用のタイミング生成回路を設計する際に，RASオンリ・リフレッシュを利用する場合には通常のアクセス回路からCASをマスクすればよいため，比較的よく使われた方式です．簡単ですし，消費電流もリード動作などを行うのに比べれば小さくてすみますが，他の方式に比べるとやや大きいのが欠点です．

▶ CASビフォアRASリフレッシュ

RASオンリ・リフレッシュでは，個別のDRAMがリフレッシュ・アドレスをどれだけもっているかをDRAMコントローラが知っていなくてはなりません．これではなにかと不便なため，DRAM内部にリフレッシュ・アドレスの発生回路を内蔵し，DRAMコントローラ側からリフレッシュ動作の開始を指示すればよいようにしたのがCASビフォアRASリフレッシュです．

通常のアクセスでは$\overline{\text{RAS}}$を先にアサートして，$\overline{\text{CAS}}$をアサートするという手順ですが，この順序を入れ替えて$\overline{\text{CAS}}$を先にアサートしてから$\overline{\text{RAS}}$をアサートすることでリフレッ

〈図6-12〉
RASオンリ・リフレッシュ動作

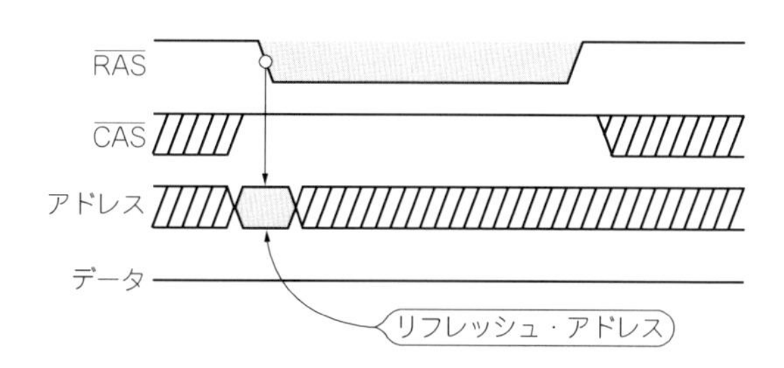

シュ動作を指示します．**図6-13**のように，$\overline{RAS}$/$\overline{CAS}$の順序を入れ替える回路は必要になりますが，リフレッシュ・アドレスはDRAM内部で自動的に生成されるようになっており，外部にリフレッシュ・アドレス用のカウンタを用意したり，アドレスのマルチプレクスが不要となることが利点です．消費電流も一般にRASオンリ・リフレッシュに比べると少ないこと，リフレッシュ・アドレスをメモリ・コントローラ側で生成する必要がなく，周期だけを管理しておけばよいため，パソコンなどでもっとも一般的に使用されてきたリフレッシュ方式です．

▶ ヒドン・リフレッシュ

通常，DRAMコントローラは内部で一定周期でDRAMのリフレッシュ動作要求を発生するようにしておき，これとホスト(一般的にはCPU)からのアクセスの間の調停をしてDRAMのリフレッシュやアクセス動作を行うようにしています．簡単に図示すれば**図6-14**のような感じであると思えばよいでしょう．

DRAMへのアクセスは排他的に行うしかありませんから，リフレッシュ動作中にホストからのアクセスがあった場合にはリフレッシュ動作が完了するまで要求はホールドされることになります．このため，メモリ・アクセス頻度が増えるほど，リフレッシュ動作とホストからのアクセスの衝突が起きる確率が高くなり，結果的に性能低下を招きます．このような性能低下を抑えようと考えられたのがヒドン・リフレッシュです．

〈図6-13〉
CASビフォアRASリフレッシュ

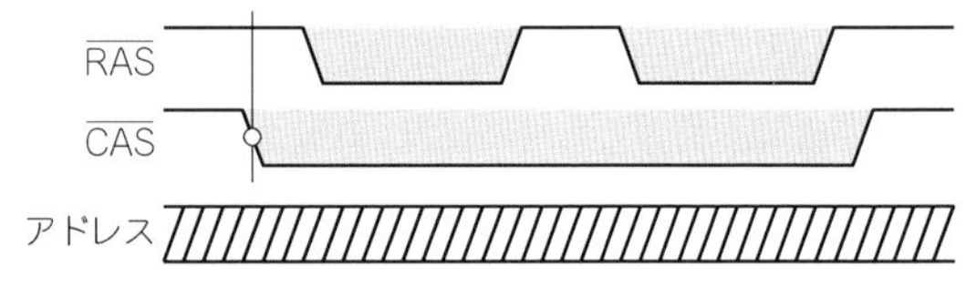

〈図6-14〉
DRAMコントローラの内部ブロック例

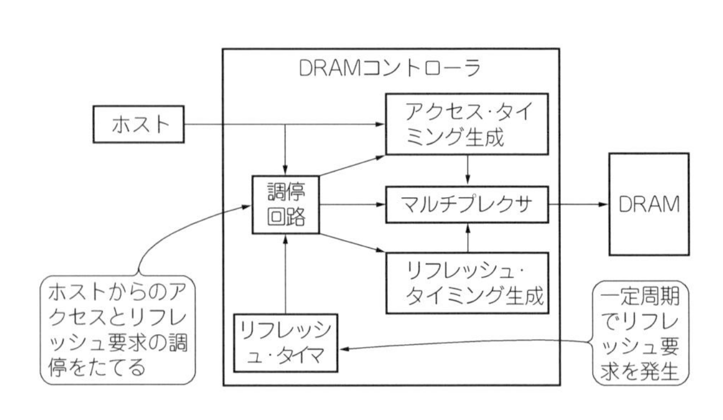

ヒドン・リフレッシュの動作を**図6-15**に示します．図の最初の段階は$\overline{\text{RAS}}$が最初にアサートされる通常のリード・アクセス動作ですが，ここで先に$\overline{\text{RAS}}$をネゲートして，再度アサートし直すことでCASビフォアRASと同じような波形となり，これによってリフレッシュが行われるというものです．

このとき，データは出力されたままになっています．これを利用して，ホストからの1アクセスの間にリフレッシュ・サイクルを埋め込んでしまうことが可能となるわけです．このように，リフレッシュ・サイクルが通常アクセスの中に隠蔽されることからヒドン(hidden)リフレッシュと呼ばれています．

▶ セルフ・リフレッシュ

低消費電力などの要求に応じて設けられたモードです．DRAMのリフレッシュ回路は通常は外部に設けられているので，スタンバイ中にもDRAMコントローラ回路をリフレッシュのために動作させておく必要があります．

これに対応するため，DRAMの内部にリフレッシュ・タイマやリフレッシュ・アドレス生成回路を取り込んで，DRAM自身に自動的にリフレッシュを行わせることができるようにしたのがセルフ・リフレッシュです．

セルフ・リフレッシュ動作は**図6-16**のようになっています．出だしはCASビフォア

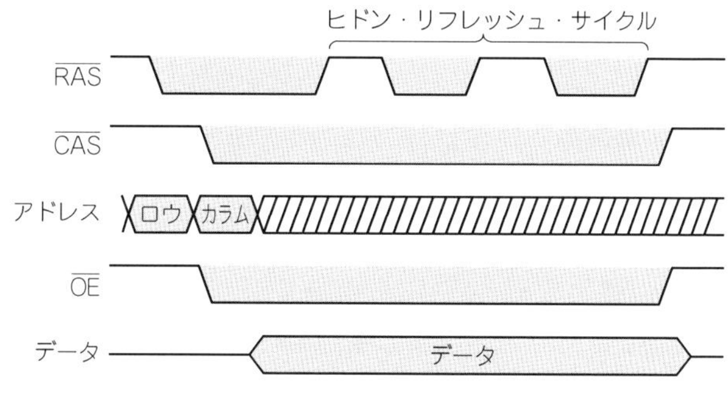

〈図6-15〉
ヒドン・リフレッシュ動作

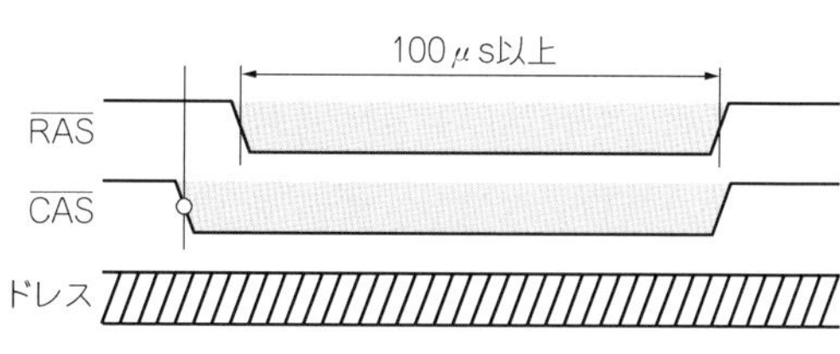

〈図6-16〉
セルフ・リフレッシュ動作

RASと同じですが，$\overline{\mathrm{RAS}}$，$\overline{\mathrm{CAS}}$ともアサートした状態のまま100 μs以上放置しておくと，DRAM内部のセルフ・リフレッシュ回路が動作しはじめ，以後は自動的にリフレッシュが行われるわけです．$\overline{\mathrm{RAS}}$/$\overline{\mathrm{CAS}}$がネゲートされ，アクセスが開始するとセルフ・リフレッシュ動作が停止し，通常動作モードに復帰します．

通常の動作中に100 μs以上アクセスを停止することはあまりないので，これはあくまでもスタンバイ状態のときに使用するモードですが，消費電流をかなり低く抑えられるので，バッテリ・バックアップなどには有利です．

● DRAMの高速アクセス・モード

DRAMセルへのアクセス方法を見てもわかるとおり，DRAMの場合，アドレスをマルチプレクスしていることや，リード動作のまえに必ずプリチャージやセンス・アンプによる増幅などが必要となることから，ランダム・アクセスはあまり得意ではありません．ただ，現実のメモリ・アクセスにおいてはある連続した領域をつづけてアクセスするということが多く，また，キャッシュ・メモリなどを搭載した場合にはキャッシュ・メモリとメイン・メモリ(一般的にはDRAMで構成)の間の転送はあるブロック単位での転送となるので，完全なランダム・アクセスとなることはまれで，連続領域やある程度狭い領域が集中的にアクセスされることが多く見られます．このため，DRAM側でもある程度決まった領域を連続アクセスするような場合に都合が良いような仕組みが工夫されてきました．

古くからあるのは，

(1) ページ・モード
(2) スタティック・カラム・モード
(3) ニブル・モード

の三つです．ページ・モードはその後登場した高速ページ・モード(Fast Page Mode)に取って代わられ，さらにEDOモード(ハイパーページ・モードとも呼ぶ)に世代交代して現在に至っています．この間，スタティック・カラム・モードやニブル・モードをもったDRAMは事実上市場から姿を消してしまいました．

基本的な考え方はどれも似ています．リード動作で説明すると，DRAMのセル構造で説明したとおり，DRAMリード・アクセスでは，ワード線を選択した時点で各データ線上にデータは確定しており，これをカラム・アドレスで選択します．すべてのデータ線上にデータがきちんと出てきているわけですから，ここでカラム・アドレスを切り替えれば，毎回ロウ・アドレスから与え直すのに比べて高速にアクセスが行えます．そこでホストからのアドレスのうち上位ビットをロウ・アドレス，カラム・アドレスを下位ビットに割り振っておけば連続領域の高速アクセスが行えるということになります．ニブル・モードだけは少々細工がありますが，これについては後述します．

次に，これらの動作モードについて，説明していきます．

▶ スタティック・カラム・モード

動作の概要を**図6-17**に示します．通常アクセスでは$\overline{\text{CAS}}$によってアドレスを指定すると，そのカラム・アドレスのデータが出てくるだけですが，$\overline{\text{CAS}}$をアサートしたままアドレスを切り替えると，カラム・アドレスの切り替えになるというモードです．DRAM内部では，列選択スイッチが切り替わってデータが出てくるわけです．

カラム・アドレスのストローブ信号がなくてよく，単純にアドレスだけを切り替えればよいという点は設計上簡単でよいのですが，アドレスのバタつきがそのままQ_nに影響してしまうなどの欠点もあります．パソコンではごく一部の機種で使われていたことがある程度です．

このモードを備えたDRAMは現在ではほとんど見ることがなくなっています．

▶ ニブル・モード

ニブル・モードのDRAMは**図6-18**のように，DRAMの出力バッファ部分に4ワードぶんのラッチを設けたものです．これによって，先頭アドレスから4ワードぶんのデータについて，カラム・アドレスを与えることなく連続して取り出すことが可能となります．ちょうどパイプライン・バーストSRAMのバースト転送モードのようなものだと思えばよいでしょう．**図6-19**にニブル・モードDRAMの動作を示します．

アドレスのシーケンス(パイプライン・バーストSRAMのバースト・シーケンスに相当)が固定であることや，4ワードぶんしか扱えないなど制約が大きいこともあり，ページ・

〈図6-17〉スタティック・カラム・モード

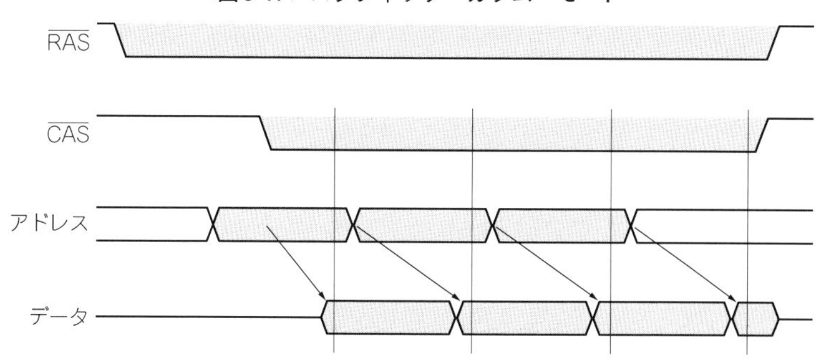

〈図6-18〉
ニブル・モードDRAMの考え方

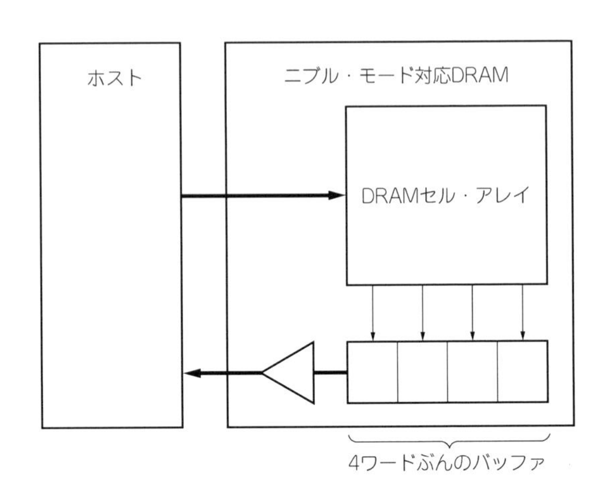

〈図6-19〉
ニブル・モード

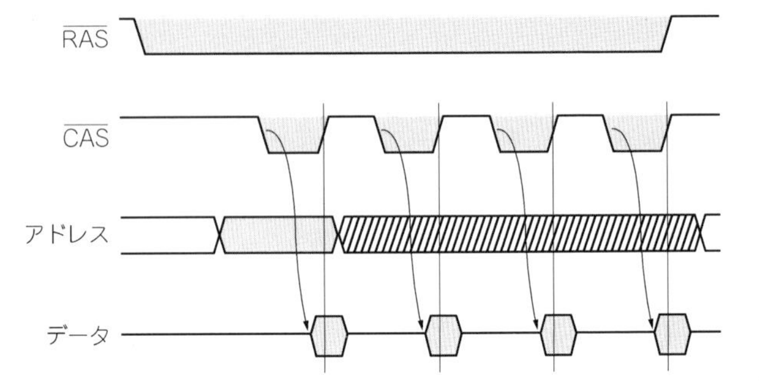

モード/高速ページ・モードほど普及しませんでした.

このモードを備えたDRAMも現在ではほとんど見ることがなくなりました.

▶ ページ・モード

通常の$\overline{\mathrm{RAS}}$, $\overline{\mathrm{CAS}}$によるアクセスのあとで, $\overline{\mathrm{CAS}}$とカラム・アドレスを毎回与え直すことで同一ロウ・アドレスの中の任意のカラム・アドレスにアクセスする方式です. **図6-20**にページ・モードの動作を示します.

最初の1回目のアクセスは通常アクセスと何ら変わりませんが, 同一ロウ・アドレスの領域にアクセスするときには, $\overline{\mathrm{CAS}}$をいったんネゲートしてからカラム・アドレスをセットし直して, 再度$\overline{\mathrm{CAS}}$をアサートします. これで次のカラム・アドレスのデータが出てくるわけです. 同一ページ内(ロウ・アドレスが同一の領域内)ならばランダム・アクセスできるため, CPUをパイプライン動作させておいて, 次のアドレスが同一ページ内で

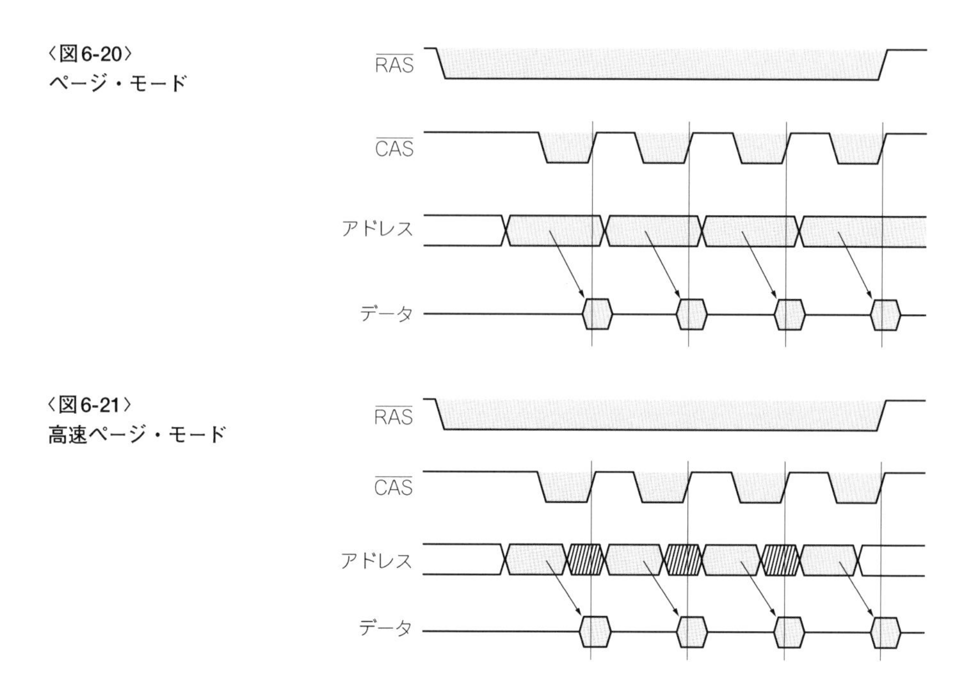

〈図6-20〉ページ・モード

〈図6-21〉高速ページ・モード

あるか判定して，同一であれば，$\overline{\mathrm{RAS}}$をネゲートせずにカラム・アドレスと$\overline{\mathrm{CAS}}$だけでアクセスするという方法をとれるなど，便利な方法と言えます．ページ・モードは改良版ともいえる高速ページ・モードにその地位を譲ることとなりました．

▶ 高速ページ・モード

ページ・モードでは$\overline{\mathrm{CAS}}$がアサートされているときにアドレスを変化させることができないため，DRAMコントローラがデータをラッチしてから$\overline{\mathrm{CAS}}$をネゲートし，アドレスを切り替える必要がありました．これを改良して$\overline{\mathrm{CAS}}$の立ち下がりエッジでカラム・アドレスをラッチすることで，$\overline{\mathrm{CAS}}$がアサートされている間に次のカラム・アドレスへの切り替えを行えるようにしたのが高速ページ・モードです．CPUバスがパイプライン・モードで動作している場合，最初のアクセス動作の途中で次のアドレスを出力してきますが，このときのアドレスをそのままDRAMに送ることができるなど，利用価値の高いモードと言えます．動作は**図6-21**のようになります．

一頃は高速ページ・モードが全盛でしたが，より性能を上げやすいEDOモード(ハイパーページ・モード)が登場すると，その地位を譲ることとなりました．

〈図6-22〉
EDOモード

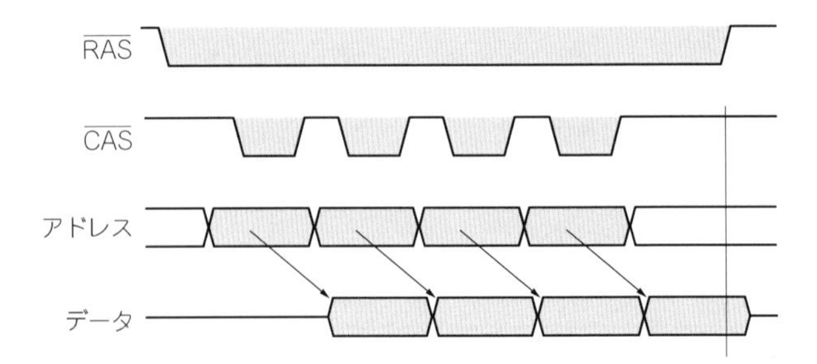

▶ EDOモード

高速ページ・モードでは$\overline{\mathrm{CAS}}$がネゲートされるとDQ_nのドライブをやめてしまい，データが消滅していましたが，これをやめて$\overline{\mathrm{CAS}}$がネゲートされてもデータが出たままになるようにしたのがEDO(Extended Data Output)モードです．$\overline{\mathrm{CAS}}$がネゲートされる時間をアクセス中に埋め込むことができるようになるため，ほぼ限界近いところまで速度を稼ぐことができるようになりました．

図6-22にEDOモードの動作を示します．$\overline{\mathrm{CAS}}$がネゲートされてもデータが出続けているため，この間に次のアドレスをセットし，$\overline{\mathrm{CAS}}$を再度アサートし直して，次のアドレスを与えることが可能となります．

6.4　シンクロナスDRAM

従来の非同期DRAMでは性能上の限界に近づいたことから，インターフェース部分をクロック同期式に変更したのがシンクロナスDRAMです．現在のパソコンなどでの主力となっており，組み込み用のCPUでもSDRAMコントローラを内蔵するものが増えてきていますが，外部バスの速度向上とともに，後ほど説明するDDR(Double Datat Rate) SDRAMやRambus DRAMなどに移行しつつあります．

● シンクロナスDRAMの信号

シンクロナスDRAMの信号種別を**図6-23**に示します．クロック(CLK)やクロック・イネーブル(CKE)，バンク番号指定など，若干の信号の変更はありますが，非同期DRAMの信号を踏襲しているように見受けられます．内部的にはSDRAMは内部が複数のバンクに分かれていることが大きな特徴です．

一例として，4Mワード×16ビット×4バンク(256Mビット)構成のSDRAMである，日立のHM5225165Bのピン配置とブロック図をそれぞれ**図6-24**および**図6-25**に示しま

〈図6-23〉
SDRAMの信号

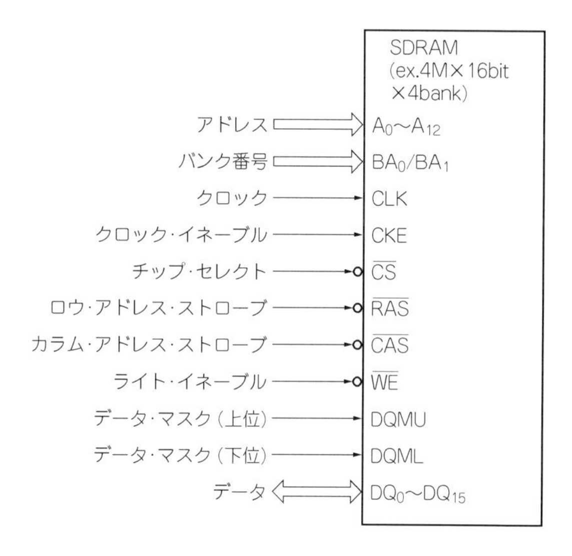

す.

次にこれらの信号について簡単に説明しておきましょう.

▶ A_0～A_{12} (アドレス)

アドレス・バスです. 非同期DRAMと同様にロウ・アドレス, カラム・アドレスに分けて与えます. ロウ・アドレスを与えるときはA_0～A_{12}, カラム・アドレスを与えるときはA_0～A_8を使用します(カラム・アドレス時のA_9～A_{12}は無効), 1ページは512ワードとなります. さらにバンクが4バンクあるので, 同一ロウ・アドレスでアクセス可能な領域は2Kワードとなります.

A_{10}はコマンドとしても使用される, ちょっと特殊なピンになっています. リード/ライト時, カラム・アドレスを与えるときにはA_{10}がオート・プリチャージ動作(後述)を行うか否かの選択信号入力ピンになります. HM5225165Bの場合にはカラム・アドレスでA_{10}を使いませんが, 同一容量で16Mワード×4ビット×4バンク構成のHM5225405Bの場合, カラム・アドレスはA_0～A_9, およびA_{11}の計11ビットを使用し, A_{10}がオート・プリチャージ指定になります.

また, シンクロナスDRAMはモード・レジスタというものをもっていて, バースト転送動作の設定や, CASレイテンシ(リード・コマンド発行後にデータが出力されるまでのクロック数)の指定などを行えるようになっていますが, この指定時にA_0～A_{12}, およびBA_0, BA_1がレジスタ値設定のために使用されます.

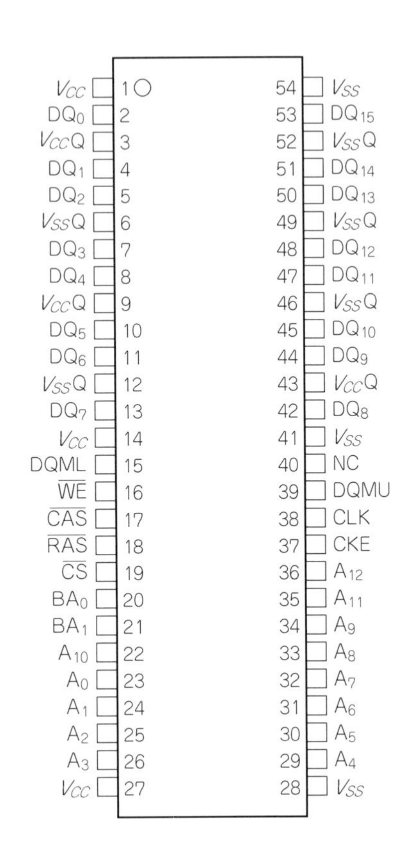

〈図6-24〉(9)
HM5225165Bのピン配置

▶ BA_0，BA_1（バンク・アドレス）

HM5225165B内部は四つのバンクに分割されており，それぞれ独立して動作可能となっています．たとえば一つのバンクにロウ・アドレスを与えたあと，別のバンクに別のロウ・アドレスを与え，再び最初のバンクに戻ってカラム・アドレスを与えてアクセスするという方法をとることも可能です．

この，バンク指定のために使用されるのがBA_0，BA_1です．両方とも“L”のときにバンク0が，BA_0が“H”でBA_1が“L”ならバンク1，逆にBA_0が“L”でBA_1が“H”ならバンク2，両方とも“H”ならばバンク3が選択されます．

▶ CLK（クロック入力）

クロック入力です．すべての信号入出力はこのクロックの立ち上がりエッジに同期して行われます．

〈図6-25〉[9] HM5225165Bのブロック図

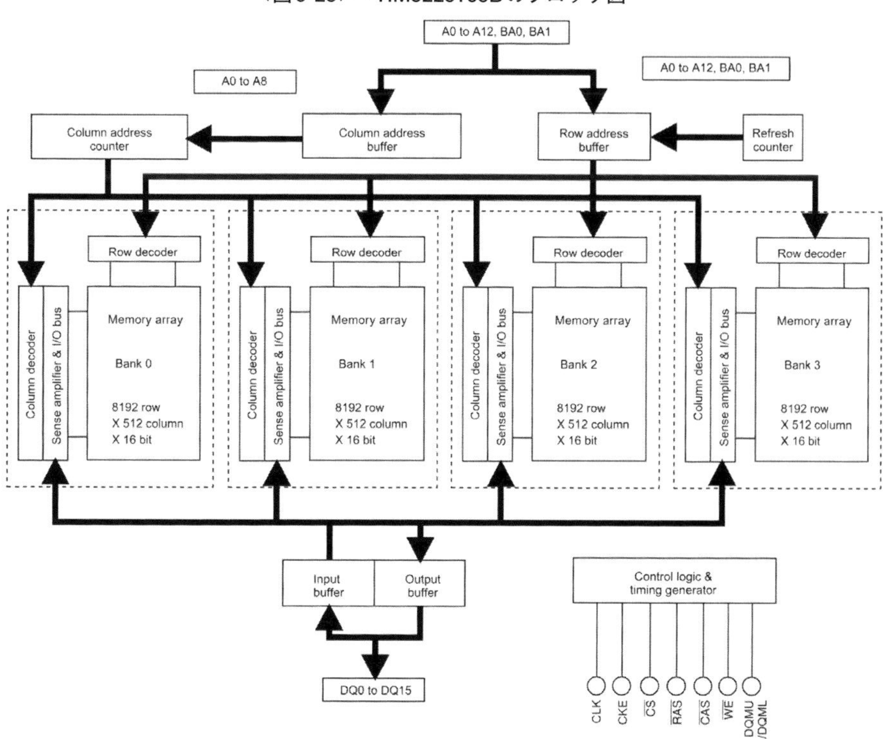

▶ CKE（クロック・イネーブル）

次のサイクルのクロックが有効か否かを決定するピンです．通常は“H”のままですが，パワーダウン・モードやセルフ・リフレッシュなどに入るときに“L”にして非動作状態にするために使用します．

▶ $\overline{\text{CS}}$（チップ・セレクト）

チップ・セレクト入力です．このピンがネゲートされている(“H”になっている)とき，入力信号は無視されます．内部動作(バンク・アクティベートやバースト動作)自体は$\overline{\text{CS}}$が“H”のときでも実行されています．

このピンがアサートされている(“L”になっている)ときには，与えられた制御信号やアドレスなどが有効となります．

▶ $\overline{\text{RAS}}$，$\overline{\text{CAS}}$，$\overline{\text{WE}}$

名称自体は従来の非同期DRAMと同じで，ある程度は非同期DRAMにおける扱われかたを意識したものとなっていますが，機能的にはかなり異なっていて，3本の信号線の組み合わせでオペレーションを指示するような使われ方になります．これらの詳細についてはあとで説明します．

▶ DQMU/DQML（DQマスクHigh/Low）

データ・ビットのマスクを行います．DQMUはDQ_8～DQ_{15}，DQMLはDQ_0～DQ_7に対応します．リード時に“H”になっているとマスクしたことになり，出力バッファはハイ・インピーダンス状態となり，データ出力が行われません．また，ライト時に“H”になっていると，該当するビットの内部のメモリ・セルへの書き込みが行われなくなります．

“L”になっていれば，リード時はDQ_nがドライブされ，ライト時は内部セルへの書き込みが行われます．

▶ DQ_0～DQ_{15}（データ）

データ入出力ピンです．DQ_0～DQ_7が下位バイト，DQ_8～DQ_{15}が上位バイトで，それぞれDQML，DQMUによってアクセス・マスクが行えるため，8ビット単位での入出力が可能です．

● **SDRAMコマンド**

SDRAMにも$\overline{RAS}$，$\overline{CAS}$，$\overline{WE}$という信号があります．名称は非同期DRAMと同じであり，機能的にも似せているところがありますが，実際の扱われ方は3本の組み合わせでSDRAMに対してコマンドを発行するという意味合いに変わっています．非同期DRAMの場合には，たとえば$\overline{CAS}$が$\overline{RAS}$よりも先にアサートされるとCASビフォアRASリフレッシュになるといったように，シーケンスでコマンドを与えるような格好でしたが，SDRAMの場合には，各制御線の状態の組み合わせでコマンドとなっているところが大きな違いです．**表6-1**に各信号の組み合わせとオペレーションの一覧を示します．

また，これらのコマンドによって，SDRAM内部の状態遷移が発生します．状態遷移は**図6-26**のようになっています．この状態遷移図上にないようなコマンドの発行（たとえばIDLE状態からいきなりWRITEコマンドを発行するなど）は行えません．

▶ モード・レジスタ・セット（MRS）

SDRAMにはモード・レジスタというものがあり，これによってSDRAMの動作モードの切り替えなどを行っています．モード・レジスタの設定時は**図6-27**（p.207）のようになっています．データではなく，アドレスで行うというところが変わっているところと言えるでしょう．

モード・レジスタのビット配置は**図6-28**（p.208）のようになっています．

〈表6-1〉[9] SDRAMのコマンド・テーブル

コマンド	略　称	CLKE		入力信号						
		$(n-1)$	(n)	$\overline{CS}$	$\overline{RAS}$	$\overline{CAS}$	$\overline{WE}$	BA_n	A_{10}(AP)	A_n
モード・レジスタ・セット	MRS	H	X	L	L	L	L	オペコード		
オート・リフレッシュ	REF	H	H	L	L	L	H	X	X	X
セルフ・リフレッシュ開始	SELF	H	L	L	L	L	H	X	X	X
セルフ・リフレッシュ終了	SELX	L	H	L	H	H	H	X	X	X
		L	H	H	X	X	X	X	X	X
活性化&ロウ・アドレス・ラッチ	ACTV	H	X	L	L	H	H	バンク#	ロウ・アドレス	
データ・リード	READ	H	X	L	H	L	H	バンク#	L	カラム・アドレス
オート・プリチャージ付きデータ・リード	READ_A	H	X	L	H	L	H	バンク#	H	カラム・アドレス
データ・ライト	WRITE	H	X	L	H	L	L	バンク#	L	カラム・アドレス
オート・プリチャージ付きデータ・ライト	WRITE_A	H	X	L	H	L	L	バンク#	H	カラム・アドレス
指定バンク・プリチャージ	PRE	H	X	L	L	H	L	バンク#	L	X
全バンク・プリチャージ	PALL	H	X	L	L	H	L	X	H	X
パワーダウン状態突入		H	L	H	X	X	X	X	X	X
		H	L	L	H	H	H	X	X	X
パワーダウン状態から復旧		L	H	H	X	X	X	X	X	X
		L	H	L	H	H	H	X	X	X
入力無視	DESL	H	X	H	X	X	X	X	X	X
ノー・オペレーション	NOP	H	X	L	H	H	H	X	X	X

(1) OPCODE（オペレーション・コード：BA_0/BA_1, $A_8 \sim A_{12}$）

書き込みモードの設定です.

・Burst read and burst write

〈図6-26〉(9) SDRAMの状態遷移

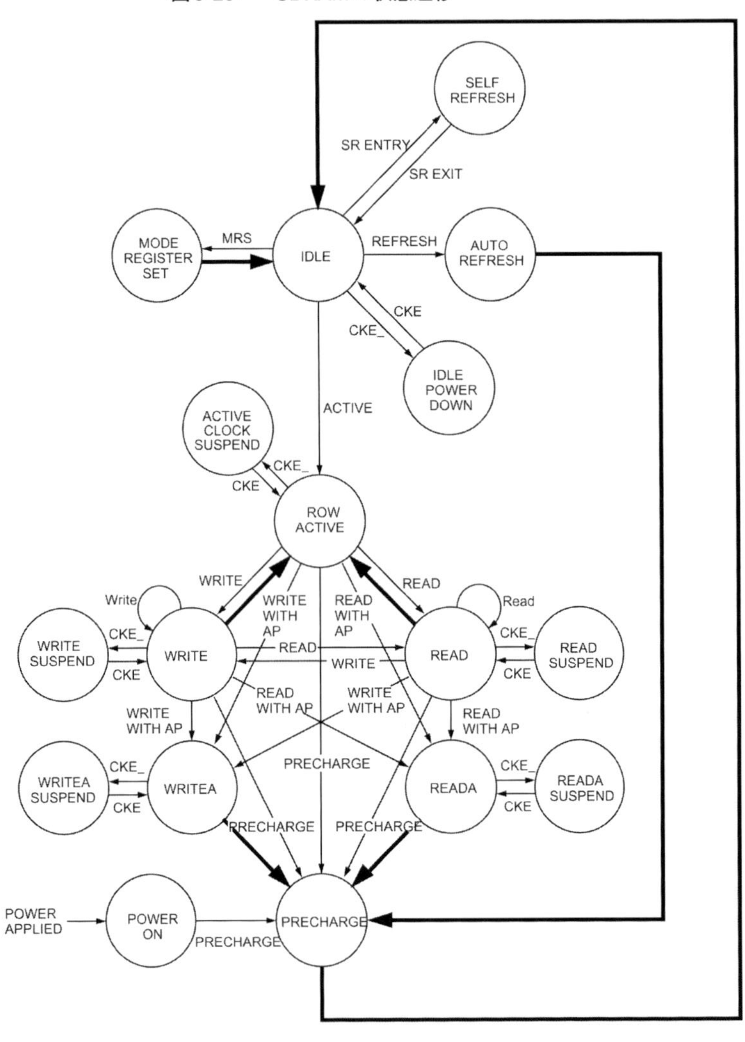

ライト時にバースト転送を行います.開始アドレスはライト開始時のカラム・アドレス,バースト転送するワード数はバースト長(BL：A_0～A_2)で指定したサイズになります.

・Burst read and single write

〈図6-27〉
SDRAMのモード・レジスタ・アクセス動作

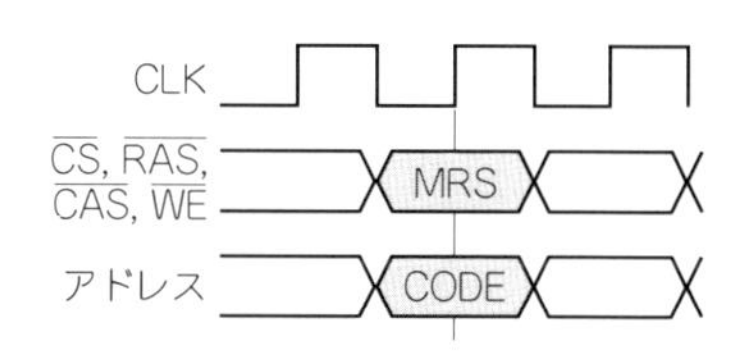

ライト時にはバースト転送は行わず，1ワードぶんだけのライトになります．

(2) LMODE（CASレイテンシ設定：A_4～A_6）

非同期DRAMの場合には，$\overline{RAS}$，$\overline{CAS}$がアサートされてからデータが出力されるまでの時間はns単位で規定されていましたが，シンクロナスDRAMの場合には何クロック目で出力するかを指定します．

CASレイテンシ(*CL*)は小さいほうが当然アクセスは速いということになりますが，DRAM内部の動作と関係するので，むやみに小さくすることはできません．何MHzで動作させたときにどのようなCASレイテンシ値を取ることができるかということは，データシートを見て判断することになります．

たとえば，HM5225165BTT-75の場合にはクロック周波数としては最高133 MHzまで与えることができますが，133 MHz動作時のCASレイテンシは3，100 MHzで動作させたときには2となっています．

100 MHzで動作させたときはリード・コマンド発行後2クロック目(20 ns後)にデータを取り込めますが，133 MHz動作時には3クロック目(約22.6 ns後)にデータが制定することになるので，単発のリード転送速度だけを考えると100 MHz動作のほうが有利ということになります．実際にはバースト転送を利用することが一般的なので，逆転現象はこの場合に限られます．たとえば4ワード転送を行う場合，2ワード目以降はクロックごとに出力されるので，CASレイテンシ＋3クロックぶんの時間がかかります．

100 MHz動作でCASレイテンシ2の場合には50 ns，133 MHz動作でCASレイテンシ3の場合には約45 nsとなるので，10 %ほど速いということになります．

(3) BT（バースト・タイプ：A_3）

シンクロナスDRAMはパイプライン・バーストSRAMなどと同様に，ホストがある連続した領域を連続アクセスするバースト転送に対応した動作モードをもっています．このバースト動作のシーケンス(バースト・シーケンス)をシーケンシャル(リニア)バーストか，インタリーブ・バーストにするのかを指定するのがこのビットです．

バースト転送時にはホスト側からはアクセスする先頭アドレスを与えるだけで，以後の

〈図6-28〉(9) モード・レジスタのビット配置例

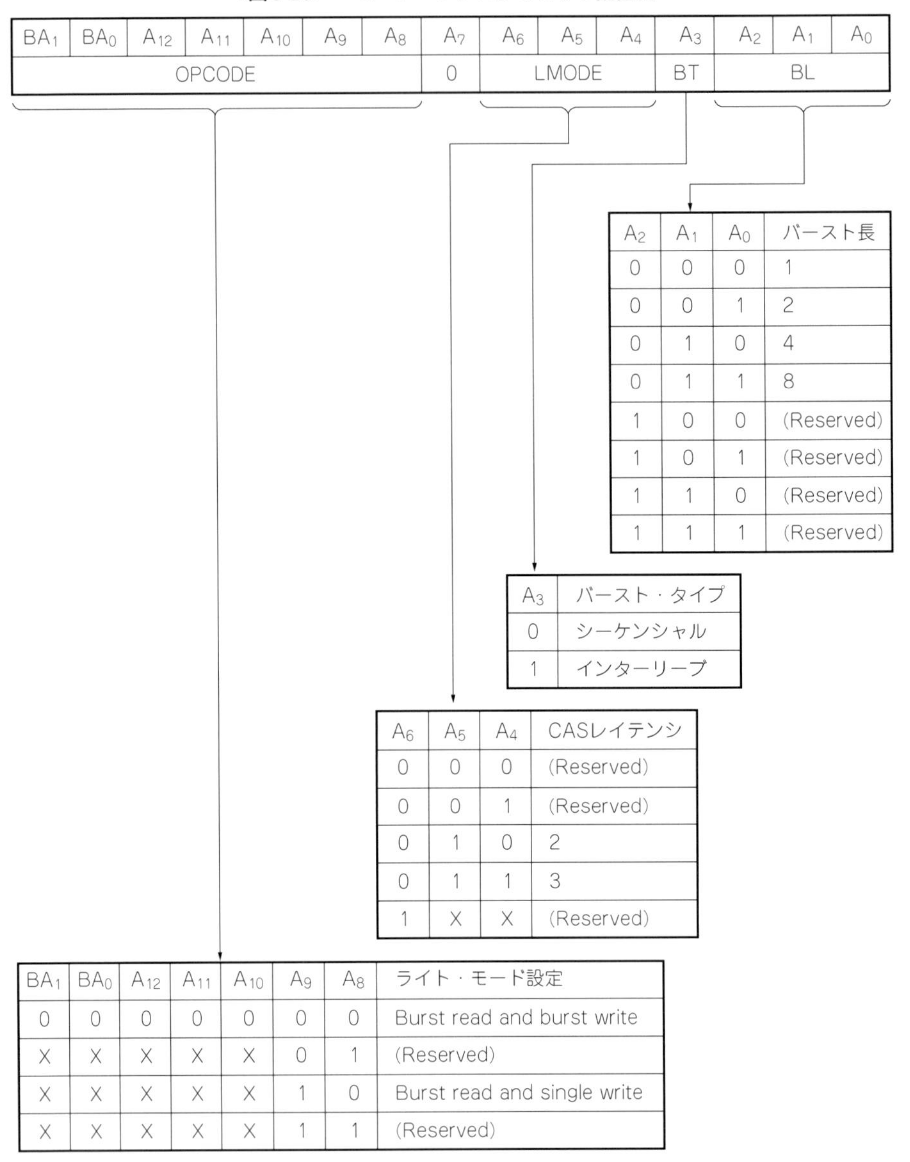

BA_1	BA_0	A_{12}	A_{11}	A_{10}	A_9	A_8	A_7	A_6	A_5	A_4	A_3	A_2	A_1	A_0
OPCODE							0	LMODE			BT	BL		

A_2	A_1	A_0	バースト長
0	0	0	1
0	0	1	2
0	1	0	4
0	1	1	8
1	0	0	(Reserved)
1	0	1	(Reserved)
1	1	0	(Reserved)
1	1	1	(Reserved)

A_3	バースト・タイプ
0	シーケンシャル
1	インターリーブ

A_6	A_5	A_4	CASレイテンシ
0	0	0	(Reserved)
0	0	1	(Reserved)
0	1	0	2
0	1	1	3
1	X	X	(Reserved)

BA_1	BA_0	A_{12}	A_{11}	A_{10}	A_9	A_8	ライト・モード設定
0	0	0	0	0	0	0	Burst read and burst write
X	X	X	X	X	0	1	(Reserved)
X	X	X	X	X	1	0	Burst read and single write
X	X	X	X	X	1	1	(Reserved)

アドレスはシンクロナスDRAM側で自動的に生成されます．

バースト転送で下位アドレスがどのように変化するかをまとめたのが**図6-29**です．Pentiumに代表されるx86系プロセッサではインタリーブ・バーストですが，そのほかのプロセッサではシーケンシャル・バーストで動作するものが一般的でしょう．

(4) *BL*（バースト長：A_0～A_2）

バースト転送動作で何ワードぶんの転送を行うかを設定します．HM5225165の場合には図にあるとおり，1，2，4，8のなかから選択可能です．現在のパソコンなどで使用されるCPUではバースト長は4ワードになっているものが一般的です．

▶ オート・リフレッシュ（REF）

非同期DRAMのCASビフォアRASリフレッシュと同じで，1リフレッシュ・アドレスぶんのセルのリフレッシュ動作を行います．リフレッシュ・アドレスやバンク・アドレスはDRAM内部で自動的に生成します．オート・リフレッシュを行わせるときにはシンクロナスDRAM内部の全バンクのステートがIDLE状態でなくてはなりません（アクセス動作中などにオート・リフレッシュ指示は行えない）．

オート・リフレッシュは1アドレスぶんしか行われないので，データシートで指定され

〈図6-29〉[9] バースト・シーケンス

Burst length＝2

開始アドレス	アドレス（10進）	
A_0	シーケンシャル	インタリーブ
0	0，1	0，1
1	1，0	1，0

Burst length＝4

開始アドレス		アドレス（10進）	
A_1	A_0	シーケンシャル	インタリーブ
0	0	0，1，2，3	0，1，2，3
0	1	1，2，3，0	1，0，3，2
1	0	2，3，0，1	2，3，0，1
1	1	3，0，1，2	3，2，1，0

Burst length＝8

開始アドレス			アドレス（10進）	
A_2	A_1	A_0	シーケンシャル	インタリーブ
0	0	0	0，1，2，3，4，5，6，7	0，1，2，3，4，5，6，7
0	0	1	1，2，3，4，5，6，7，0	1，0，3，2，5，4，7，6
0	1	0	2，3，4，5，6，7，0，1	2，3，0，1，6，7，4，5
0	1	1	3，4，5，6，7，0，1，2	3，2，1，0，7，6，5，4
1	0	0	4，5，6，7，0，1，2，3	4，5，6，7，0，1，2，3
1	0	1	5，6，7，0，1，2，3，4	5，4，7，6，1，0，3，2
1	1	0	6，7，0，1，2，3，4，5	6，7，4，5，2，3，0，1
1	1	1	7，0，1，2，3，4，5，6	7，6，5，4，3，2，1，0

た期間内に指定された回数ぶんのオート・リフレッシュ・コマンドを発行する必要があります．HM5225165Bの場合には64 ms以内に8192回のリフレッシュが必要となっています．

オート・リフレッシュ後のプリチャージは自動的に行われるので，プリチャージ・コマンドを発行する必要はなく，リフレッシュ完了後自動的にIDLE状態に復帰します．

▶ セルフ・リフレッシュ開始(SELF)/終了(SELFX)

非同期DRAMのセルフ・リフレッシュと同様に，DRAM内部で自動的にリフレッシュ動作を行うものです．非同期DRAMの場合には$\overline{\text{CAS}}$，$\overline{\text{RAS}}$の順にアサートしたまま一定時間保持するとセルフ・リフレッシュに入り，$\overline{\text{RAS}}$，$\overline{\text{CAS}}$をネゲートすると復旧するという機構でしたが，シンクロナスDRAMの場合にはコマンドで開始/終了を指示するようになっています．

▶ 活性化&ロウ・アドレス・ラッチ（ACTV）

アクセスする，バンク・アドレス(BA_n)およびロウ・アドレス(AX_0～AX_{12})を指定するコマンドです．バンク・アドレスで指定したバンクがアクティブになり，ロウ・アドレスがラッチされます(AX_nはA_nピンで指定されるアドレス．ロウ・アドレスとカラム・アドレスを区別するため，ロウ・アドレスをAX_n，カラム・アドレスをAY_nと仮に表記する)．

▶ データ・リード(READ)/オート・プリチャージ付きデータ・リード(READ_A)

BA_nで与えたバンク番号の，A_0～A_8で与えたカラム・アドレス(AY_0～AY_8)からのデータ・リード動作に入ります．先に説明したとおり，A_{10}ピンがバースト・リード後に自動的にプリチャージするか否かの選択になっています．A_{10}が“H”ならバースト・リード動作後に自動的にDRAM内部でプリチャージ動作が行われます．“L”のときにはプリチャージは行われないので，ホスト側(DRAMコントローラ側)からプリチャージ・コマンドを別途発行する必要があります．

コマンド発行後，モード・レジスタのCASレイテンシで指定したクロック後にデータが現れ，バースト長分の転送が完了するとDQ_nピンはハイ・インピーダンス状態になります．

▶ データ・ライト(WRITE)/オート・プリチャージ付きデータ・ライト(WRITE_A)

BA_nで与えたバンク番号の，A_0からA_8で与えたカラム・アドレス(AY_0～AY_8)からのデータ・ライト動作になります．データはDQ_nピンに，WRITEコマンドと同時に与えます．

バースト・ライトのときには，このアドレスがスタート・アドレスとなり，バースト長ぶんのデータを取り込んでいきます．シングル・ライトの場合にはこのアドレスに1回書き込むだけで動作完了となります．

リードと同様，A_{10}がオート・プリチャージを行うか否かの選択になっていて，“H”になっていれば，バースト・ライト/シングル・ライト動作完了後，DRAM内部で自動的にプリチャージ動作が行われます．“L”にした場合には，外部から明示的にプリチャージ動作を行わせなくてはなりません．

▶ 指定バンク・プリチャージ（PRE）

BA_nピンで指定したバンクのプリチャージを行わせます．

▶ 全バンク・プリチャージ（PALL）

シンクロナスDRAM内部の全バンクに対してプリチャージ動作を行わせます．

▶ パワーダウン状態突入/復旧

シンクロナスDRAMがIDLE状態にあるときに，パワーダウン状態突入コマンドを発行すると，入力初段の回路が切り離され低消費電力モードに入ります．この状態から復旧するには復旧コマンドを発行する必要があります．復旧後，SDRAMはIDLE状態になります．

▶ 入力無視（DESL）

コマンド入力は受け付けません．ただし，内部状態は保持されています．

▶ ノーオペレーション（NOP）

このコマンドはSDRAMに受け付けられますが，実行コマンドではありません．内部状態は保持されています．

● **シンクロナスDRAMのアクセス動作例**

▶ シンクロナスDRAMのリード動作

シンクロナスDRAMのリード動作例を**図6-30**に示します．動作はすべてクロックの立ち上がりエッジを基準に行われます．先に示した状態遷移図と合わせて見るとわかりやすいと思います．

(1) ロウ・アドレスとバンク番号の指定

まず，シンクロナスDRAMがIDLE状態にあるので，ここで$\overline{RAS}$，$\overline{CAS}$，$\overline{WE}$，$\overline{CS}$を使ったACTVコマンドを発行します．同時にA_0～A_{12}，BA_0/BA_1にはそれぞれロウ・アドレス，バンク番号を与えます．これによって指定されたバンクが活性化して，ROW ACTIVEステートに移行します．このあと，t_{RCD}期間待つと次のコマンドが受け付け可能になります．この時間はデータシートに記載されています．HM5525165Bの場合には

20 nsとなっているので，133 MHz動作ならば3クロック，100 MHz動作で2クロック必要ということになります．

(2) カラム・アドレスの指定とリード・コマンド発行

t_{RCD}ぶん時間がたったあとのクロックの立ち上がりエッジに同期して，READコマンドと，カラム・アドレスとリードするバンク番号を与えます．リード動作では，モード・レジスタで設定したバースト長ぶんの連続リードが可能です．

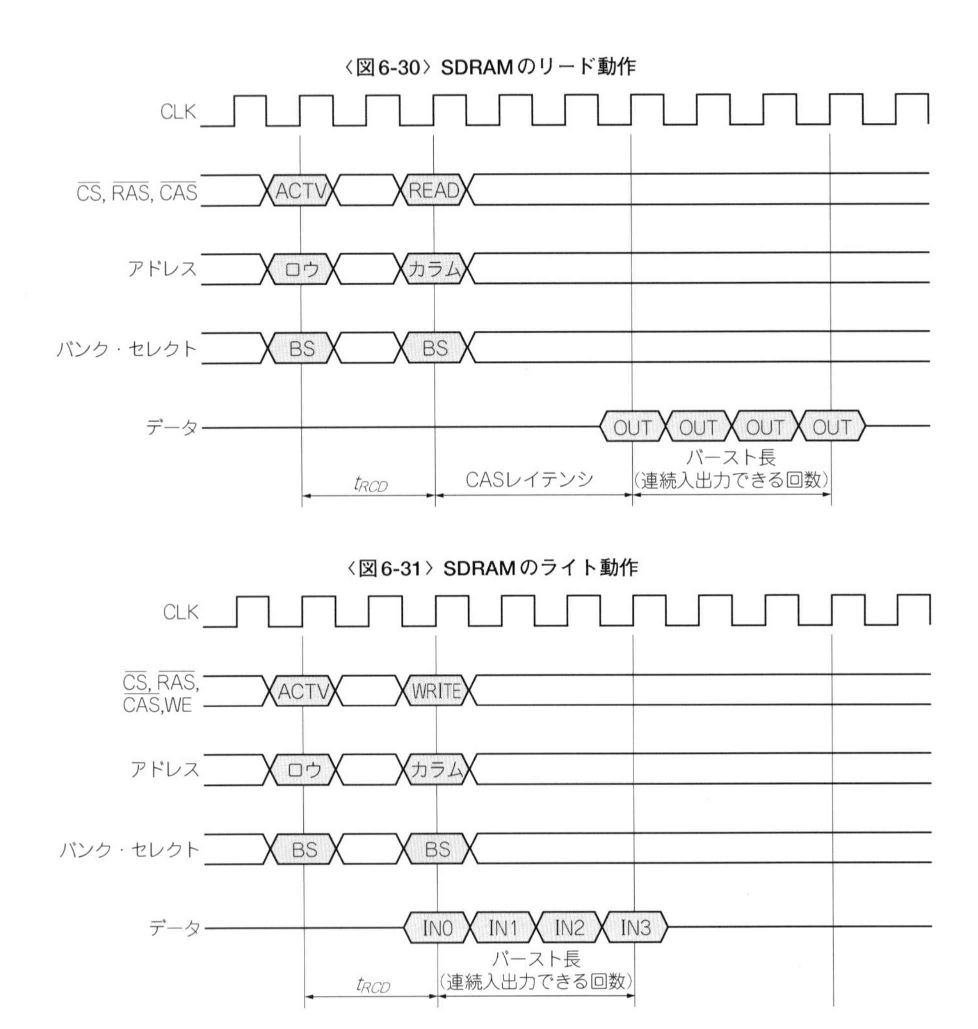

〈図6-30〉SDRAMのリード動作

〈図6-31〉SDRAMのライト動作

(3) CASレイテンシ待機

READコマンド発行後，モード・レジスタで設定したCASレイテンシ(*CL*)だけのクロック数が経過するとデータが出てきます．図では，CASレイテンシが3のときの動作を示しています．

(4) データの取り込み

CASレイテンシ経過後，モード・レジスタで指定したバースト長(*BL*)ぶんのデータが連続して出てくるので，これを取り込みます．図では$BL = 4$のときの動作を示しています．バースト長ぶんのデータが出力し終わると，自動的にDRAMの出力バッファはハイ・インピーダンス状態になります．

▶ シンクロナスDRAMのライト動作

シンクロナスDRAMのライト動作例を**図6-31**に示します．リード動作と同様にクロックの立ち上がりに同期してコマンドやデータを与えるという形になっています．

(1) ロウ・アドレスとバンク番号指定

IDLE状態にあるシンクロナスDRAMにACTVコマンドを発行し，同時にロウ・アドレス，およびバンク番号を与えます．これによって該当バンクが活性化して，次のライト・コマンドを受け付けられる状態になります．

(2) ライト・コマンド発行

ACTVコマンド発行後，t_{RCD}時間だけ待つと次のコマンドが受け付けられる状態になります．カラム・アドレス，書き込みデータとともにWRITEコマンドを発行します．リードのときと違い，レイテンシを気にする必要はなく，コマンドと同時にデータを与えることができます．

(3) データの連続書き込み

バースト・ライトが行われるときには，このあと連続してデータを与えることになります．モード・レジスタのバースト長(*BL*)で指定したサイズぶんだけ連続してデータを与えれば，書き込み先のアドレスはDRAM内部で自動的に更新され，バースト・ライトが行われます．図では$BL = 4$としたときの動作を示しています．

6.5 DDR-SDRAM

DDRはDouble Data Rateの略です．シンクロナスDRAMではクロックの立ち上がりエッジのみを使ってデータ入出力を行っていたわけですが，これを立ち下がりエッジも使うことでデータ転送のバンド幅を2倍にするというものです．理屈のうえでは従来のシンクロナスDRAMのインターフェースをそのまま生かしながら2倍のバンド幅を得られるということになりますが，実際には伝送速度の上昇とともにタイミングを取ることが難しくなってくるので，いくつかの細工を追加してこれに対処しています．

● DDR-SDRAMの信号

DDR-SDRAMの信号例を**図6-32**に示します．ここでは，4 M×16ビット×4バンク構成の256 MビットDDR-SDRAMである，ELPIDA社(NECと日立の合弁会社)のHM5425161Bを取り上げてみました．シンクロナスDRAMから追加されたのは※印が付いている信号です．DRAMコントローラとの接続は**図6-33**のようになります．まず，これらの信号にについて説明しておきましょう．

▶ $\overline{\mathrm{CLK}}$（反転クロック）

シンクロナスDRAMの場合はクロック入力は一つだけで，立ち上がりエッジに同期して動いていましたが，DDR-SDRAMでは反転クロックも使用されます．

DMU/DML(データ・マスク)，DQSL/DQSL(データ・ストローブ)，DQ_n(データ)のサンプリング時などにはCLK，$\overline{\mathrm{CLK}}$の両方が使用されます．

これら以外の信号入力のサンプリングにはCLKだけが使われるので，データ転送時の

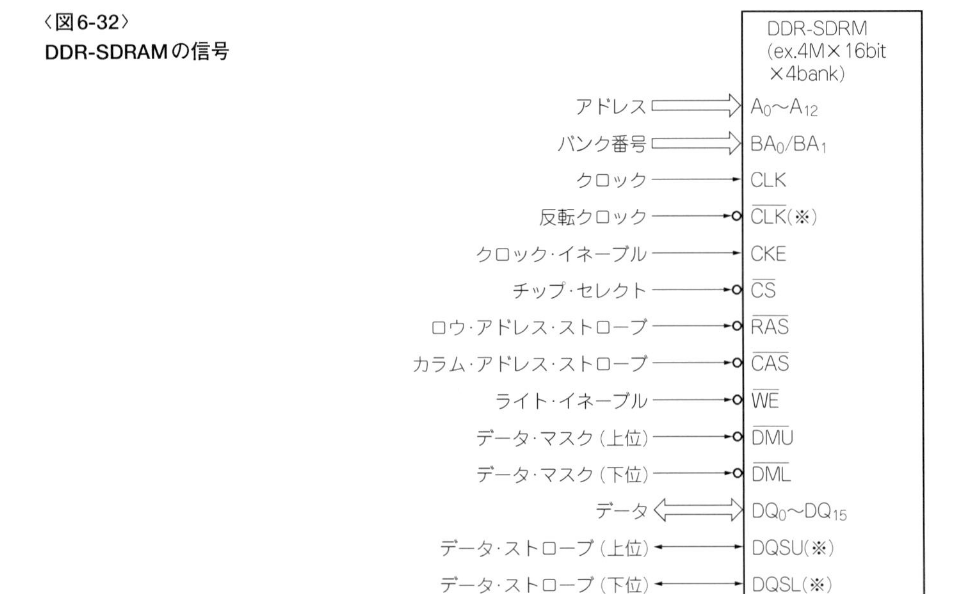

〈**図6-32**〉
DDR-SDRAMの信号

み使われるクロックであると考えればよいでしょう．

▶ DQSU/DQSL

DDR-SDRAMの場合，データ転送が非常に高速になることから，DRAMコントローラとDRAM素子間の信号スキューが問題となってきます．そのため，データ転送時，データが確定したか否かをDQSU/DQSL信号で判定します．この信号は双方向で使用されます．

リード時，DRAMコントローラからのREADコマンドを受け取ると，DDR-SDRAMはDQS信号を“L”にして，その後データに合わせてDQSをトグルします．コマンドの転送はDDR-SDRAMもシンクロナスDRAMと同様にCLKの立ち上がりエッジを使いますが，DDR-SDRAMの場合，CASレイテンシ値として整数，または整数＋0.5の値をとることがあるので，CASレイテンシが整数の場合にはDQSはCLKと同位相，整数＋0.5のときには$\overline{\mathrm{CLK}}$と同位相の波形となります．ホスト側では，単にクロックに同期してデータを受け取るのではなく，DQS信号がトグルしたのを見てデータを取り込むことになります．

ライト時にはDRAMコントローラはデータ転送開始前にDQSを“L”にしておき，データが確定してからDQSをトグルするという動作を行います．DDR-SDRAM側ではDQSに合わせてデータを取り込むわけです．

● DDR-SDRAMの動作

DDR-SDRAMの動作は，シンクロナスDRAMを基本にして，データ転送部分だけを2倍に引き上げたような格好になっています．基本的なコマンド発行などの手順はシンクロナスDRAMとほとんど同じで，コマンドが2倍のレートで転送できるようにはなっていないというところには注意が必要です．

〈図6-33〉DDR-SDRAMの接続

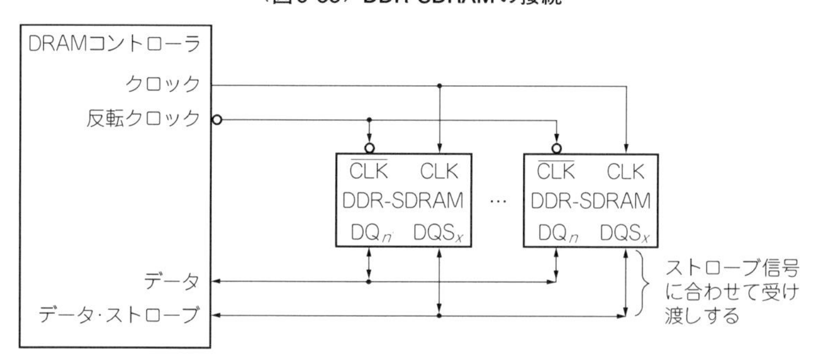

▶ DDR-SDRAMのリード動作

DDR-SDRAMのリード動作を図示したのが**図6-34**です．ACTコマンドの発行，t_{RCD}だけ経過したあとに行われるREADコマンドの発行もシンクロナスDRAMと同じようにCLKの立ち上がりエッジに同期して行われますが，その後のデータ転送が2倍のレートで行われることがわかります．

1/2クロックが使えるので，CASレイテンシも整数値だけでなく，＋0.5のところにな

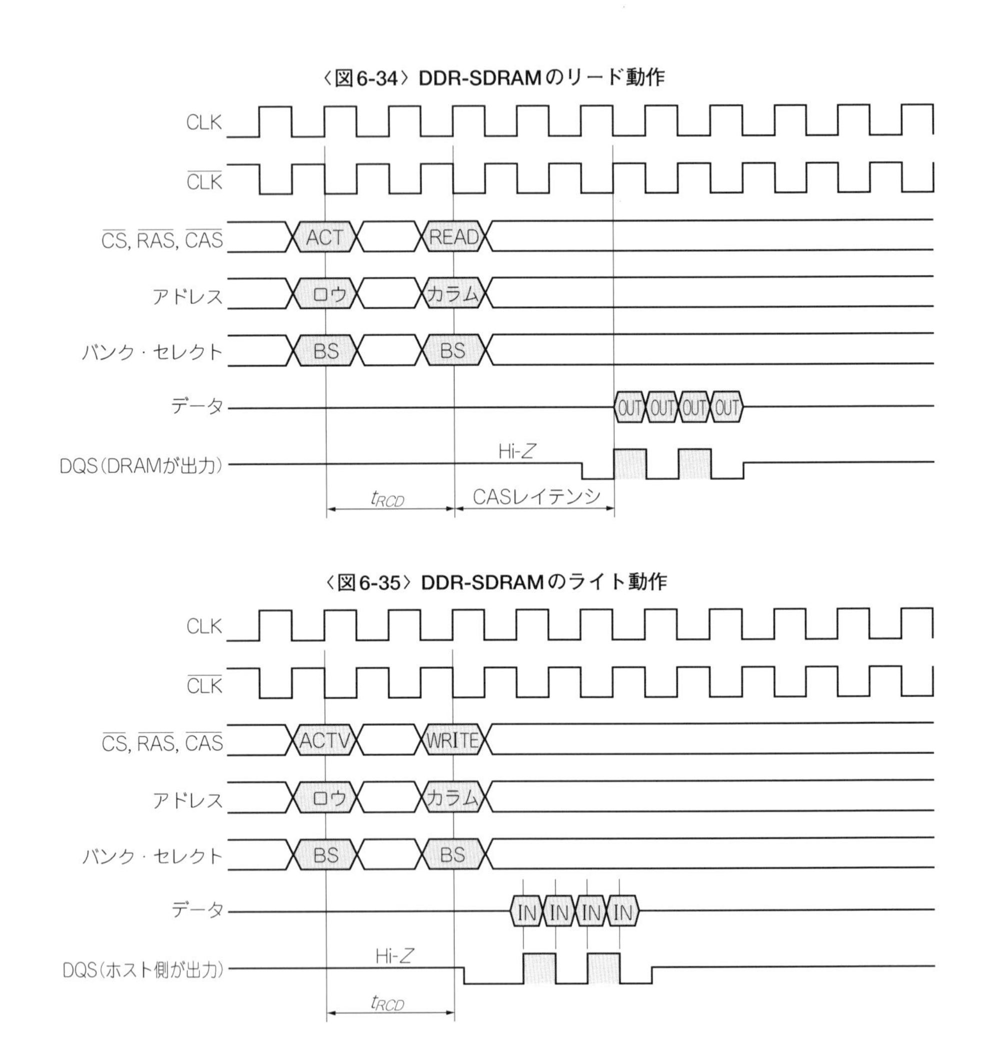

〈図6-34〉DDR-SDRAMのリード動作

〈図6-35〉DDR-SDRAMのライト動作

ることがあります．この図はCASレイテンシが2.5のときの動作例です．

DDR-SDRAMはデータとともに図のようにDQS信号をドライブします．DQSはデータとともに変化するため，ホスト側ではこの変化を待って若干ディレイしたあとで，データを取り込みます．

モード・レジスタで設定したバースト長ぶんだけ連続リードされるところもシンクロナスDRAMと同じです．

▶ DDR-SDRAMのライト動作

DDR-SDRAMのライト動作を**図6-35**に示します．やはりシンクロナスDRAMと同様にACTコマンドにつづいてWRITEコマンドを発行しますが，DDR-SDRAMの場合，WRITEコマンドと同時ではなく，1クロック後からデータを与えるという点が異なります．

また，DDR-SDRAMにデータをラッチさせるタイミングはCLKではなく，DQSが使用されます．DRAMコントローラ側ではデータを制定したあとに若干のディレイをかけてDQSをストローブします．DDR-SDRAM側ではこのエッジ部分でデータをラッチするというわけです．

リード時，DDR-SDRAMが出力するDQSはデータと同期したステータス信号のようなものであるのに対して，ライト時にはストローブ信号となる点が大きく異なります．

リード/ライト時のタイミングの微調整はこのようにDRAMコントローラ側で行われるということが，DDR-SDRAM使用上の特徴的な点と言えるでしょう．

6.6 Direct Rambus DRAM

Direct Rambus DRAMは従来あったRambus DRAMの改良版ともいえるもので，今後パソコン関係などでも広く使われていくことが期待されています．

Direct Rambus DRAMも，内部のDRAMセル自体は他のDRAM素子と変わるところはないのですが，外部インターフェースをコマンド・パケット方式にしたり，信号レベルなどの電気的なインターフェース部分を工夫することで，400 MHzという高いクロック周波数でクロックの両エッジを使った動作を可能にしています．

● Direct Rambus DRAMの信号

Direct Rambus DRAMの一例として，NEC(現ELPIDA社)のμPD488448をサンプルに取り上げてみました．このDRAMの構成は8 Mワード×16ビット×32バンクとなっています．DDR-SDRAMなどと比べて，バンク数が多くとれるのがDirect Rambus DRAM

の特徴の一つです．内部ブロックは**図6-36**のようになっていますが，かなり複雑であることがわかります．これがコストアップ要因の一つでもあるのでしょう．

信号配置は**図6-37**のようになっています．従来のDRAMではTSOPなどのパッケージ

〈図6-36〉[11] **μPD488448の内部ブロック**

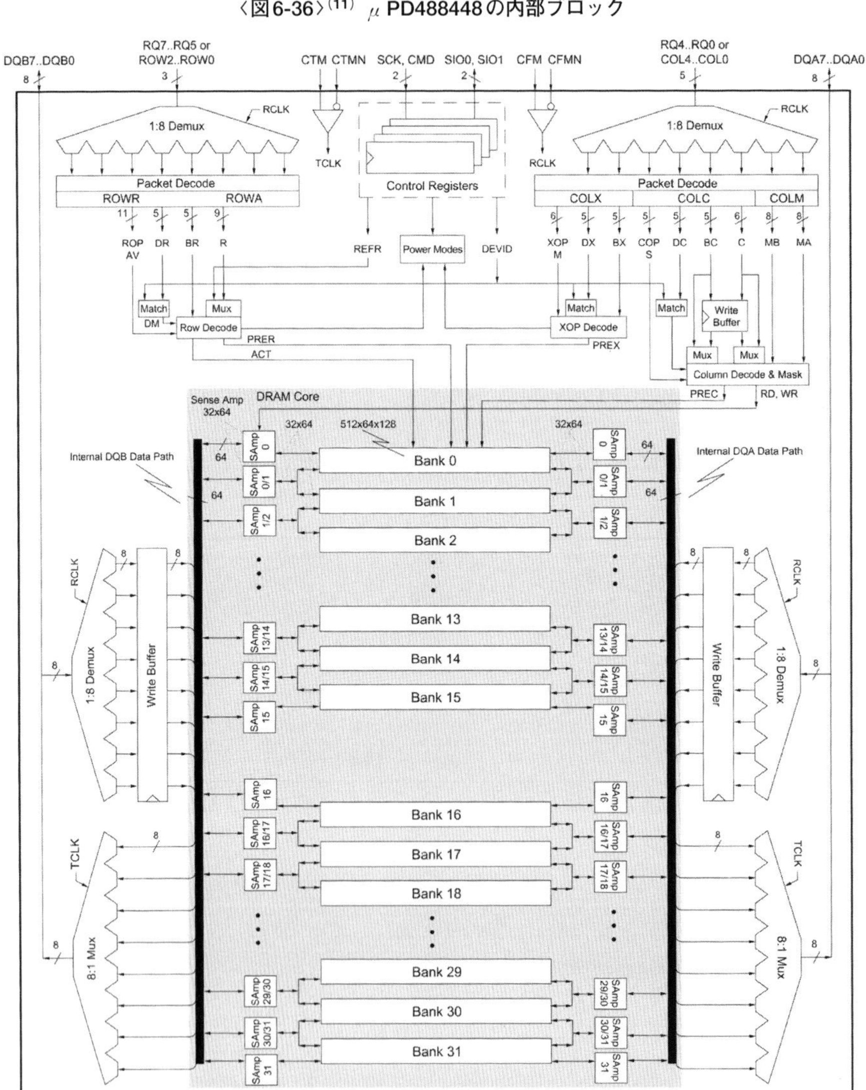

が多く見られましたが，Direct Rambus DRAMではBGAパッケージになります．

また，Direct Rambus DRAMの信号を整理したのが**図6-38**です．DDR-SDRAMなどとはずいぶん様相が違うということがわかります．

これらの信号のうち，実際のデータ転送で使われるのは，RSLレベルと記述したものです．ややこしそうに見えますが，実はクロックが4系統，データが2系統あるので，それらを整理してしまうと，クロック，ロウ・アドレス・コントロール，カラム・アドレス・コントロール，データの4種類ということになるので，信号の種類自体はそれほど複

〈図6-37〉[11]
μPD488448の信号配置
(Top View)

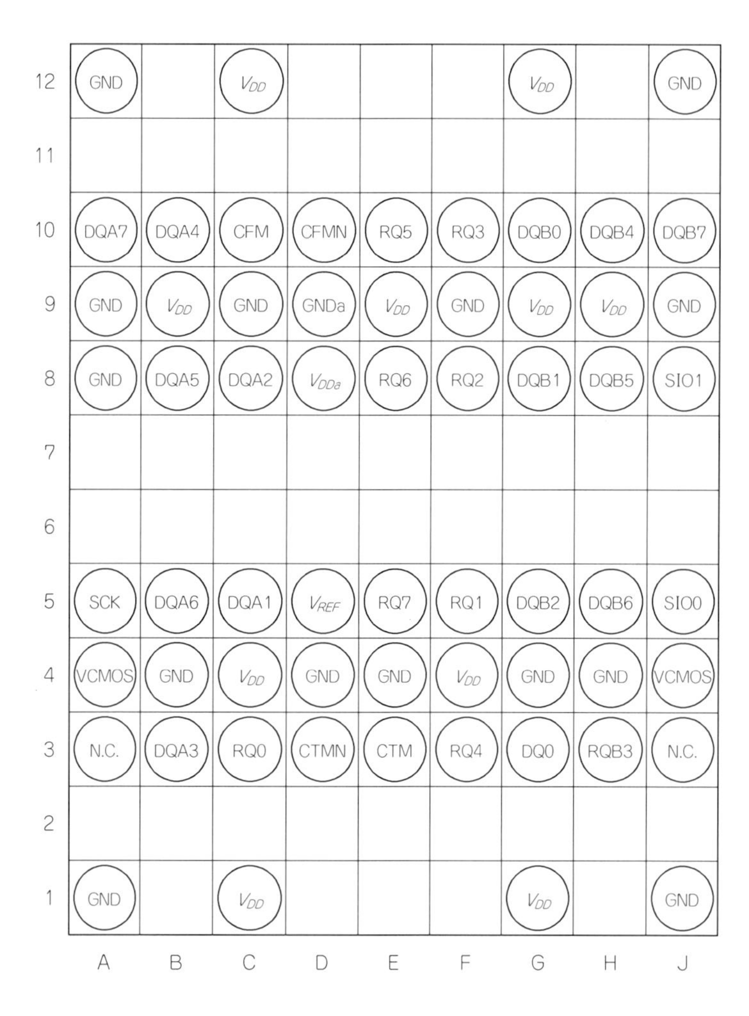

雑でないともいえるでしょう．次にこれらの信号について簡単に説明しておきます．

▶ CMD/SIO_0/SIO_1/SCK

Rambus DRAM内部には動作制御を行うためのコントロール・レジスタが30本以上組み込まれています(ブロック図では中央上部)．これらのレジスタにアクセスするために設けられているのがCMD/SIO_0/SIO_1/SCKの4本の信号です．

これらの信号はコンフィギュレーション用なので，速度はかなりゆっくりとしたものになっています．SCKのサイクル時間は最小1000 ns(1 μs)なので，1 MHz以下で動作させることになります．

▶ CTM/CTMN/CFM/CFMN（クロック）

CTMNはCTM(Clock To Master)と，CFMNはCFM(Clock From Master)とペアになっている反転クロック信号です．CTM，CTMNはデバイス内部で送信クロック(TCLK)を作成するのに使用されます．また，CFM，CFMNはデバイス内部で受信クロック(RCLK)を作成するために利用され，ライト・データやROW/COLピンからのコマンドなどを取り込むのに使われます．

▶ DQA_0～DQA_7，DQB_0～DQB_7

リード・データ/ライト・データのやりとりを行うものです．Direct Rambusのデータ幅は8ビット，または16ビットですが，μPD488448は16ビット幅のDirect Rambus

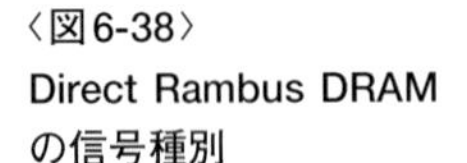
〈図6-38〉
Direct Rambus DRAM
の信号種別

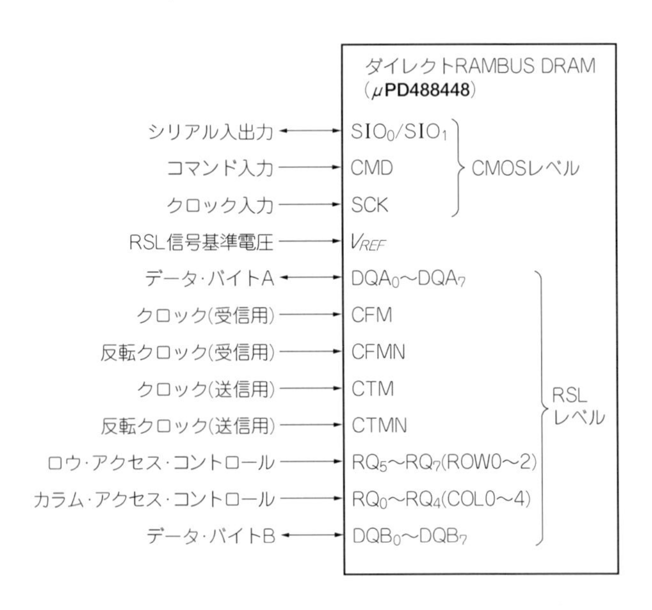

DRAMです．DRAM内部でのデータ転送単位は64ビットずつなので，μPD488448の場合には二つの64ビット・パスをもっていることになり，8サイクル（Direct Rambusの場合クロックの両エッジを使うので4クロック・サイクル）で転送が行われます．

▶ RQ_0～RQ_7

これらのピンは制御コマンドやアドレス情報などを与えるのに使用されます．RQ_0～RQ_4はCOL_0～COL_4，RQ_5～RQ_7はROW_0～ROW_2という別名をもっています．これはDirect Rambusがコマンドやデータをパケットにしてやりとりするような仕組みになっているためです．パケットの詳細については後述します．

▶ V_{REF}

通常のデータ転送に使われるDirect Rambus信号はRSL（Rambus Signaling Level）と呼ばれる信号レベルで動作しますが，この基準電圧を与えるのがV_{REF}ピンです．V_{REF}電圧は規格で決まっていて，1.4 V ± 0.2 Vとなっています．

● Direct Rambus DRAMの信号接続

Direct Rambus DRAMの信号接続関係を**図6-39**に示します．DDR-SDRAMと大きく異なるのは，信号線類がオープン・ドレイン出力であることと，クロックが一筆書きの要領で往復するという点です．

非同期DRAM，シンクロナスDRAM，DDR-SDRAMなどはいずれも出力はトーテムポール出力になっており，Hレベル時にはHレベルをドライブするような仕様になってい

〈図6-39〉Direct Rambus DRAMの信号接続関係

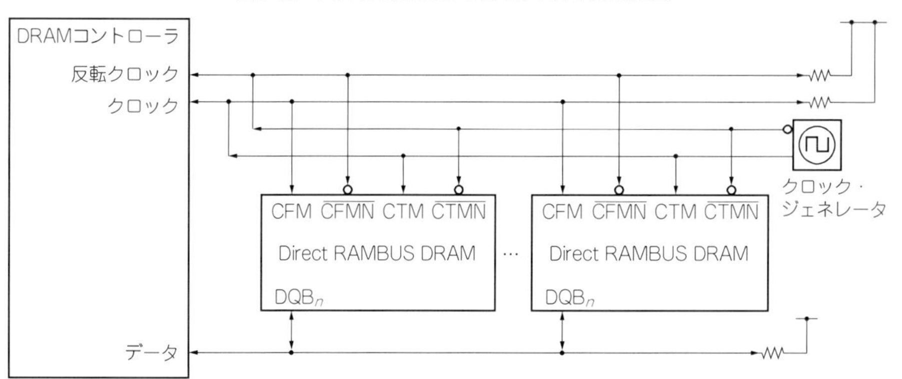

ますが，Direct Rambus DRAMではオープン・ドレイン出力とすることで高速動作に対応しています．

またクロックが2系統あるのは，クロック・スキュー対策です．DDR-SDRAMの場合には双方向のストローブ信号を使うことでクロック・スキュー対策をしていましたが，Direct Rambus DRAMの場合にはDRAMからDRAMコントローラに行くクロックと，コントローラ側からDRAM側に向かうクロックの2系統を用意し，リード時とライト時に使用するクロックを変えることでスキュー対策をするという，ほぼ理想に近い対策をとっています．

図の上部右側の端にあるのが，クロック・ジェネレータで，物理的にDRAMコントローラから一番遠い位置のDRAMの近傍に置かれます．ここから順にクロックが配線され，DRAMコントローラのところで折り返して再びもっとも遠いDRAMの位置まで来て終端されます．

この2系統のクロック入力のうち，DRAMからホスト側に向かうものをCTM（Clock To Master），逆にホスト側からDRAM側に向かっていくものをCFM（Clock From Master）と呼んで区別しています．リード時，つまりDRAMからデータが出てくるときにはDirect Rambus DRAMはCTMクロックに同期してデータを出力します．配線長などがクロック，データ信号ともに同じであれば，クロック，データとも同じディレイをもってDRAMコントローラに到達するので，DRAMコントローラはクロックに同期してデータを受け取ることができます．

また，逆にDRAMへのライトの場合にはDRAMコントローラはクロックに同期してデータを出力します．このデータは，DRAMコントローラからDRAM側に向かうクロックであるCFMクロックとともに伝搬していくので，DRAM側ではCFMクロックに同期してデータを受け取ればよいというわけです．

● Direct Rambus DRAMの動作概略

Direct Rambus DRAMがシンクロナスDRAMなどと大きく異なるのは，コマンドをパケット化して複数回の伝送で行うという点にあります．シンクロナスDRAMの場合にはコマンドといっても，$\overline{\mathrm{RAS}}$，$\overline{\mathrm{CAS}}$，$\overline{\mathrm{WE}}$によって内部シーケンサを動かすという程度のものでしたが，Direct Rambusの場合には，コマンドやデバイス・アドレスなどもすべてパケットという形にまとめた，プロセッサ間通信のようなスタイルで伝送を行います．

このためDirect Rambus DRAMの場合には，シンクロナスDRAMのときのようなアドレスやコマンド専用のピンが存在せず，ピン数も削減できたというわけです．

▶ パケット・フォーマット

Direct Rambus DRAMのパケット・フォーマットの例を示したのが**図6-40**および**図6-41**です．

(1) ACTコマンド

アクティベート(Activate)コマンドです．シンクロナスDRAMのACTコマンドと同様に，ロウ・アドレスやバンク番号を指定してデバイスを活性化するコマンドです．図ではACT a0と書いています．シンクロナスDRAMと異なり，ROW_0～ROW_2(RQ_5～RQ_7)を使ってパケット形式で指定が行われていることに注意してください．

Direct Rambus DRAMの場合，各デバイスにデバイス番号を割り振ります(コントロール・レジスタに設定)．アクセスするときにはこのパケットの中のデバイス番号によって選択するわけです．さらにバンク番号，ロウ・アドレスを指定してアクセスの準備に入

〈図6-40〉[11] Direct Rambus DRAMのパケット・フォーマット(その1)

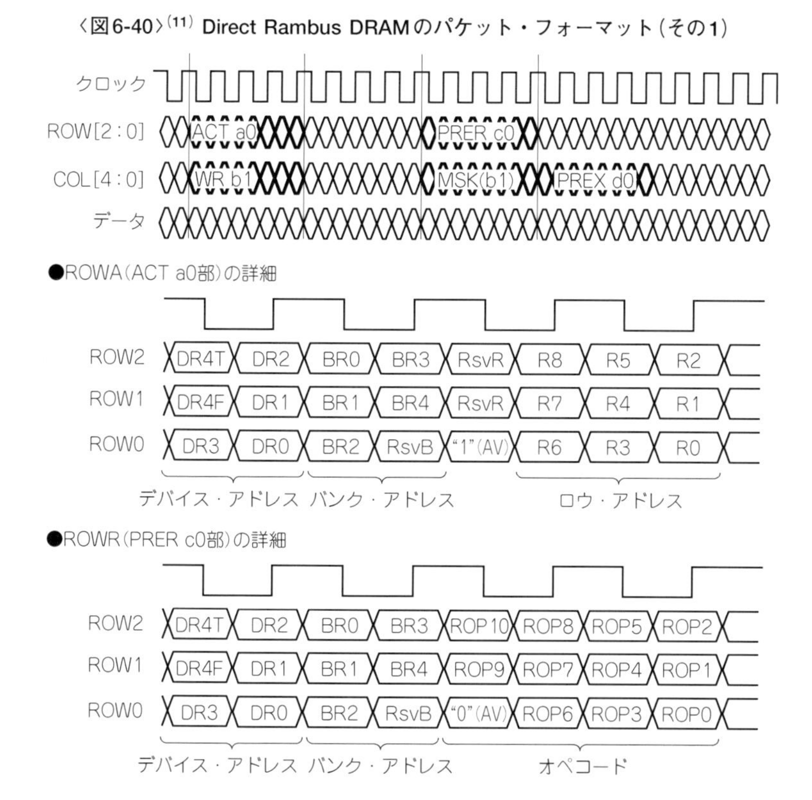

〈図6-41〉(11)
Direct Rambus DRAMのパケット・フォーマット（その2）

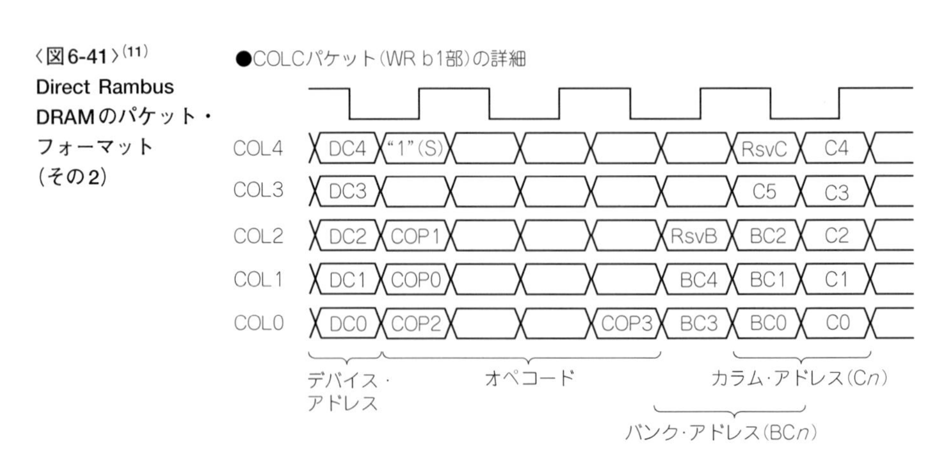

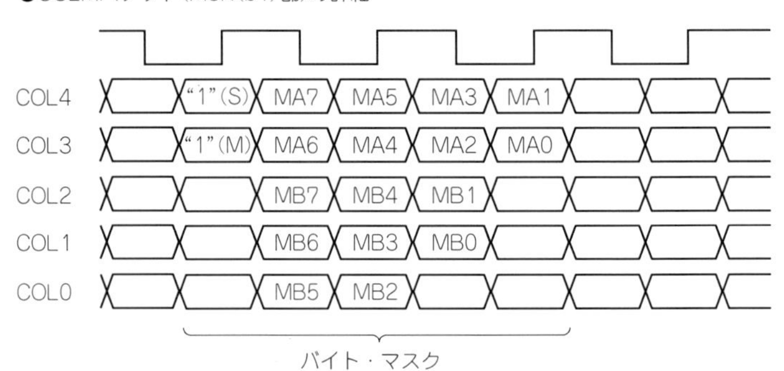

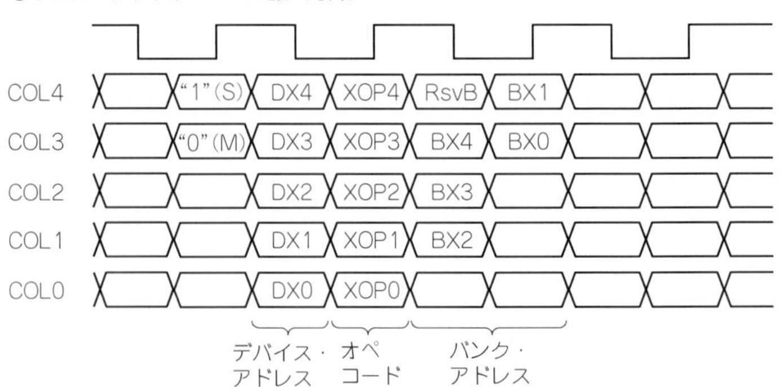

〈図6-42〉[11] Direct Rambus DRAMのライト動作例

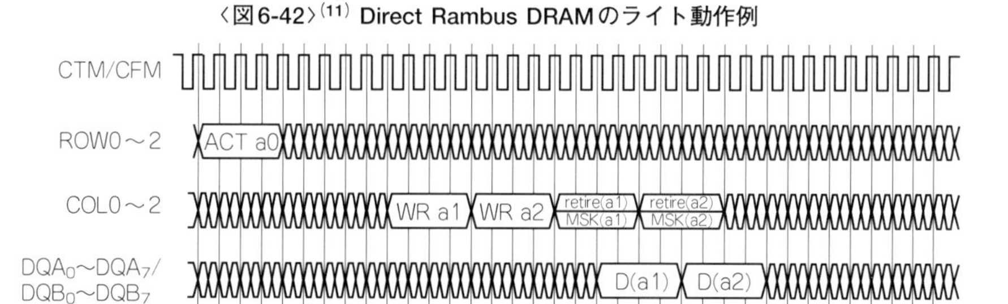

ります．ロウ・アドレスは9ビットあり，512本のロウ・アドレスのうちの一つが選択されます．

(2) PRERコマンド

プリチャージ・コマンドです．デバイス番号やバンク番号を指定して，センス・アンプを解放し，ほかのロウ・アドレスを活性化するなどの目的で使用されます．

(3) WRコマンド

ライト・コマンドです．リード時ならば当然リード・コマンドになります．この部分ではアクセスするターゲットのデバイス・アドレスやアクセスを開始するカラム・アドレス(ロウ・アドレスはACTコマンド時にすでに与えている)などを指定して，実際のアクセスをスタートさせます．

(4) MSK

アクセス・マスクです．μPD488448の場合には8ビット幅のデータ・バスが2系統(DQAとDQB)あるので，マスクもそれぞれ別々にもっています．

(5) PREX

これもプリチャージです．リード・コマンドや，バイト・マスクをしないライト・コマンドのあとで，拡張オペレーションを行うためにCOLXパケットが使用されます．

このCOLXパケットのなかでもっともよく使用されるのがPREXコマンドで，これによってDRAM内部でのプリチャージが行われます．

● Direct Rambus DRAMの動作例

Direct Rambus DRAMの実際の動作例(ライト時)を**図6-42**に示します．4クロック・サイクルごとのパケット単位でコマンドやデータなどがやりとりされるということがわかります．

最初にACTコマンドで，ロウ・アドレスなどを与え，つづいてWRコマンドでアクセ

〈図6-43〉[10] μPD45V128421の内部ブロック

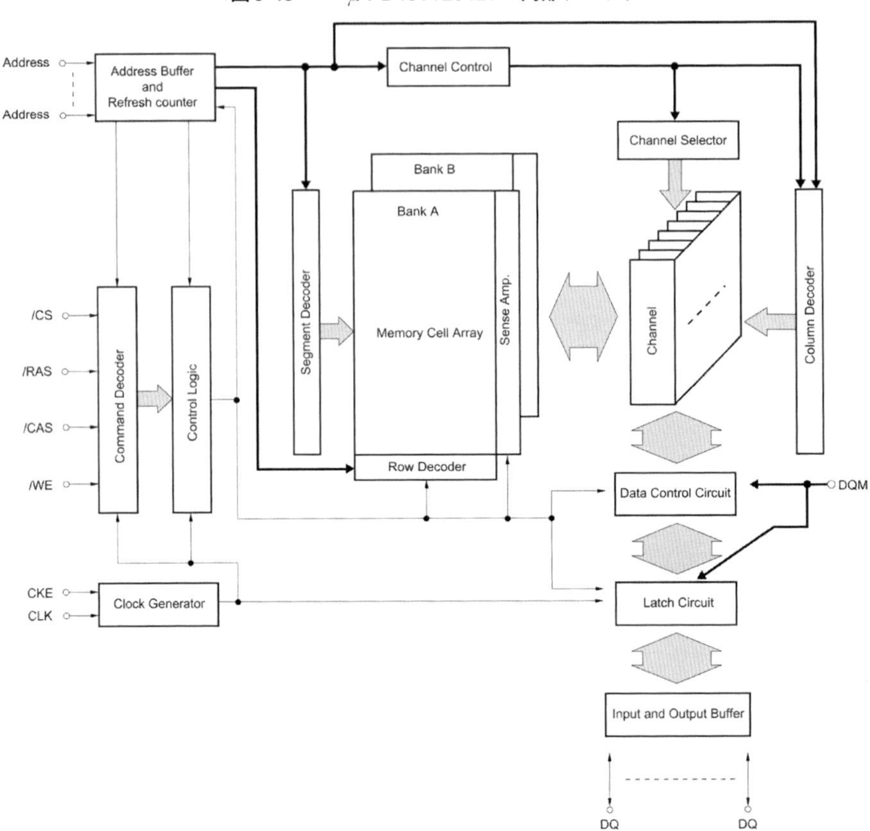

スしたいアドレスやマスク・データを送出しています．この例ではアドレスを切り替えながら転送を行っていますが，このような複雑な動作が可能になっているというのもDirect Rambusがパケット形式でのデータ転送を行ったことによる効果と言えるでしょう．

6.7　VC-DRAM

DRAMの入出力部分の改良の一つとして，NECが開発したのがVC(バーチャル・チャネル)というものです．バーチャル・チャネルの考えかた自体は対象となるメモリ種別に依存しませんが，現在，シンクロナスDRAMと組み合わせたVC-DRAMがELPIDA社から製品化されています．

〈図6-44〉
VC-DRAMの構造

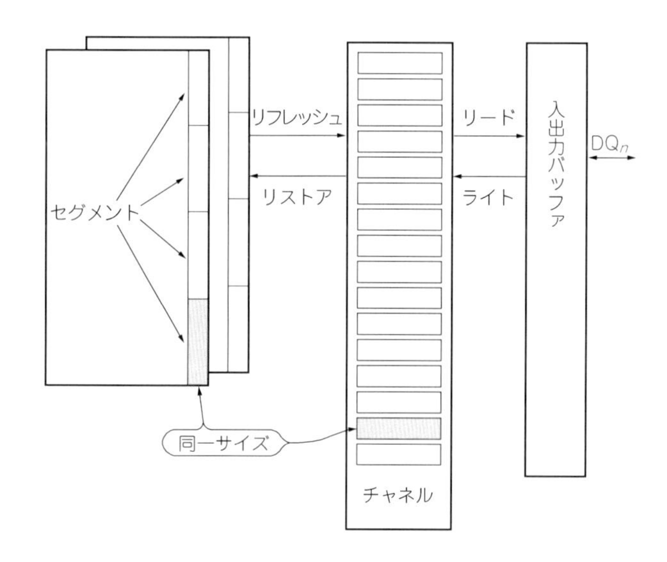

● VC-DRAMの内部構造

VC-DRAMの例としてELPIDA社のμPD45V128421を取り上げてみました．このVC-DRAMの内部ブロック図は**図6-43**のようになっています．図の右側のほうの棚のように描かれている部分がVC-DRAMを特徴づけているチャネル部分です．このほかの部分は通常のシンクロナスDRAMとほとんど同じです．

このブロック図を模式的に書き直したのが**図6-44**です．VC-DRAM内部のメモリ・セル・アレイは二つのバンクに分かれています．ここで，各バンクの1ロウ・アドレスぶん(8K)を1/4に分割したセグメントという単位を導入し，セグメント単位でのデータ転送をサポートできるようにしたのがVC-DRAMのまず第一番目の改良点です．

さらに，メモリ・セル・アレイと外部I/Oの間には16セグメントぶんのデータを保存できるチャネルという，一種の緩衝バッファのようなものを設けたのがVC-DRAMの二番目の改良点です．チャネルが外部バスとメモリ・セル・アレイの間に入ることで，アクセス方法が大きく変わってきます．

通常，リード/ライト動作はメモリ・セル・アレイのデータを読み出してから外部バスに出力したり，外部バスのデータをメモリ・セルに書き込んで完了となるわけですが，VC-DRAMの場合には，外部バスとのリード/ライト動作はチャネルとの間で行われます．これによって，リード時にはすでにチャネルにデータがある場合には直接DRAMセルを

〈表6-2〉VC-DRAMのコマンド・リスト

コマンド	略称	入力信号					
		$\overline{CS}$	$\overline{RAS}$	$\overline{CAS}$	$\overline{WE}$	A_{10}(AP)	A_n
デバイス非選択	DESL	H	X	X	X	X	X
ノー・オペレーション	NOP	L	H	H	H	X	X
プリフェッチ	PFC	L	H	H	L	L	チャネル番号/バンク番号
オート・プリチャージ付きプリフェッチ	PFCA	L	H	H	L	H	チャネル番号/バンク番号
リストア	RST	L	H	H	L	L	チャネル番号/バンク番号
オート・プリチャージ付きリストア	RSTA	L	H	H	L	H	チャネル番号/バンク番号
チャネル・リード	READ	L	H	L	H	チャネル番号/カラム・アドレス	
チャネル・ライト	WRIT	L	H	L	L	チャネル番号/カラム・アドレス	
バンク・アクティベート	ACTV	L	L	H	H	バンク番号/ロウ・アドレス	
指定バンク・プリチャージ	PRE	L	L	L	L	L	バンク番号
全バンク・プリチャージ	PALL	L	L	L	L	H	バンク番号
リセット	REST	L	L	L	L	L	L

アクセスする必要がなくなり，またライト時にもデータはチャネルにだけ書き込むことになるため，速度が稼げるというわけです．

メモリ・セルとチャネルの間のデータ転送はセグメント(2Kビット)単位で行われます．このため，VC-DRAMでは通常のシンクロナスDRAMとは異なり，DRAMセル・アレイからチャネルにデータを転送するプリフェッチ命令や，逆にチャネルのデータをDRAMセル・アレイに書き戻すリストア命令が追加されています．参考までにμPD45V128421のコマンドの一部を**表6-2**に示します．

ホストのアクセスがチャネルによくヒットするようなパターンならば，DRAMセルへのアクセスが大幅に減少するため，かなりの性能向上が期待されます．逆に完全なランダム・アクセスのようにチャネルへのヒットが少ないと，プリフェッチやリストアのペナルティが大きく，性能が大幅に下がってしまう可能性もあります．

ただ，セグメント・サイズが2Kビットと比較的大きく取られていることから，通常のプロセッサによるプログラム実行などでは相当高いヒット率が期待できると思われます．

6.8　FCRAM

ここまで説明したDRAMはいずれも，外部インターフェース部分の工夫であり，内部のDRAMセル自体の考えかたはページ・モードをもった非同期DRAMからほとんど進歩していません．このセル部分の改良を行ったのが富士通によって開発されたFC(Fast Cycle)RAMです．FCRAMは従来のDRAMと比べ，以下の点が大きく異なっています．

(1) ロウ・アドレスとカラム・アドレスを一度に与える

従来のDRAMではロウ(行)アドレスを与えてからカラム(列)アドレスを与えるという方法を取っていましたが，FCRAMでは両者を同時に与えます．従来のDRAMでは実際にはアクセスされないセルのデータ線まで活性化していましたが，FCRAMでは必要なデータ線のみ活性化されます．

これにより,特にロウ・アドレスを与えたときに流れる大きな電流を抑えることができ，低消費電力化が図られることになります．

(2) パイプライン動作をする

従来のDRAMでは，1回アクセスが終わったあと，次のアクセス動作に入るためにプリチャージ時間をとる必要があり，この時間がアクセス時間に加算されるために結果的にランダム・アクセス性能の足を引っ張る格好となっています．FCRAMでは，プリチャージを内部で自動的に行わせることで，あるコマンドの処理完了を待つことなく次のコマンドを受け付け可能としています．これによって，プリチャージ動作をアクセス・サイクルのなかに隠してしまうことが可能となります．

これらの改良によりFCRAMでは，従来のメモリ・セルでは70 ns程度必要であったランダム・アクセス時間を20 ns程度まで引き下げることが可能となったということです．

Appendix パソコン用のメモリ・モジュールについて

メモリ・モジュールは，複数のメモリを一つの基板なりユニットなりに実装し，コネクタで着脱可能にすることで，メモリ容量の変更や増設などを簡単にできるようにしたものです．かつては各社各様の増設メモリ・ユニットなどが用意されていましたが，現在ではJEDECで標準化した仕様のものが使われるのが普通でしょう．

JEDECで標準化されたメモリ・モジュールもまた多種多様といったところですが，ここでは特にパソコン用でよく使われていると思われる以下のもの，およびRambus社のRIMMモジュールについて，外形とおもな特徴などを簡単に取り上げておきます．

・72ピンDRAM-SIMM
・168ピン・アンバッファードSDRAM-DIMM
・184ピン・アンバッファードDDR SDRAM-DIMM
・184ピンRambus RIMM

なお，これらについての詳細な仕様はJEDECのホームページ(http://www.jedec.org)やRambus社のサイト(http://www.rambus.com)から無償でダウンロードすることができます．JEDECはオンラインでの簡単なユーザ登録作業が必要ですが，登録が終わればすぐダウンロード・ページに入ることができます．

● 72ピンDRAM-SIMM

SIMMはSingle Inline Memory Moduleの略です．パソコンではシンクロナスDRAMが一般的になるまえ，高速ページ(FP)やハイパーページ(EDO)モードのDRAMが使われていた頃にもっとも一般的だったのが，この72ピンのSIMMです．

モジュールを見ると基板のエッジ部分の表と裏の両方にコンタクト部分がありますので，2列(デュアル・インライン)のように見えますが，実際には表と裏は同じ信号になっているのでSingle-Inlineというわけです．

72ピンSIMMは大きく分けてパリティ対応のものと，ECC対応のものに別れます．また，それぞれについて5V仕様と3.3V仕様の両方が定義されています．

▶ ワード構成による分類

まず，ワード構成でSIMMを分類すると以下のようになります．

・パリティ対応品

256 Kワード～512 Mワード×(8×4)ビット(パリティなし)

256 Kワード～512 Mワード×(9×4)ビット(パリティ付き)

・ECC対応品

256 Kワード～512 Mワード×36ビット

256 Kワード～512 Mワード×40ビット

これらのワード構成のうち，パソコンでもっとも一般的なのは，8×4ビット構成で5V仕様のSIMMです．SIMMの場合，1ワードが4バイトぶんあるので，理論上の容量は256 Kワード(1Mバイト)から512 Mワード(1Gバイト)まで対応可能ということになります．ただし，パソコンの世界はシンクロナスDRAMに全面的に移行してしまったため，大容量のSIMMをパーツ店の店頭で見ることはほとんどないと言ってよいでしょう．

パリティ対応品とECC対応品の大きな違いは，パリティ対応品が8ビット(パリティ付きの場合には9ビット)ごとのリード/ライトが可能なのに対して，ECC対応のほうは36ビットないし40ビット単位でのリード/ライトしかできないという点にあります．

パリティ付きのものは36ビットありますので，ECCの×36ビット品となぜ分けているのかと思われる方も多いでしょう．SIMMに搭載するDRAMチップのワード構成は×1，×4，×8，×16といったものが一般的です．つまり，×(9×4)という構成の場合には9ビット単位のアクセスを行うため，最低でも×1ビット品を混在させるしかないわけです．×9ビットのものが4セットあるので，最低でも×1ビット品を4個使う必要があります．ワード数はデータ部分のDRAMと同じですから，パリティ用にわざわざ容量が1/4や1/8といった前世代の製品を使うしかないというところも面倒なものです．

これに対して，×36ビットという構成ならば，×8ビットのものを4個と×4ビットのものを1個使ったり，×4ビットのものを9個使いにすることが可能となるわけです．

▶ ECC

ECCはError Correction Codeの略で，データから冗長ビットを生成して単なる異常検出だけでなく，異常のあるビットを検出して修正することまで可能とするものです．36ビット構成の場合，データ32ビット＋冗長ビット4ビットとすることで，1ビットのエラーは冗長ビットも含めて完全に修正可能，2ビット・エラーはどのパターンでも必ず検出可能(修正は不可)，3ビット以上もパターンによっては検出可能となります．一方，パリティの場合には単に9ビット単位で“1”の数を偶数にするか奇数にするかというだけですので，1ビットのエラーは検出はできますがどのビットが異常であったのかということまではわかりませんし，2ビットのエラーの場合には正常ということになってしまいます．

DRAMはその原理上，必ずある確率でデータ・エラーが発生します．特にワークステーションや産業機器など，信頼性を要求されるような製品ではメモリのエラーは致命的な問題となりますし，パソコンに比べると遙かに大量のメモリを積むため，エラー発生の確率も高くなります．このため，DRAMのECCチェックを行い，データ・エラーを修正可能とするわけです．

ECCの場合にはデータと冗長ビットはセットですので，データのやりとりは常にワード単位，つまり36ビットなり40ビットごとに行われることになります．8ビット単位でライトされたような場合にはECCデータの再計算が必要となりますので，

① メモリ・コントローラが1ワードぶんのデータを読む
② もしエラーが検出されたら修正する
③ 書き込みが行われたバイト位置のデータを修正
④ ECCデータを再計算
⑤ 1ワードぶん(ECCデータも含め)まとめて書き込む

という5ステップの動作になります．このため，ECCチェックを行った場合には信頼性の向上と引き替えに，メモリ・アクセス速度が低下することになります．

▶ 動作電圧による分類

JEDECでは72ピンSIMMは，+5V仕様のものと+3.3V仕様のものを定義しています．ワード構成のほうでは誤挿入されても，動かないという程度で済みますが，たとえば3.3Vを5V対応のソケットに実装したりすれば，破壊することになってしまいます．

このような危険を避けるため，JEDECでは5V仕様と3.3V仕様のもので，モジュールのコンタクト・エッジの中心部分のキーの形状を変えています．**図A-1**のように，モジュール中央部の真ん中に浅く半円状のキーがついているのが5V用，中心をずれた位置に深い逆U字型の切り込みが入っているのが3.3V用です．

パソコンで使われる72ピンSIMMとしては3.3V用が使われることはまずなく，すべて5V品と思っておいてよいでしょう．

●168ピンSDRAM-DIMM

SIMMはパソコンの世界ではすでに姿を消した感がありますが，168ピンのSDRAMモジュールは今でもよく使われているものの一つでしょう．

72ピンSIMMはデータ・バスは4バイトぶんでしたが，168ピンのDIMM(Dual Inline Memory Module)ではデータ・バス幅は8バイトぶんあります．DIMMモジュールはコン

〈図A-1〉[3]
72ピンSIMMの外形

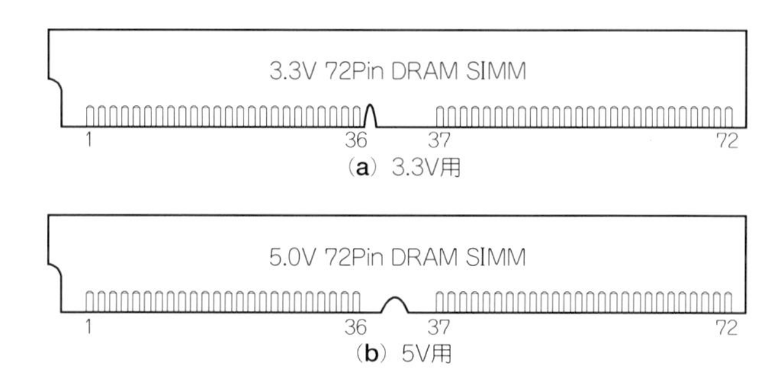

タクト部分を同じ形状にしながら，さまざまな要求に応えようとした結果，非常に種類が多くなっています．

168ピンのSDRAMモジュールは，

・同期(シンクロナス)/非同期(アシンクロナス)

・5V仕様/3.3V仕様

・バッファ付きか否か

・パリティ対応/ECC対応

などで細かく別れます．SIMM同様の電圧仕様だけでなく，シンクロナスか否かや，バッファ付きか否かによっても，キー溝の位置が変わっていて誤挿入されないようになっています．アシンクロナスというのは，SIMMと同様のEDODRAMなどで構成されるもので，当然シンクロナス・タイプとは互換性はありません．

アンバッファード・タイプのシンクロナスDRAM-DIMMモジュールの外観を**図A-2**に示します．

これらの区分けのうち，バッファの有無というのはちょっと目新しいところでしょう．サーバなどでは特にそうですが，DIMMを使って大容量メモリを実現する場合，アドレス・バスなどにはDIMMの枚数×1枚あたりのチップ数ぶんのメモリICが接続されることになります．これではバス負荷が重くなりすぎて誤動作の原因となりかねません．そこで，アドレスやライト・イネーブル信号など，モジュール内部で多数のチップに分配されるような信号についてバッファICを間に入れることで対処したというものです．バッファがあるぶんだけ若干タイミングがずれますが，大容量メモリを構成する場合には有利となるわけです．

パソコンでは使われる枚数もせいぜい数枚程度と少ないため，バッファなし(アンバッファード)DIMMが一般的です．

〈図A-2〉[3] 168ピンSDRAM-DIMMの外形

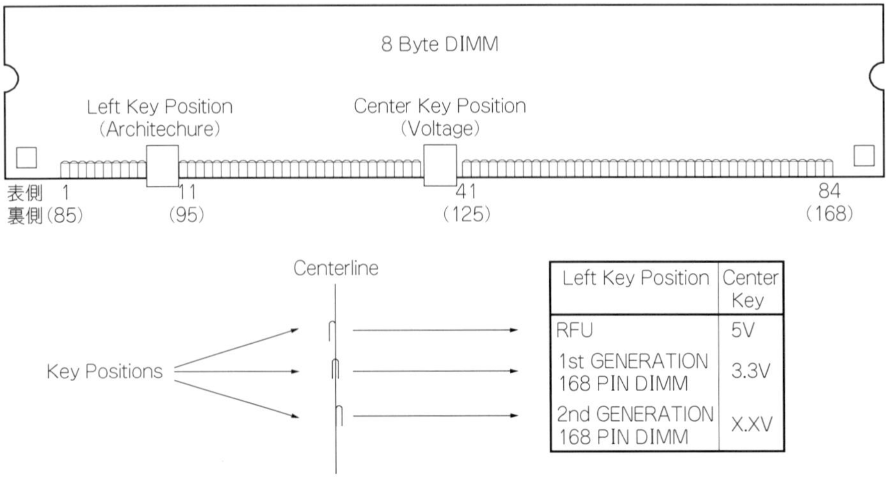

8 Byte DIMM

Left Key Position (Architechure)

Center Key Position (Voltage)

表側　1　11　41　84
裏側(85)　(95)　(125)　(168)

Centerline

Key Positions

Left Key Position	Center Key
RFU	5V
1st GENERATION 168 PIN DIMM	3.3V
2nd GENERATION 168 PIN DIMM	X.XV

▶ 168ピンDIMMのワード構成

168ピンDIMMのワード構成は，やはりパリティやECCチェックが行えるようにしています．JEDECで定義されているのは

- 1M～64Mワード×(8ビット×8)(パリティなし：バイト・アクセス可)
- 1M～64Mワード×(9ビット×8)(パリティ付き：バイト・アクセス可)
- 1M～64Mワード×72ビット(ECC用：ワード・アクセスのみ)
- 1M～64Mワード×80ビット(ECC用：ワード・アクセスのみ)

の4種類で，1枚あたり最大512Mバイトまで対応可能ということになります．パソコンでSDRAMのDIMMと言ったときには，8ビット×8構成のものを指すのが一般的でしょう．

SDRAM-DIMMが出た頃，2クロック・タイプ，4クロック・タイプというものが話題になったことがあります．DIMM側ではピン配置でわかるのですが，CK0～CK3の4本のクロック入力ピンを用意しています．DIMM内部のSDRAMの数が増えてきたときに1本のクロックに大量のSDRAMを付けるとパターンの引き回しが長くなりすぎたり，負荷の増大などによって誤動作を起こす可能性が高くなるため，複数のクロックを用意して分散を図っているわけです．JEDECの仕様では一つのクロック信号あたり接続されるSDRAMは5個以下になるようにしています．

●184ピン・アンバッファードDDR SDRAM-DIMM

現在，ハイエンドのDRAMとして普及してきているのがDDR(Double Data-Rate)の

〈図A-3〉[3] 184ピンDDR SDRAM-DIMMの外形

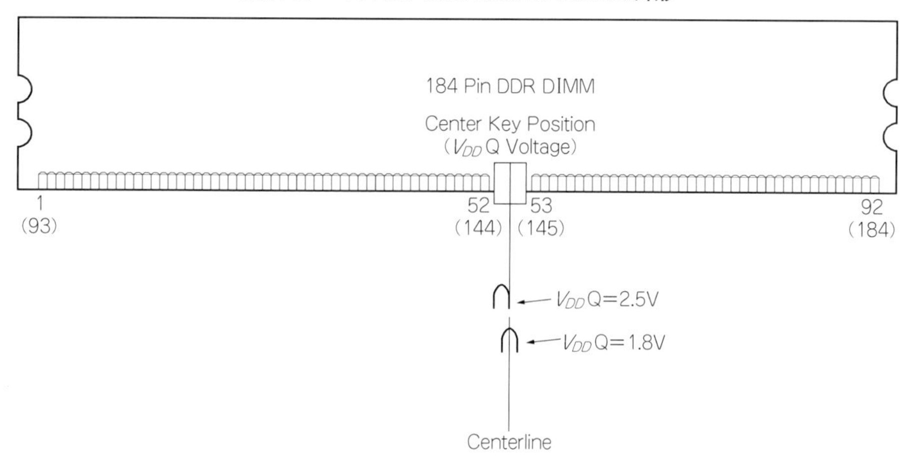

SDRAMでしょう．JEDECではDDR SDRAMを使ったモジュールも何種類か定義されていますが，ここではパソコンの世界でもっとも一般的に使われていると思われる184ピンのアンバッファード・タイプのDDR SDRAM-DIMMを取り上げてみました．

DDR-SDRAMの場合，電源電圧(V_{DD})が3.3 V，2.5 V，1.8 Vと3種類，I/O電圧(V_{DD}Q)も2.5 Vと1.8 Vの2種類あり，

・V_{DD} = 3.3 V，V_{DD}Q = 2.5 V

・V_{DD} = 2.5 V，V_{DD}Q = 2.5 V

・V_{DD} = 2.5 V，V_{DD}Q = 1.8 V

・V_{DD} = 1.8 V，V_{DD}Q = 1.8 V

といったような組み合わせが存在します．これらに対応するため，184ピンDIMMはキー溝によってV_{DD}Q(I/O電圧)が2.5 Vか1.8 Vかを指定し，さらにV_{DD}IOという信号ピンを用意して，これがオープンならV_{DD} = V_{DD}Q，V_{SS}と接続されていればV_{DD} ≠ V_{DD}Qであることを示すようにしています．

184ピン・アンバッファードDDR SDRAM-DIMMの外観を**図A-3**に示します．168ピンのときには2カ所にあったキー溝は1カ所になり，ずいぶんシンプルになっています．

▶ 184ピン・アンバッファードDDR SDRAM-DIMMのワード構成

168ピンDIMMでは拡散方向にあった，DIMMの種類ですが，184ピンDIMMでは需要の少ない構成は整理されて，ずいぶんすっきりしたものになっています．JEDECで標準

〈写真A-1〉(2) 184ピンRambus RIMMの外形

化したアンバッファード(バッファなし)DDR SDRAMモジュールの構成は,

・4 M～256 M×(8ビット×8)

・4 M～256 M×72ビット

の2種類で，168ピンのときにあったパリティ付きのものや，×80ビットという構成のものはなくなりました．8ビット×8という構成のものはパソコン向けでパリティ・チェックも行わないというもの，×72ビットというのはワークステーションなどでのECC対応のものと考えればよいでしょう．

●184ピンRambus RIMM

RIMMモジュールはRambus社が策定したものです．RIMMが他のメモリ・モジュールと大きく異なるのは，他のモジュールはバックプレーンを走っているDRAMアクセス信号からT分岐する形で信号が引き出されるのに対して，RIMMの場合には片方のコンタクト・エッジから入った信号がモジュールの中を通過して反対側のコンタクト・エッジに抜けるという一筆書きになることで，最終端ではターミネータによって終端されます．

このようにRIMMの場合は，必ず信号が片方から入ってもう一方に抜けるということを前提にしているため，マザーボード上でメモリを実装しないスロットを空きスロットにしておくことはできません．このような場合，ダミーのモジュールを実装しておく必要があります．

現在，パソコン用で一般に使われている32ビットRIMMの外形は**写真A-1**のようなものです．ピン配置は，左右のコンタクト・エッジの線対称な位置に同じ信号が配置されています．Rambus自体がパケット通信のような方式をとっていることもあり，SIMMやDIMMなどと比べ，信号の配線がきわめてシンプルに済んでいるということは大きな特徴であると言えるでしょう．

参考・引用＊文献

(1) 堀田厚生；半導体の基礎理論，技術評論社.
(2)* Rambus 32 and 64 bit RIMM Module Technology Summary, http://www.rambus.com
(3)* JEDEC Standard No.21-C, http://www.jedec.org
(4)* Am29F010A 1 Megabit (128 K x 8-bit) CMOS 5.0 Volt-only, Uniform Sector Flash Memory, AMD.
(5)* CY7C09089/99, CY7C09189/99 Synchronous 64K/128K x 8/9 Dual-Port Static RAM, CYPRESS.
(6)* CY7C008/009, CY7C018/019 64K/128K x 8/9 Dual-Port Static RAM, CYPRESS.
(7)* CY7C1345B 128K x 36 Synchronous Flow-Through 3.3V Cache RAM, CYPRESS.
(8)* CY62128 128K x 8 Static RAM, CYPRESS.
(9)* HM5225165B/HM5225805B/HM5225405B-75/A6/B6, 日立.
(10)* μPD45V128421, 45V128821, 45V128161 128M-BIT VirtualChannel DRAM, ELPIDA.
(11)* μPD488448 for Rev.E 128 M-bit Direct Rambus DRAM, NEC.
(12)* Am27C010 1 Megabit (128 K x 8-Bit) CMOS EPROM, AMD.
(13)* M93C06 16K/8K/4K/2K/1K/256 (x8/x16) Serial Microwire Bus EEPROM, ST Microelectronics.
(14)* M95256 256/128 Kbit Serial SPI Bus EEPROM With High Speed Clock, ST Microelectronics.
(15)* M24C16, M24C08, M24C04, M24C02, M24C01 16/8/4/2/1 Kbit Serial I²C Bus EEPROM, ST Microelectronics.
(16)* M24C64, M24C32 64/32 Kbit Serial I²C Bus EEPROM, ST Microelectronics.
(17)* M28010 1 Mbit (128 K x 8) Parallel EEPROM With Software Data Protection, ST Microelectronics.
(18)* PROGRAMMING AMD's CMOS EPROMs, AMD.

索　引

＜著者略歴＞

桒　野　雅　彦（くわの・まさひこ）

1984 年　早稲田大学理工学部卒
　　　　東京芝浦電気（現東芝）入社
1998 年　開発・設計を行う個人事業主として独立

メモリ IC の実践活用法 ［オンデマンド版］

2001 年 9 月 25 日　初版発行
2012 年 4 月 1 日　第 8 版発行
2022 年 7 月 15 日　オンデマンド版発行

著　者　桒　野　雅　彦
発行人　小　澤　拓　治
発行所　CQ 出版株式会社
〒 112-8619　東京都文京区千石 4-29-1
電話　編集　03-5395-212
　　　販売　03-5395-214

ISBN978-4-7898-5252-4

乱丁・落丁本はご面倒でも小社宛てにお送りください．
送料小社負担にてお取り替えいたします．
本体価格は表紙に表示してあります．

印刷・製本　大日本印刷株式会社
Printed in Japa